本書に関する正誤等の最新情報は、下記のアドレスでご確認ください。

http://www.s-henshu.info/2dsgt2403/

上記掲載以外の箇所で正誤についてお気づきの場合は、**書名・発行日・質問事項（該当ページ・行数・問題番号**などと**誤りだと思う理由）・氏名・連絡先**を明記のうえ、お問い合わせください。

・Web からのお問い合わせ：上記アドレス内【正誤情報】へ
・郵便または FAX でのお問い合わせ：下記住所または FAX 番号へ

※**電話でのお問い合わせはお受けできません。**

［宛先］コンデックス情報研究所
「**いちばんわかりやすい！2級土木施工管理技術検定合格テキスト**」係
　住　　　所：〒359-0042　所沢市並木 3-1-9
　FAX 番号：04-2995-4362　（10:00 〜 17:00　土日祝日を除く）

※**本書の正誤以外に関するご質問にはお答えいたしかねます。**また、受検指導などは行っておりません。
※ご質問の受付期限は、各検定日の 10 日前必着といたします。
※回答日時の指定はできません。また、ご質問の内容によっては回答まで 10 日前後お時間を頂く場合があります。
あらかじめご了承ください。

■ 編　　著：**コンデックス情報研究所**
　　　　　　1990 年 6 月設立。法律・福祉・技術・教育分野において、書籍の企画・執筆・編集、大学および通信教育機関との共同教材開発を行っている研究者・実務家・編集者のグループ。

■ イラスト：岡田　行生（おかだ　いくお）、ひらのんさ

いちばんわかりやすい！2級土木施工管理技

2024年 5 月20日発行

編 著　コンデックス情報研究所

発行者　深見公子

発行所　成美堂出版
　　　　〒162-8445　東京都新宿区新小川町 1-7
　　　　電話(03)5206-8151　FAX(03)5206-8159

印 刷　広研印刷株式会社

JN008312

いちばんわかりやすい！

2級土木施工管理技術検定

合格テキスト

コンデックス情報研究所　編著

成美堂出版

本書の使い方

本書は、新制度の2級土木施工管理技術検定（種別：土木）第一次検定・第二次検定合格に必要な知識を、わかりやすく解説しています。

付属の赤シートを利用すれば、キーワードの確認ができ、穴埋め問題としても活用できますので、効率的な学習が進められます。

一次・二次マーク
過去に第一次検定または第二次検定で出題された項目が一目でわかります。

学習のポイント
各 Lesson で学ぶ項目が一目でわかります。

赤シート
付属の赤シートを利用すれば、穴埋め問題としても活用できます。

頻出項目をチェック！
各 Lesson の終わりに、本試験で頻出する項目を確認できます。覚えた項目には、チェックボックスに✔しましょう。

---

1 土工

Lesson
02 難易度 ★★☆
土工計画

学習のポイント 一次 二次
● 地山土量、ほぐし土量についての計画内容を理解する。
● 土量の変化率のほぐし率 (L)、締固め率 (C) を使った計算では、基準土量からの換算計算を理解する。

土を掘削して運搬し盛土をする場合、土は地山にある時と比べて体積が増加する場合や減少する場合があります。土工の計画では、この土量の変化をあらかじめ推定して土工の計画を立てます。

2-1 土量の変化率

土は自然状態にある土量を地山土量といい、掘削してほぐした時の土量をほぐし土量、盛土した場合の締め固められた土量を締固め土量といいます。土工計画ではそれぞれの土量を以下のように利用します。
① 地山土量は配分計画を立てるときに用いる。
② ほぐし土量は土の運搬計画を立てるときに用いる。
③ 締固め土量は出来上がり土量計画を立てるときに用いる。

掘削 運搬 盛土
ほぐし率L=1.2 締固め率C=0.8

地山の土量1m³の場合 ほぐし土量1.2m³ 締固め土量0.8m³

1 土量の変化率

1 ほぐし率
(L)：1 m³ の地山を掘削してほぐすと1 m³ より増えます。
変化率（ほぐし率）L は1以上となります。

$$ほぐし率 L = \frac{ほぐした土量の体積}{地山土量の体積}$$

18

✓ 頻出項目をチェック！

1 ☐ 標準貫入試験は、地盤支持力の判定に利用される原位置試験である。

ポータブルコーン貫入試験は、建設機械の走行性（トラフィカビリティー）の判断に用いられる原位置試験である。

※本書は原則として 2024 年 2 月 20 日時点の情報に基づいて編集しています。

ゴロ合わせ
ゴロ合わせで重要事項の暗記が
カンタンにできます。

第一次検定で新たに導入
された「基礎的な能力」
問題も掲載しています。

---

2 締固め率

(C)：1 m³ の地山土量を基準にしたほぐした土量を締め固めると体積が減少します。

変化率（締固め率）C は 1 以下となります。

$$締固め率\ C = \frac{締め固めた土量の体積}{地山土量の体積}$$

ゴロ合わせで覚えよう！ 締固め率とほぐし率

湿った棚の上にある
（締め）　（分数の上）

硬めの　　櫛は、
（固めた土量）（ほぐした土量）

そのままに　しておいて
（そのままの土量）（分数の下）

C（締固め率）の計算式は、締め固めた土量／そのままの土量。
L（ほぐし率）の計算式は、ほぐした土量／そのままの土量。

Lesson 02 土量計算

2 土量の換算

土量は、地山、ほぐし土、締固め土のそれぞれの状態を基準に計算する場合、下表の式により求めることができます。

図表
豊富な図表で、本
文の内容が理解し
やすくなります。

土量換算表

基準＼求める土量	地山土量	ほぐし土量	締固め土量
地山土量	1	$1 \times L$	$1 \times C$
ほぐし土量	$1/L$	1	C/L
締固め土量	$1/C$	L/C	1

与えられた土量から地山へ換算する計算方法を
理解しよう！

こんな選択肢は誤り！
実際の選択肢と似
た内容となってい
ます。赤シートを
上手に活用しま
しょう。

⚠ **こんな選択肢は誤り！**

土粒子の密度試験は、土のせん断強さの推定に用いられる。

土粒子の密度試験は、土の締固め程度の測定に用いられる。

CONTENTS

第3章　法規（試験科目：法規）

第4章　共通工学（試験科目：土木工学等）

第5章 施工管理法（試験科目：施工管理法）

第6章 記述試験（第二次検定／試験科目：施工管理法）

2級土木施工管理技術検定（種別：土木）ガイダンス

検定に関する情報は変わることがありますので、受検する場合は試験実施団体の発表する最新情報を、必ず事前にご自身でご確認ください。

試験日・合格発表日（例年）

第一次検定前期（種別は土木のみ）

試験日　6月

合格発表日　7月

第一次検定後期、第二次検定

試験日　10月

合格発表日

第一次検定後期　12月

第二次検定　翌年2月

申込受付（例年）

第一次検定前期（種別は土木のみ）　3月

第一次検定・第二次検定、第一次検定後期、第二次検定　7月

試験内容

第一次検定　択一式問題でマークシート方式

第二次検定　記述式筆記試験

第一次検定	土木工学等	1. 土木工学、電気工学、電気通信工学、機械工学及び建築学に関する概略の知識。 2. 設計図書を正確に読みとるための知識。
	施工管理法	1. 施工計画の作成方法及び工程管理、品質管理、安全管理等工事の施工の管理方法に関する基礎的な知識。 2. 土木一式工事の施工の管理を適確に行うために必要な基礎的な能力。
	法規	建設工事の施工の管理を適確に行うために必要な法令に関する概略の知識。
第二次検定	施工管理法	1. 主任技術者として、土木一式工事の施工の管理を適確に行うために必要な知識。 2. 主任技術者として、土質試験及び土木材料の強度等の試験を正確に行うことができ、かつ、その試験の結果に基づいて工事の目的物に所要の強度を得る等のために必要な措置を行うことができる応用能力。 3. 主任技術者として、設計図書に基づいて工事現場における施工計画を適切に作成すること、または施工計画を実施することができる応用能力。

合格基準

第一次検定 得点が 60% 以上
第二次検定 得点が 60% 以上

受検資格

第一次検定 受検年度中における年齢が 17 歳以上の者
第二次検定

受検資格要件	必要な実務経験年数
令和 3 年度以降の 1 級第一次検定合格者	合格後 1 年以上
令和 3 年度以降の 2 級第一次検定合格者	合格後 3 年以上
技術士第二次試験合格者 （土木施工管理技術検定のみ）	合格後 1 年以上
電気通信主任技術者資格者証の交付を受けた者、または電気通信主任技術者試験合格者であって 1 級または 2 級第一次検定合格者（電気通信工事施工管理技術検定のみ）	電気通信主任技術者資格者証の交付を受けた後、または電気通信主任技術者試験合格後 1 年以上

- 第二次検定は、令和 6 年度から 10 年度の間は、新受検資格と旧受検資格のどちらかの受検資格に該当する実務経験により受検できます。
- 平成 28 年度から令和 2 年度の 2 級学科試験合格者は、合格年度を含む 12 年以内かつ連続する 2 回に限り当該第二次検定を旧受検資格で受検できます。

※実務経験、指定学科、第一次検定免除者その他詳細については、下記検定実施団体のホームページで確認してください。

検定に関する問合せ先

一般財団法人　全国建設研修センター　土木試験部
〒187-8540　東京都小平市喜平町 2-1-2
TEL　042(300)6860　※電話番号のおかけ間違いにご注意ください。
（電話による問合せ応対時間：9:00 ～ 17:00、土・日・祝は休業）
HP アドレス　https://www.jctc.jp/

いちばんわかりやすい！

2級土木施工管理技術検定 合格テキスト

第1章

土木一般

Lesson
01

重要度 ★★★

土質調査

学習のポイント

一次 二次

● 原位置試験と室内試験を区別して試験名を理解する。
● 土質試験名称と得られる結果、結果の利用について組合せで理解する。

　土木工事の土質調査は、経済的かつ安全な施工計画を立案する目的や、施工管理、検査を実施して設計図書の要求を満足しているかを確認する調査であり、実際の現場において試験を行う原位置試験と、採取した試料を試験室に持ち込み行われる室内試験に区別されます。

1-1　原位置試験

　原位置試験とは、現場のもともとの状態のままで実施する試験の総称で、現場で比較的簡易に土質を判定したい場合や、土質試験に供する乱さない試料の採取が困難な場合に実施する試験です。

1　各種サウンディング

　サウンディングは、ロッドの先端に付けた抵抗体を土中に挿入して、貫入、回転、引抜きなどの荷重をかけ、地盤の固さや締まり具合の性状を調査する方法です。

1 標準貫入試験

　ボーリングロッドの先端にサンプラーを取り付け、63.5 ± 0.5 kg のハンマーを 76 ± 1 cm 自由落下させてサンプラーを 30 cm 貫入させるときに要する打撃回数（N 値）を求め、地盤支持力（土の硬軟）の判定に利用されます。

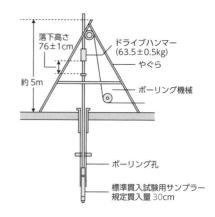

2 ポータブルコーン貫入試験

ロッドの先端に先端角 30° のコーンを装着して、ハンドルの付いた貫入棒を 1 cm/sec の速さで貫入させたときの抵抗値からコーン指数 q_c を求め、建設機械の走行性（トラフィカビリティー）の判定に用いられます。

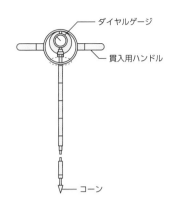

ダイヤルゲージ

貫入用ハンドル

コーン

3 スクリューウエイト貫入試験

専用ロッドの先端にスクリューポイントを取り付け、25 cm 貫入させるときの半回転数（N_{sw} 値）を求め、土の硬軟や締まり具合を判定します。

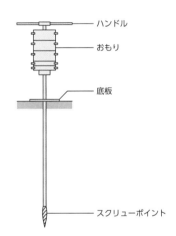

ハンドル

おもり

底板

スクリューポイント

4 ベーン試験

十字型の羽根（ベーン）をロッドの先端に取り付け、地盤中で回転させるトルクから粘性地盤のせん断強さや土の粘着力（c）を求め、軟弱地盤の判定に用いられます。

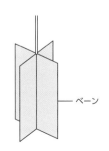

ベーン

2 平板載荷試験

　地表面においた直径30 cmの鋼製円盤に段階的に荷重を加えていき、各荷重に対する沈下量から地盤反力係数（K値）を求め、道路では締固め管理に用いられ、構造物の基礎地盤では支持力の判定に用いられます。

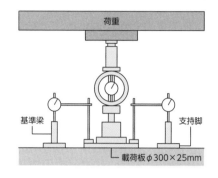

3 現場透水試験

　乱さない地盤中の井戸を用いて、水のくみ上げや注水による水位の変化から透水係数（k）を求め、掘削時の湧水量の算定や排水工法の検討に用いられます。

4 単位体積質量試験

　現場において、地山または盛土などの単位体積当たりの質量から、湿潤密度（ρ_t）と乾燥密度（ρ_d）を求め、締固め施工管理に用いるため、次の方法で試験を行います。

1 砂置換法

　現場に穴を掘り、掘り出した土の質量と置き換えた砂の質量から穴の体積を計算して、掘り出した土の単位体積質量を求めます。

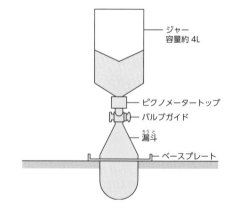

2 コアカッター法

　土中に円筒形のモールドを圧入して、現場の土を抜き取って質量と体積を測定して密度を求めます。粗粒分を含まない粘性土に適します。

3 RI（ラジオアイソトープ）計器による方法

　ガンマ線あるいは中性子線の散乱吸収現象を利用して、土の密度や含水量の結果を短時間に求めます。

原位置試験の一覧表

試験の名称	試験結果	結果の利用
標準貫入試験	打撃回数（N 値）	地盤支持力（土の硬軟）の判定
ポータブルコーン貫入試験	コーン指数（q_c）	建設機械の走行性（トラフィカビリティー）の判断
スクリューウエイト貫入試験	半回転数（N_{sw}）	土の硬軟、締まり具合を判定
ベーン試験	粘着力（c）	軟弱地盤の判定
オランダ式二重管コーン貫入試験	コーン指数（q_c）	土の硬軟、締まり具合を判定
平板載荷試験	地盤反力係数（K 値）	締固め施工管理、支持力の判定
現場透水試験	透水係数（k）	湧水量の算定、排水工法の検討
単位体積質量試験（砂置換法、コアカッター法、RI計器）	湿潤密度（ρ_t）乾燥密度（ρ_d）	締固め施工管理
現場 CBR 試験（注 1）	CBR 値	締固め施工管理

（注 1）CBR 試験には現場 CBR 試験、室内 CBR 試験がある。

1-2　室内試験

　現場で採取した試料を試験室に持ち込み行う室内試験は、大別して土の判別分類のための試験と土の力学的性質を求める試験に分けられます。

1 　土の判別分類のための試験

　土は土粒子、水、空気から構成されており、これらの体積や質量を知ることで土の性質を把握できます。

1 土粒子の密度試験

　土粒子の密度は土の固体部分の単位体積質量をいい、基本的な性質である間隙比（空気の隙間）（e）、飽和度（水の満たされ度）（S_r）を求め、土の締固め程度などを求めることに利用されます。

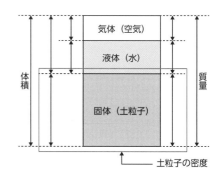

2 土の含水比試験

　土中に含まれる水の質量と土の乾燥質量の比から含水比（w）を求め、土の締固め管理に利用します。

3 粒度試験

　粒度試験は、土中に含まれる種々の大きさの土粒子が土全体に占める割合の百分率を求め、粒度分布（％）を粒径加積曲線に表し、粗粒度、細粒度などの土の分類や土の判定に利用します。

4 コンシステンシー試験

　土は含まれる水分の量（含水比）によって状態が変化していき、乾いた半固体の土は含水量が増加すると塑性体となり、さらに増加していくと液性体となります。この状態の変化をコンシステンシーといい、液性限界（W_L）、塑性限界（W_p）を求め、盛土材の判定に利用されます
①液性限界：土が液体から塑性体の状態に移る境界の含水比
②塑性限界：土が塑性体から半固体の状態に移る境界の含水比

土の判別分類のための試験（室内試験）

試験の名称	試験結果	結果の利用
土粒子の密度試験	間隙比（e） 飽和度（S_r）	土の締固め程度などを求める
土の含水比試験	含水比（w）	土の締固め管理
粒度試験	粒度分布（％）	土の分類、土の判定
コンシステンシー試験	液性限界（W_L） 塑性限界（W_p）	盛土材の判定

2 土の力学的性質を求める試験

土の強度や支持力などの力学的性質を求める試験です。

1 突固めによる土の締固め試験

土の含水比を変化させて突き固めた時の乾燥密度と含水比の関係から、最大乾燥密度（ρ_{dmax}）と最適含水比（w_{opt}）を求め、盛土の締固め管理に利用します。

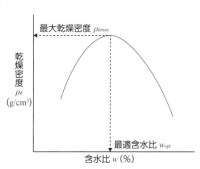

土の締固め曲線

2 せん断試験

土をある面でせん断し、その面に働くせん断強さ、せん断応力を測定して内部摩擦角（ϕ）、粘着力（c）を求め、斜面の安定性、支持力、土圧などの検討に利用します。直接せん断試験、一軸圧縮試験などがあります。

3 圧密試験

粘性土地盤の載荷重による圧密特性（沈下量と沈下時間の関係）から体積圧縮係数（m_v）求め、粘性地盤の沈下量および沈下速度の計算に利用します。

土の力学的性質を求める試験（室内試験）

試験の名称	試験結果	結果の利用
突固めによる土の締固め試験	最大乾燥密度（ρ_{dmax}） 最適含水比（w_{opt}）	盛土の締固め管理
せん断試験	内部摩擦角（ϕ） 粘着力（c）	斜面の安定性、支持力、土圧などの検討
圧密試験	体積圧縮係数（m_v）	沈下量、沈下速度の計算
室内CBR試験（注1）	設計CBR 修正CBR	路盤材の選定 地盤支持力の判定

（注1）CBR試験には現場CBR試験，室内CBR試験があります。

☑ 頻出項目をチェック！

1 ☐ 標準貫入試験は、地盤支持力の判定に利用される原位置試験である。

ポータブルコーン貫入試験は、建設機械の走行性（トラフィカビリティー）の判断に用いられる原位置試験である。

2 ☐ 平板載荷試験は、締固め管理や支持力の判定に用いられる原位置試験である。

現場透水試験は、湧水量の算定や排水工法の検討に用いられる原位置試験である。

3 ☐ 土の含水比試験は、土の締固め管理に利用される室内試験である。

土の含水比試験では、土中に含まれる水の質量と土の乾燥質量の比から含水比を求める。

4 ☐ コンシステンシー試験は、盛土材の判定に利用される室内試験である。

コンシステンシー試験では、土が液体から塑性体の状態に移る境界の含水比である液性限界と、土が塑性体から半固体の状態に移る境界の含水比である塑性限界を求める。

5 ☐ 突固めによる土の締固め試験は、<u>盛土の締固め管理</u>に用いる<u>室内</u>試験である。

土の含水比を変化させて突き固めた時の乾燥密度と含水比の関係から、<u>最大乾燥密度</u>と<u>最適含水比</u>を求める。

 こんな選択肢は誤り！

土粒子の密度試験は、土の~~せん断強さの推定~~に用いられる。

土粒子の密度試験は、土の<u>締固め程度の測定</u>に用いられる。

スクリューウエイト貫入試験は、~~室内試験~~である。

スクリューウエイト貫入試験は、<u>原位置</u>試験である。

圧密試験は、~~掘削工法の検討~~に用いられる。

圧密試験は、<u>沈下量、沈下速度の計算</u>に用いられる。

 用 語

トラフィカビリティー
施工現場の地盤が建設機械の走行にどれだけ耐えうるかを表す度合い。コーン指数が大きいほど走行しやすい地盤となる。

内部摩擦角
土の内部摩擦角とは、土を構成する土粒子間の摩擦抵抗を角度で表したもの。内部摩擦角が大きいほど崩れにくく、支持力が大きい。

Lesson
01

土質調査

Lesson
02

重要度 ★★☆

土工計画

─ 学習のポイント ─

一次 二次

● 地山土量、ほぐし土量についての計画内容を理解する。

● 土量の変化率のほぐし率（L）、締固め率（C）を使った計算では、基準土量からの換算計算を理解する。

　　土を掘削して運搬し盛土をする場合、土は地山（じやま）にある時と比べて体積が増加する場合や減少する場合があります。土工の計画では、この土量の変化をあらかじめ推定して土工の計画を立てます。

2-1　土量の変化率

　　土は自然状態にある土量を地山土量といい、掘削してほぐした時の土量をほぐし土量、盛土した場合の締め固められた土量を締固め土量といいます。土工計画ではそれぞれの土量を以下のように利用します。

①地山土量は土の配分計画を立てるときに用いる。

②ほぐし土量は土の運搬計画を立てるときに用いる。

③締固め土量は出来上がり土量計画を立てるときに用いる。

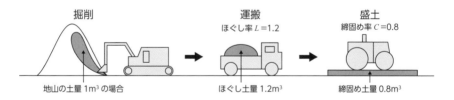

掘削　　　　　　　　　　運搬
ほぐし率 $L=1.2$　　　　　盛土
締固め率 $C=0.8$

地山の土量 1m³ の場合　　　ほぐし土量 1.2m³　　　締固め土量 0.8m³

1　土量の変化率

1 ほぐし率

　　（L）：1 m³ の地山を掘削してほぐすと 1 m³ より増えます。

　　変化率（ほぐし率）L は 1 以上となります。

$$ほぐし率 L = \frac{ほぐした土量の体積}{地山土量の体積}$$

2 締固め率

（C）：1 m³ の地山土量を基準にしたほぐした土量を締め固めると体積が減少します。

変化率（締固め率）C は 1 以下となります。

$$締固め率\ C = \frac{締め固めた土量の体積}{地山土量の体積}$$

ゴロ合わせで覚えよう！ 締固め率とほぐし率

湿った棚の上にある
（締め）　（分数の上）

硬めの　　櫛は、
（固めた土量）（ほぐした土量）

そのままに　しておいて
（そのままの土量）（分数の下）

C（締固め率）の計算式は、<u>締め固めた土量／そのままの土量</u>。
L（ほぐし率）の計算式は、<u>ほぐした土量／そのままの土量</u>。

---

2 土量の換算

土量は、地山、ほぐし土、締固め土のそれぞれの状態を基準に計算する場合、下表の式により求めることができます。

土量換算表

基準＼求める土量	地山土量	ほぐし土量	締固め土量
地山土量	1	$1 \times L$	$1 \times C$
ほぐし土量	$1/L$	1	C/L
締固め土量	$1/C$	L/C	1

与えられた土量から地山へ換算する計算方法を理解しよう！

3 土量計算例

前ページの表の基準土量により求める土量を計算すると以下のとおりです。ただし、土量換算係数を $L = 1.2$, $C = 0.9$ とします。

1 地山土量100 m³ を基準とした場合

地山土量 = 100 m³
ほぐし土量 = 100 m³ × 1.2 = 120 m³
締固め土量 = 100 m³ × 0.9 = 90 m³

2 ほぐし土量100 m³ を基準とした場合

地山土量 = 100 m³ × $1/L$ = 100 m³/1.2 ≒ 83 m³
ほぐし土量 = 100 m³
締固め土量 = 100 m³ × C/L = 100 m³ × 0.9/1.2 = 75 m³

3 締固め土量100 m³ を基準とした場合

地山土量 = 100 m³ × $1/C$ = 100 m³/0.9 ≒ 111 m³
ほぐし土量 = 100 m³ × L/C = 100 m³ × 1.2/0.9 ≒ 133 m³
締固め土量 = 100 m³

問題例

100 m³ の土量の変化率に関する次の記述のうち、誤っているものはどれか。

ただし、$L = 1.20$　　　L = ほぐした土量／地山土量
　　　　$C = 0.90$ とする。　C = 締め固めた土量／地山土量

①締め固めた土量100 m³ に必要な地山土量は111 m³ である。
②100 m³ の地山土量の運搬土量は120 m³ である。
③ほぐされた土量100 m³ を盛土して締め固めた土量は75 m³ である。
④100 m³ の地山土量を運搬し盛土後の締め固めた土量は83 m³ である。

答え：④　100 m³ × 0.9 = 90 m³

2-2　土工機械の選定

　土工機械には、伐開除根、掘削、積込み、運搬、敷均し、整地、溝掘りなどの作業があります。工事条件によって、作業内容に適した土工機械を選定します。

1　ショベル系掘削機械

1 バックホウ

・掘削、積込み、伐開除根作業、
　溝掘り作業に使用される。
・バケットを下向きに取り付け、
　車体側に引き寄せて掘削する方
　式。
・機械の設置された地盤より低い
　位置の掘削に適する。

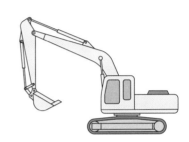

2 クラムシェル

・水中掘削や基礎掘削、深い位置の掘削
　作業に使用される。
・機械式と油圧式がある。
・バケットを落下させて掘削する。
・機械の設置された地盤より深い位置の
　掘削に適する。

3 トラクターショベル（ローダ）

・掘削、積込み作業に使用され
　る。
・車体前部のバケット装置をす
　くい込み掘削する。
・機械の設置された位置より高
　い位置の掘削に適する。

1 ブルドーザ

・掘削、運搬、伐開除根、敷均し・
整地、締固め作業に使用される。

・クローラ式、ホイール式があり、
各種地盤に適用する。

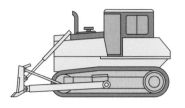

・作業に応じた土工鈑（ばん）を取り付け、
車体を前後に直進させて作業す
る。

・短距離（60 m 以下）の土砂の掘削・運搬に適する。

2 モーターグレーダ

・道路工事では、路床・路盤の材
料混合、敷均し作業に使用され
る。

・スカリファイヤーにより地盤の
かき起こし作業ができる。

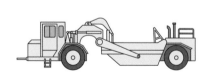

・ブレードのバンクカットにより
法面（のりめん）の整形や排水溝の掘削がで
きる。

・除雪作業に利用される。

・敷均しをはじめ仕上げ作業において高い精度で仕上げることがで
きる。

3 モータースクレーパ

・掘削、運搬作業に使用される。

・掘削・積込み・長距離運搬・
敷均しを一連で行うことがで
きる。

・大規模土工に適する。

3 締固め機械

1 タイヤローラ

- ・アスファルト混合物、路盤、路床などの締固め作業に使用される。
- ・タイヤの空気圧やバラストの調整により締固め効果を変化させることができる。
- ・比較的広範囲な材料の締固めに適応できる。

2 振動ローラ

- ・振動の衝撃力を利用して、多種な材料を締め固める作業に使用される。
- ・振動による締固め効果が深層にも及ぶので材料の敷均し厚さを厚くできる。
- ・締固め効果が大きく、少ない転圧回数で十分な締固め度が得られる。

用 語

クローラ式
キャタピラ走行。

ホイール式
ゴムタイヤ走行。

スカリファイヤー
多数の刃 (爪) を横に並べたブレード。

バラスト
重し。

2-3 盛土・切土の施工

1 盛土材料

　盛土材料に求められる性質は、以下のとおりです。
①施工機械のトラフィカビリティーが確保できること。
②所定の締固めが行いやすいこと。
③締め固められた土のせん断強さが大きく、圧縮性（沈下量）が小さいこと。
④透水性が小さいこと。
⑤有機物（草木・その他）を含まないこと。
⑥吸水による膨潤性の低いこと。

大小を入れ替えた問題に注意しよう！

2 高含水の盛土材の利用

①湿地ブルドーザを使用する。
②曝気乾燥や天日乾燥により自然含水比を低下させる。
③地山でのトレンチ掘削（排水溝）などにより自然含水比を低下させる。
④石灰またはセメントなどの安定処理によって土質を改良する。

高含水地の盛土材の利用方法を覚えよう！

3 敷均し・締固め

①敷均し厚さは、道路盛土の場合、一般に路体では1層の締固め後の仕上がり厚さを 30 cm 以下とし、この場合の敷均し厚さを 35 〜 45 cm 以下に、路床では層の締固め後の仕上がり厚さを 20 cm 以下とし、

この場合の敷均し厚さを 25 〜 35 cm 以下としている。河川堤防では敷均し厚さを 35 〜 45 cm 以下とし、仕上がり厚さを 30 cm 以下としている。

②盛土材料の含水比はできるだけ最適含水比に近づけるように調整する。

③施工中の排水処理を十分に行う。

④構造物の周辺は透水性が高く、圧縮性の小さい良質な裏込め材を使用する。

⑤構造物に偏土圧を加えないように、薄層で両側から均等に転圧する。

4 切土法面の施工

①切土法面の施工中は、雨水などによる法面浸食や崩壊・落石などが発生しないように一時的な法面の排水、法面保護、落石防止を行う。また、掘削終了を待たずに切土の施工段階に応じて順次上方から保護工を施工する。

②一時的な切土法面の排水は、ビニールシートや土のうなどの組合せにより、仮排水路を法肩の上や小段に設け、雨水を集水して縦排水路で法尻へ導いて排水し、できるだけ切土部への水の浸透を防止するとともに法面に雨水などが流れないようにすることが望ましい。

③法面保護は、法面全体をビニールシートなどで被覆したり、モルタル吹付けにより法面を保護することもある。

④落石防止としては、亀裂の多い岩盤や礫などの浮石の多い法面では、仮設の落石防護網や落石防護柵を施工することもある。

2-4 盛土の施工管理

1 盛土の締固めの目的

①土の空隙を小さくして透水性を小さくする。

②水の浸入による軟化、膨張を小さくする。

③盛土として必要な強度特性を持たせる。

④完成後の圧密沈下を少なくする。

1 ☐ バックホウは、掘削、積込み、伐開除根作業、溝掘り作業に使用される。

クラムシェルは、水中掘削や基礎掘削、深い位置の掘削作業に使用される。

2 ☐ モーターグレーダは、道路工事では、路床・路盤の材料混合、敷均し作業に使用される。

モータースクレーパは、掘削・積込み・長距離運搬・敷均しを一連で行うことができる。

3 ☐ 盛土材料は、締固められた土のせん断強さが大きく、圧縮性（沈下量）が小さい材料を使用する。

盛土材料には、透水性が小さいことや、吸水による膨潤性の低いことが求められる。

❗ こんな選択肢は誤り！

モーターグレーダは、掘削・運搬に使用される。

モーターグレーダは、路床・路盤の材料混合、敷均し作業に使用される。

盛土の施工における盛土材料の敷均し厚さは、路体より路床の方を厚くする。

盛土の施工における盛土材料の敷均し厚さは、路床より路体の方を厚くする。

盛土に適した盛土材料は、締固め後の吸水による膨張が大きい。

盛土に適した盛土材料は、締固め後の吸水による膨張が小さい。

重要度 ★★☆

法面保護工

学習のポイント

一次 二次

● 法面保護工の工法と目的の組合せを理解する。
● 法面保護工法の植生工と構造物による法面保護工の各工法の特徴を理解する。

3-1 法面保護工の種類

法面保護工は法面の風化、浸食を防止し、法面の安定を図るもので、植生を用いて法面を保護する植生工と、コンクリートや石材など構造物による保護工に大別されます。

3-2 植生工

1 種子散布工

種子、肥料、ファイバーを水に混合して法面にポンプまたは吹付ガンで吹き付けるもので、芝が育成するまでに時間を要することから、比較的法面勾配（のりめんこうばい）がゆるく透水性の良い安定した法面に適しています。

2 客土吹付工

種子肥料、土を水で混合した泥土状の種肥土（たねごえ）を、モルタルガンなどを利用して、圧縮空気によって吹き付ける工法で、切土法面に適し、急勾配の箇所での施工が可能です。

3 張芝工（はりしば）

芝を法面に張り付ける工法で、べた張りする張芝工の完成と同時に法面の保護効果が期待できるので、浸食されやすい法面にも適しています。

4 植生マット工

　種子、肥料などを装着したマットあるいはシートで法面を被覆する工法で、マット、シートによる保護効果があることから、芝が育成するまでの間においても法面の安定が図れます。

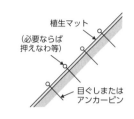

5 筋芝工

　盛土法面の土羽打ち際に野芝を水平に筋状に挿入する工法です。野芝は育成が遅いので全面被覆するまでに時間を要し、砂質土の場合は筋間の土砂が流出する恐れがあります。

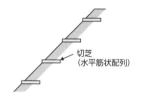

6 植生土のう工

　種子と肥料を網袋に詰め、法面に掘った水平な溝や法枠内に固定する工法で、網袋に包まれていることから流出が少なく、地盤に密着しやすいのが特徴です。

3-3　構造物による法面保護工

1 モルタル・コンクリート吹付工

　亀裂の多い岩の法面の風化防止および法面の剥落、崩壊を防ぐ目的として用いられます。吹付厚さは法面の状況や気象条件などを考慮して決定されますが、一般にモルタル吹付工では8〜10 cm、コンクリート吹付工では10〜20 cmを標準とします。

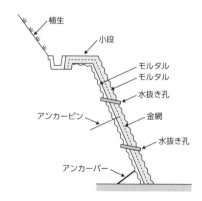

2 石張工・ブロック張工

石張工、ブロック張工は、法面の風化および浸食防止を主目的として1：1.0 より緩い法面で粘着力のない土砂、土丹並びに崩れやすい粘土などの法面に用いられます。一般に直高は 5 m 以内、法長は7 m 以内とすることが多く、石張工は石材の緊結が難しいことからできるだけ緩勾配で用いられます。

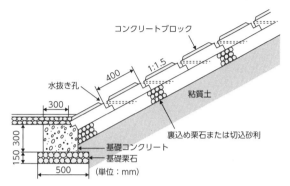

（単位：mm）

3 コンクリート張工

割目節理の多い岩盤やルーズな崖すい層などで法枠工やモルタル吹付工では法面の安定が確保できない場合に用いられます。一般に1：1.0 程度の勾配には無筋コンクリート張工が、1：0.5 程度の勾配には鉄筋コンクリート張工が用いられます。

4 現場打ちコンクリート枠工

湧水を伴う風化岩や法面の安定性に不安がある長大な法面、コンクリートブロック枠では崩落のおそれがある箇所などに用いられます。枠は、鉄筋コンクリートで施工されますが枠内は状況に応じて石張り、ブロック張り、コンクリート張り、モルタル吹付けあるいは植生などにより保護します。

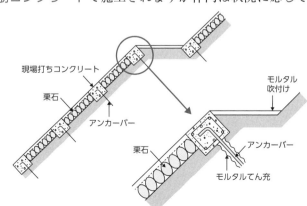

3-4 法面排水工

　法面の崩壊の原因には、ほとんどの場合地表水あるいは浸透水が関係を持っており、法面の安定を確保するためには水の処理が極めて大切です。

1 表面排水工

　土工法面を水が流下することがないように、法面の法肩部には法肩排水溝、長大の法面の小段に設ける小段排水溝、これらを法尻に導く縦排水溝があります。

2 地下排水溝

　法面の安定に悪影響をもつ浸透水を地中で排除する施設です。地表面近くの地下水や浸透水を集めて排除する地下排水溝や、法面からの湧水がある場合には、ボーリングにより水平に横孔をあけて穴あき管（有孔管）などを挿入して水を抜くこともあります。盛土内部の間隙水圧を低下させ、法面の安定を保つために、水平排水層を設けることがあります。

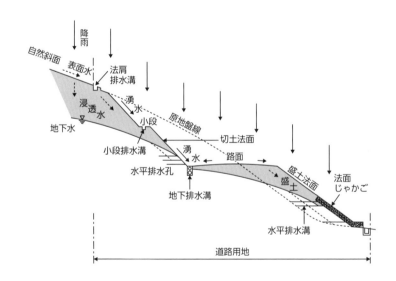

重要度 ★★☆

軟弱地盤対策工法

┌ 学習のポイント ┐

一次　二次

- 軟弱地盤を処理するための工法の種類と目的を理解する。
- 工法が表層部か深層部におけるものかの区別をつける。
- 載荷重工法や固結工法などの分類における工法を理解する。
- 各分類の工法名と特徴を説明できるようにする。

4-1　主な軟弱地盤対策工法

1　表層処理工法

本工法は、地表面付近に高含水の粘性土等がある場合、地盤の局部的なせん断変形を抑え、トラフィカビリティーを確保するとともに盛土等の上部荷重をできるだけ均等に在来地盤に分布させることを目的とするものです。

1 表層排水処理工法

地表面にトレンチ（溝）を掘削して地表水を排除するとともに、地盤表層部の地下水をトレンチに導いて表層地盤の含水比を低下させる工法です。これにより施工機械のトラフィカビリティーを確保します。また、トレンチは盛土施工中に地下排水溝としての機能を持たせるため透水性の高い砂礫等で埋め戻します。

2 サンドマット工法

軟弱地盤上に透水性の高い砂または砂礫を 50 ～ 120 cm の厚さに敷き均す工法で、盛土と併用して排水層の役割を果たすほか、単独で施工機械のトラフィカビリティーの確保、軟弱地盤処理の目的を果たすことがあります。
サンドマットだけでは排水効果が十分期待できない場合は、地下排水溝を設けた

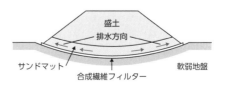

盛土
排水方向
サンドマット
合成繊維フィルター
軟弱地盤

り、排水用穴あき管（有孔管）を併用します。

3 敷設材工法

軟弱地盤の表層部に、鋼板やジオテキスタイル（化学繊維シート、樹脂ネット）などを敷設して、そのせん断強さおよび引張強さを利用し、施工機械のトラフィカビリティーを確保する工法です。

4 表層混合処理工法（添加材工法）

生石灰、消石灰およびセメントなどの安定材を、スラリー状あるいは粉体のまま軟弱な表層地盤と混合して、地盤の支持力、安定性を増加させ、施工機械のトラフィカビリティーを確保するとともに、盛土の安定性および締固め効率の向上を図るものです。

2 緩速（かんそく）載荷工法

軟弱地盤が破壊しない範囲で盛土荷重をかけ、圧密進行に伴い増加する地盤のせん断強さを期待しながら、時間をかけてゆっくりと盛土を仕上げていく工法です。

3 押え盛土工法

盛土荷重により基礎地盤のすべり破壊の危険がある場合に、本体盛土に先行して側方に押え盛土を施工してすべりに対する抵抗を増加させ、本体盛土のすべり抵抗に対する安全性を確保する工法です。

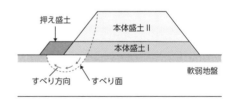

4 置換工法

軟弱地盤に盛土等を行う際に、盛土荷重により沈下、安定等の影響を受ける範囲の基礎地盤の一部または全部を良質土と置き換えて、基礎地盤として適したものに改良する工法で、掘削置換工法と強制置換工法が

あります。掘削置換工法は、軟弱層が比較的浅い場合に用いられる工法で、掘削により軟弱層を除去して良質土で置き換えるものです。

5 軽量盛土工法

軽量盛土工法は、盛土材としてEPSブロック（高い圧縮強さを有する発泡スチロールのブロック）を使用して、盛土材の軽量化による軟弱地盤の沈下の軽減や、地すべり地における盛土荷重、あるいは構造物への作用土圧の軽減を図る工法です。

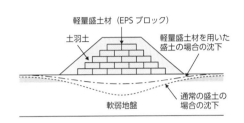

軽量盛土材（EPSブロック）
土羽土
軽量盛土材を用いた
盛土の場合の沈下
軟弱地盤
通常の盛土の
場合の沈下

6 載荷重工法（載荷工法）

この工法は、将来建設される構造物の荷重と同等か、より大きい荷重を盛土等により載荷して、基礎地盤の圧密沈下を促進させ、かつ地盤強度を増加させた後に載荷重を除去して構造物を構築するもので、将来計画している構造物と同等の荷重を載荷するプレローディング工法と、将来計画している構造物の荷重以上のものを載荷するサーチャージ工法があります。

7 バーチカルドレーン工法

軟弱地盤中に人工的に鉛直方向の排水路を設け、粘性土の排水距離を短くして圧密時間を短縮する工法の総称で、サンドドレーン工法、ペーパードレーン工法などがあります。圧密に要する時間は、排水距離の2乗に比例します。

①サンドドレーン工法は、透水性が高い砂を鉛直に連続して打設することで排水性を確保し、併せて地盤強度を増加させる効果がある。

②ペーパードレーン工法は、砂の代わりに穴あき厚紙のカードボードを排水路として打設するもので、施工速度が速く経済的であり管理もしやすい。

サンドドレーン工法の施工順序

マンドレルによるサンドパイルの施工

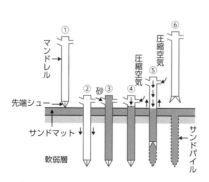

①マンドレルの先端シューを閉じ、所定位置に設置
②振動によりマンドレルを打ち込む
③砂を投入（バケットによる）
④⑤砂投入口を閉じ、圧縮空気を送りながら
⑥マンドレルを引き抜く

ウォータージェットによるサンドパイルの施工

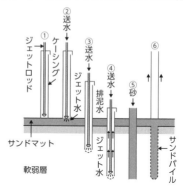

①ケーシングを所定の位置におく
②③ケーシング内にジェットロッドを入れ、水を噴射
④ケーシングを所定の深さまで入れたら、中の土をよく流し出す
⑤砂を充填
⑥ケーシングを引き抜く

ペーパードレーン工法の施工順序

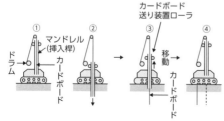

①ペーパードラムからカードボードを引き出し、滑車を通してマンドレル内に挿入
②カードボードを内挿したままマンドレルを地盤に挿入
③カードボードを地中に残してマンドレルだけを引き上げる
④カッターによってカードボードを切る

ゴロ合わせで覚えよう！ ▶ ペーパードレーンとサンドドレーン

ぺーぺーでも侮れん！
（ペーパードレーン工法）

三度優勝した人を抜いた！
（サンドドレーン工法）　　（速い）

粘土地盤で用いられる<u>ペーパードレーン工法</u>は、<u>サンドドレーン工法</u>に比べて、早く、安価で施工することができる。

8 サンドコンパクションパイル工法（締固め砂杭工法）

サンドコンパクションパイル工法は、軟弱地盤中に振動あるいは衝撃荷重により砂を打ち込み、高密度の強い砂杭（すなぐい）を造成するとともに、軟弱層を締め固めるものです。この工法は、軟弱な粘性土地盤では、砂杭と粘性土により構成された複合地盤として機能するため、上部からの荷重を造成された砂杭が多く分担し、粘性土に加わる荷重が軽減されて圧密沈下量が減少します。

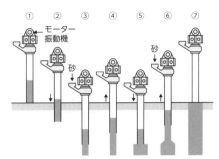

①先端に砂栓を設ける
②パイプ頭部のバイブロによってパイプを地中に挿入する
③砂を投入し、振動させながらパイプを上下し、砂栓を抜く
④⑤⑥振動させながらパイプを上下し、砂を地中に圧入
⑦パイプを引き抜き、締め固めた砂柱をつくって完了

9 バイブロフロテーション工法

この工法は振動締固め工法であり、棒状の振動機をゆるい砂地盤中で振動させながら水を噴射して、水締めと振動により地盤を締め固めるとともに、生じた空隙（くうげき）に砂利などを充填（じゅうてん）して地盤を改良するもので、地震時の液状化対策として用いられます。

> サンドコンパクションパイル工法とバイブロフロテーション工法を区別できるように覚えよう！

10 固結工法

石灰やセメントなどの固結材を地盤中に混入して、その固結作用により地盤の強度を高める工法で、石灰パイル工法や深層混合処理工法、薬液注入工法などがあります。

1 石灰パイル工法

　生石灰を軟弱地盤中に杭状に打設して地盤改良する工法です。生石灰が地盤中の水分と反応した際に生ずる消化吸水反応で、多量の水分を吸収して生石灰の約2倍の体積を持つ消石灰になることにより、含水比の低下、体積膨張による地盤の圧密、石灰杭が固結して支持杭として働く等の改良効果があります。

2 深層混合処理工法

　石灰、セメント系の土質改良安定材を、粉体あるいはスラリー状にして軟弱地盤の土と原位置で強制攪拌混合し、地盤中に安定処理土による円柱状の改良体を造成するもので、複合地盤として地盤強度を評価し、沈下および安定対

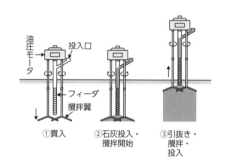

策とする工法です。大きな強度が短時間で得られ、沈下防止効果が大きく、安定材の強制攪拌混合は油圧モータにより行うため、低騒音・低振動で施工することができ、環境に対する影響も少ないのが特徴です。

3 薬液注入工法

　薬液注入工法は地下掘削の湧水防止や地山の崩落防止のため、地盤中に水ガラスを主体とする薬液を注入して、地盤の透水性を減少させ、あるいは土粒子間を固結し、地盤の強度を増大させる工法です。

　薬液注入工法では、注入圧力が大きくなると地盤の隆起が生じて周辺構造物や地下埋設物等を損傷させることがあるので、施工中は周辺地盤の監視が必要です。また、薬液の地中での性質が必ずしも明らかになっておらず、水質汚染のないように地下水の監視も必要です。

4-2　排水工法

　排水工法は、地下水位以下の掘削を行う場合に用いる工法で、掘削作業を容易にするとともに掘削箇所の側面ならびに底面の破壊または変形を防止する目的で行われます。

1　釜場排水工法

　掘削時に浸透してくる水を、掘削面より深い位置に設置した釜場と呼ばれる集水箇所に集めて水中ポンプで排水する工法で、小規模掘削で湧水量が少ない場合に適しています。

2　ディープウェル工法（深井戸排水工法）

　径600 mm 程度の井戸用鋼管を、アースドリルなどの削孔機で地中深く掘り下げて設置し、井戸内に流入した地下水を水中ポンプで排水して井戸周辺の地下水位を低下させる工法です。深井戸排水工法は広範囲に地下水位を低下させる場合や、透水性が大きく、排水量が多い場合に適します。

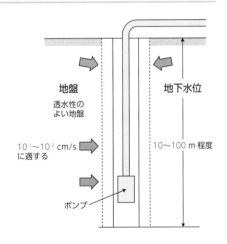

地盤
透水性の
よい地盤

地下水位

10^{-1}〜10^{-2} cm/s
に適する

10〜100 m 程度

ポンプ

3　ウェルポイント工法

　この工法は、掘削箇所の内側および周辺をウェルポイントという吸水装置で取り囲み、先端の吸水部から地下水を真空ポンプで強制的に排水して、地下水位を低下させる工法です。

　透水係数の小さい土質にも適用しますが、砂礫層や、排水量が多い場合は適用できません。揚水高さは、6 〜 7 m 程度が限度であり、掘削深度が大きくなる場合は多段式のウェルポイントが必要になります（次ページの図参照）。

ウェルポイント工法

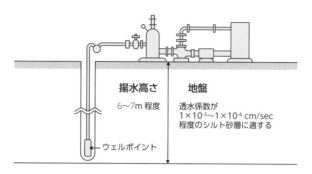

揚水高さ
6〜7m 程度

地盤
透水係数が
$1 \times 10^{-3} \sim 1 \times 10^{-4}$ cm/sec
程度のシルト砂層に適する

ウェルポイント

ウェルポイント工法の深さの限度を覚えよう！

4 深井戸真空工法

　ウェルポイントと同様な原理の工法で、ストレーナーの付いた鋼管を地盤内に打設して井戸をつくり、内部に何段かのポンプを取り付けて真空揚水をする工法です。この工法は排水量が多い時に使用されます。

頻出項目をチェック！

1 ☐ 表層排水処理工法は、地表面にトレンチを掘削して、地表水を排除するとともに地盤表層部の地下水をトレンチに導き、表層地盤の含水比を低下させる表層処理工法である。

トレンチは、盛土施工中に地下排水溝としての機能を持たせるため、透水性の高い砂礫等で埋め戻すことが多い。

2 ☐ サンドマット工法は、軟弱地盤上に透水性の高い砂または砂礫を50〜120cm の厚さに敷き均す表層処理工法である。

サンドマット工法は、盛土と併用して排水層の役割を果たすほか、単独で施工機械のトラフィカビリティーの確保、軟弱地盤処理の目的を果たすことがある。

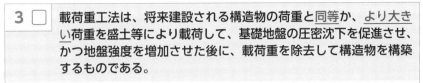

3 ☐ 載荷重工法は、将来建設される構造物の荷重と<u>同等</u>か、<u>より大きい</u>荷重を盛土等により載荷して、基礎地盤の圧密沈下を促進させ、かつ地盤強度を増加させた後に、載荷重を除去して構造物を構築するものである。

将来計画している構造物と<u>同等の荷重</u>を載荷する<u>プレローディング工法</u>と、将来計画している構造物の<u>荷重以上</u>のものを載荷する<u>サーチャージ工法</u>がある。

4 ☐ バーチカルドレーン工法とは、軟弱地盤中に人工的に<u>鉛直方向の排水路</u>を設けて、粘性土の排水距離を短くして圧密時間を短縮する工法の総称である。

バーチカルドレーン工法には、<u>サンドドレーン工法</u>、<u>ペーパードレーン工法</u>などがあり、圧密に要する時間は、排水距離の<u>2乗</u>に比例する。

5 ☐ 固結工法は、石灰やセメントなどの<u>固結材</u>を地盤中に混入して、その固結作用により地盤の強度を高める工法である。

固結工法には、<u>石灰パイル工法</u>や<u>深層混合処理工法</u>、<u>薬液注入工法</u>などがある。

6 ☐ ディープウェル工法は、広範囲に地下水位を<u>低下</u>させる場合や、排水量が<u>多い</u>場合に適する。

ディープウェル工法は、<u>井戸用鋼管</u>を地中深く掘り下げて設置し、井戸内に流入した地下水を<u>水中ポンプ</u>で排水して井戸周辺の地下水位を低下させる排水工法である。

 こんな選択肢は誤り！

固結工法には、軟弱地盤の土粒子間に水ガラス系薬液を注入して、~~間隙水~~を固結させ、強さを増大させる薬液注入工法がある。

固結工法には、軟弱地盤の土粒子間に水ガラス系薬液を注入して、<u>土粒子間</u>を固結させ、強さを増大させる薬液注入工法がある。

ウェルポイント工法は、~~表層処理工法~~である。

ウェルポイント工法は、<u>排水</u>工法である。

土質試験

土工1 土質試験とその結果の利用に関する次の組合せのうち，**適当でないもの**はどれか。

［土質試験］	［結果の利用］
(1) 圧密試験 ………………………………………	掘削工法の検討
(2) CBR 試験……………………………………	舗装厚の設計
(3) 突固めによる土の締固め試験 ………………	盛土の締固め管理
(4) 一軸圧縮試験 …………………………………	地盤の安定判定

答え (1)

圧密試験は、粘性土地盤の沈下量および沈下速度の計算に利用されます。

土工作業

土工2 土工に使用する建設機械名と作業内容との次の組合せのうち，**適当でないもの**はどれか。

［建設機械名］	［作業内容］
(1) ブルドーザ …………………………………	伐開と除根
(2) 自走式スクレーパ …………………………	掘削と運搬
(3) モーターグレーダ …………………………	敷均しと締固め
(4) バックホウ …………………………………	掘削と積込み

答え (3)

モーターグレーダは、路盤材の敷均し作業や法面の整形、排水溝の掘削は可能ですが、締固めはできません。

盛土

土工3 盛土に適した盛土材料の性質として次の記述のうち，**適当でないもの**はどれか。

(1) 粒度配合のよい礫質土や砂質土である。
(2) 締固め後の吸水による膨張が大きい。
(3) 敷均しや締固めが容易である。
(4) 締固め後のせん断強度が高く，圧縮性が小さい。

答え (2)

盛土に適する材料の条件は、締固め後の吸水による膨張が小さいことです。

軟弱地盤対策

土工4 地盤改良の工法のうち，表層処理工法に**該当するもの**は次のうちどれか。

(1) ウェルポイント工法
(2) 押え盛土工法
(3) 薬液注入工法
(4) サンドマット工法

答え (4)

サンドマット工法は、透水性の高い砂または砂礫を 50 〜 120 cm の厚さに敷き均す工法で、盛土に併用して排水層の役割と、施工機械のトラフィカビリティーの確保の目的で設置される、表層処理工法です。

コンクリート材料

学習のポイント

一次 二次

● セメントとの種類と特徴を理解する。
● 骨材の細骨材と粗骨材の分類、砕石と砂利の特徴を理解する。
● コンクリートに特別な性能を与える混和材料の特徴を理解する。

　コンクリートとは、セメント、水、骨材および必要に応じて加える混和材料を構成材料とし、これらを練り混ぜ、またはその他方法によって一体化したものです。

1-1　セメント

　セメントは、JIS の規定によりポルトランドセメントと混合セメントとに分けられます。ポルトランドセメント（普通、早強、超早強、中庸熱、低熱および耐硫酸塩）、混合セメントの高炉セメント、シリカセメント、フライアッシュセメントの 4 規格があり、その他 JIS に規定されない特殊なセメントがあります。

1　ポルトランドセメント

1 普通ポルトランドセメント

　特殊な目的で製造されたものではなく、土木、建築工事やセメント製品に最も多量に使用されています。

2 早強ポルトランドセメント

　普通ポルトランドセメントより初期強度が大きく、冬季工事や寒冷地の工事、および早く十分な強度が望まれる工事に適しています。ただし、硬化に伴う発熱量は大きくなります。

3 中庸熱ポルトランドセメント

　普通ポルトランドセメントより水和熱を低くしたセメントで、ダ

ムのようなマスコンクリートに使用されます。

2　混合セメント

1 高炉セメント

　高炉セメントは、溶鉱炉から副産する高炉スラグをポルトランドセメントに混合したセメントで、普通ポルトランドセメントに比べ、早期の強度発現が緩慢で、初期強度は小さいものの、長期強度が期待できます。化学抵抗性が大きく、アルカリ骨材反応抑制対策として使用されます。

2 フライアッシュセメント

　火力発電所で微粉炭を燃やした際に集じん機で集められたフライアッシュを混和材とします。ワーカビリティーが向上し、単位水量を低減できます。ダムなどマスコンクリートに使用されます。

> 混合セメントを使用する目的を覚えよう！

3　セメントの取扱い

　セメントは、長期間貯蔵すると湿気を吸って軽微な水和反応を起こし、また空気中の炭酸ガスとも反応します。この現象をセメントの風化といいます。風化したセメントは、強熱減量が増し、比重（密度）が小さくなって凝結が遅くなり、強度も低下します。したがって、セメントは、湿気を防ぎ通風を避けて貯蔵します。

　セメントに水を加えると、水和作用により次第に流動性を失い硬化します。これを凝結と呼び、一般に使用時の温度が高いほど凝結は早くなり、初期における強度発現は大きくなります。

　セメントの粉末度は、比表面積で表し、値が大きいほどセメントの粒子が細かくなります。一般的には、比表面積が大きいほど水和作用が早くなり、強度の発現は早く、水和熱は高く、乾燥収縮は大きくなります。

1-2　練混ぜ水

練混ぜ水は、上水道水、または JIS で規定されるレディーミクストコンクリートの練混ぜに用いる水に適合したものでなければなりません。

1-3　骨材

骨材とは、モルタルまたはコンクリートをつくる際に、セメントおよび水と練り混ぜる砂、砂利、砕石などの材料をいいます。骨材のうち、10 mm ふるいを全部通り 5 mm ふるいを質量で 85％以上通るものを細骨材（砂など）、5 mm ふるいに質量で 85％以上とどまるものを粗骨材（砂利、砕石など）といいます。

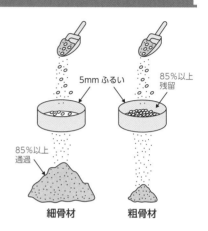

5mm ふるい

85％以上
残留

85％以上
通過

細骨材　　　粗骨材

85％通るか、残るかを区別して覚えよう！

1　コンクリート骨材として要求される性質

①ごみ、どろ、有機不純物、塩化物等を有害量含んでいてはならない。
②水分の吸収や温度変化によって破損、体積変化を起こさないこと。
③コンクリートが破損しないために化学的に安定であること。
④セメントペーストの強度より大きな強度をもつこと。
⑤セメントペーストとよく付着するような表面組織をもつこと。
⑥薄い石片や細長い石片が含まれていないこと。
⑦水密なコンクリートを造るために密度が大きいこと。
⑧適切な粒度をもち、粒度の変化が少ないこと。

2 骨材の含水状態

骨材の含水状態で表面乾燥
飽水状態（表乾状態）におけ
る骨材の密度を表乾密度、絶
対乾燥状態（絶乾状態）にお
ける密度を絶乾密度といいま
す。表面乾燥飽水状態は吸水
率や表面水率を表すときの基
準の状態とされ、コンクリー

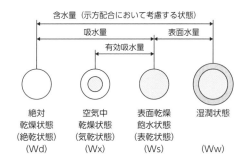

トの配合設計では表面乾燥飽水状態の表乾密度を用います。

3 アルカリ骨材反応

　骨材の化学的安定に関する事項として、アルカリ骨材反応があります。
アルカリ骨材反応とは、反応性骨材とコンクリート中のアルカリ分との
間の化学反応をいい、それに伴う膨張により、コンクリートに多数のひ
び割れを生じさせます。このため、アルカリシリカ反応に関しては、骨
材の反応性を化学法、モルタルバー法で判別する必要があります。アル
カリ骨材反応を抑制するため、次の3つの対策の中のいずれか1つにつ
いて確認をとらなければなりません。
①コンクリートに含まれるアルカリ総量を 3.0 kg/m³ 以下にする。
②高炉セメント〔B種またはC種〕あるいはフライアッシュセメント〔B
　種またはC種〕を使用する。
③骨材のアルカリシリカ反応性試験（化学法またはモルタルバー法）の
　結果で無害とされた骨材を使用する。

4 粒度

　骨材の大小粒の混合の程度を、骨材の粒度といいます。粒度のよい骨
材を用いることで、コンクリートの単位水量、単位セメント量を減らす
ことができて経済的になるばかりでなく、ワーカビリティーが改善され
て施工しやすく、かつ耐久的なコンクリートができます。

1 粗粒率

ふるい分け試験を行い、80 〜 0.15mm の各ふるいにとどまる全試料の質量百分率の和を 100 で割って求めます。

2 粗骨材の最大寸法

ふるい分け試験において、質量で少なくとも 90 ％以上が通るふるいのうちの最小寸法のふるいの呼び寸法で示される粗骨材の寸法を、粗骨材の最大寸法といいます。

1-4 混和材料

混和材料とは、セメント、水、骨材以外の材料で、練混ぜの際に必要に応じてコンクリートの成分として加え、コンクリートの性質を改善する材料で、使用量の多少によって、混和剤と混和材に分けられます。混和剤は、使用量が少なく、それ自体の容積がコンクリートの練上り容積に算入されないものをいい、混和材は使用量が比較的多く、それ自体の容積がコンクリートなどの練上り容積に算入されるものをいいます。

1 混和材

1 ポゾラン

ポゾランとは、二酸化ケイ素を含んだ微粉末のセメント混和材の総称で、火山灰、フライアッシュ、スラグ、シリカフューム等があります。セメントと水和するときに生成する水酸化カルシウムと反応して不溶性の水和物を生成し、水密性や化学抵抗性を高め、長期強度を増進する効果があります。

2 フライアッシュ

フライアッシュを適切に用いることによって、コンクリートのワーカビリティーを改善し、単位水量を減らすことができます。単位水量を減らすことで使用セメント量を減らすことができます。

3 膨張剤

コンクリートに膨張剤を添加することで、コンクリートの乾燥収縮や硬化収縮などによるひび割れの発生を低減できます。

2 混和剤

1 AE剤

AE剤は、コンクリート中に微細な独立した気泡（きほう）を一様に分布させる混和剤で、ワーカビリティーがよくなり、分離しにくくなるため、ブリーディング、レイタンスが少なくなります。また、凍結融解に対する抵抗性が増します。

2 減水剤

減水剤を用いると、コンクリートが軟らかくなるため、ワーカビリティーが改善し、同じワーカビリティーで所要のコンシステンシーおよび強度を得るのに必要な単位水量および単位セメント量を減少させることができます。

3 流動化剤

流動化剤は、コンクリートの単位水量を増大させることなく、流動性を高めることができる添加剤であり、コンクリートの品質を低下させることなくコンクリートの打込みや締固めを容易にします。流動化剤を配合したものを流動化コンクリートといいます。

✅ 頻出項目をチェック！

1 ☐ **セメントは、空気中の水分を吸って水和反応を起こし、空気中の炭酸ガスとも反応して風化する。**

風化したセメントは、強熱減量が増し、比重（密度）が小さくなって凝結が遅くなり、強度も低下する。

2 ☐ 粗骨材とは、5mm ふるいに質量で 85%以上とどまるものをいう。

10mm ふるいを全部通り、5mm ふるいを質量で 85%以上通るものを細骨材という。

3 ☐ ポゾランとは、二酸化ケイ素を含んだ微粉末のセメント混和材の総称であり、代表的なものにフライアッシュがある。

フライアッシュを適切に用いることによって、ワーカビリティーを改善し、使用セメント量を減らすことができる。

4 ☐ AE 剤を用いると、凍結、融解に対する抵抗性が増す。

AE 剤は、コンクリート中に微細な独立した気泡を一様に分布させる混和剤である。

5 ☐ 減水剤を用いると、コンクリートが軟らかくなり、ワーカビリティーが改善する。

減水剤を用いると、同じワーカビリティーで所要のコンシステンシーおよび強度を得るのに必要な単位水量および単位セメント量を減少させることができる。

こんな選択肢は誤り！

セメントの水和作用の現象である凝結は、一般に使用時の温度が高いほど遅くなる。

セメントの水和作用の現象である凝結は、一般に使用時の温度が高いほど早くなる。

ポゾランは、水酸化カルシウムと常温で徐々に不溶性の化合物となる混和材の総称であり、ポリマーはこの代表的なものである。

ポゾランは、水酸化カルシウムと常温で徐々に不溶性の化合物となる混和材の総称であり、フライアッシュはこの代表的なものである。
ポリマーは、引張りや曲げに対する抵抗性の改善などのために、セメントやセメントの一部の代わりに用いられる合成高分子材料である。

重要度 ★★★

コンクリートの性質と配合

学習のポイント

● コンクリートの配合の表記を理解する。
● コンクリートに関する用語を理解する。

一次 二次

2-1 コンクリートの性質

1 フレッシュコンクリートの性質

　まだ固まらないコンクリートをフレッシュコンクリートと呼びます。フレッシュコンクリートは、締固め、仕上げが容易で、これらの作業中において材料分離が少ないものでなければなりません。これらの性質を表すのに、次の用語が用いられます。

①ワーカビリティー:材料分離を生じることなく、運搬、打込み、締固め、仕上げなどの作業が容易にできる程度を表す性質。

②コンシステンシー:フレッシュコンクリートの変形または流動に対する抵抗の程度を表す性質。コンシステンシーはスランプ試験で求めた値で示す。

③スランプ:フレッシュコンクリートの軟らかさの程度を示す指標。

2 材料分離

　コンクリート材料の分離を少なくするためには、適切なワーカビリティーのコンクリートを用いることがもっとも大切であり、分離を減ずるのに減水剤またはAE剤の活用は極めて有効です。材料分離の代表的なものには以下があります。

①ブリーディング:コンクリートの打込み終了後に、セメントおよび骨材粒子の沈下に伴い水が表面に浮かび上がる現象をいう。

②レイタンス:ブリーディングに伴い、コンクリートモルタルまたはペーストの表面に、セメント、骨材中の微粒子、セメント水和物等からなる不純物が堆積したものをいう。レイタンスは弱点にもなるので必ず

取り除かなければならない。

コンクリート用語の説明ができるように覚えよう！

2-2　コンクリートの配合

1　配合設計の基本

　コンクリートの品質にもっとも大きなかかわりをもつのは、水セメント比と単位水量です。必要以上に単位水量の多いコンクリートは、単位セメント量も多くなって不経済ですし、収縮が大きく、また材料分離も起こりやすくなります。

　コンクリートの配合は、所要の品質と作業に適するワーカビリティーが得られる範囲内で、単位水量をできるだけ少なくするように定めなければなりません。

2　設計基準強度

　設計基準強度とは、構造計算において基準とするコンクリートの強度を指し、一般に材齢28日における圧縮強度を基準としています。コンクリートの配合強度は、現場におけるコンクリートの品質のばらつきを考慮し、現場におけるコンクリートの圧縮強度の試験値が設計基準強度を下回る確率が5％以下になるように定めます。

3　粗骨材の最大寸法

　粗骨材の最大寸法は、部材最小寸法の 1/5、鉄筋の最小あきの 3/4 あるいはかぶりの 3/4 以下とします。

　粗骨材の最大寸法は次ページの表の値を標準とします。

粗骨材の最大寸法

構造物の種類	粗骨材の最大寸法（mm）
一般の場合	20 または 25
断面の大きい場合 最小断面寸法が 500mm 以上かつ、 鋼材の最小あきおよび かぶりの 3/4 ＞ 40mm の場合	40
無筋コンクリート	40 部材最小寸法の 1/4 を超えてはならない。

4 スランプ

コンクリートのスランプは、運搬、打込み、締固め等の作業に適する範囲内でできるだけ小さく定めます。

5 空気量

コンクリートは原則として AE コンクリートとし、AE 剤の使用により空気量は多くなり、ワーカビリティーを改善します。空気量は粗骨材の最大寸法、その他に応じて4〜7％を標準とします。

6 水セメント比

水セメント比とは、コンクリートの配合 $1m^3$ に使用される水とセメントの配合の質量比（W/C）であり、運搬、打込み、締固め等の作業ができる範囲でできるだけ小さくします。水セメント比の原則は65％以下ですが、国土交通省では水密性や耐久性の観点から鉄筋コンクリートでは55％以下としています。

7 単位水量

コンクリートの単位水量は、作業ができる範囲内でできるだけ少なくするようにし、上限値は 175 kg/m^3 を標準とします。

✓ 頻出項目をチェック！

1 ☐ **ワーカビリティーとは、材料分離を生じることなく、運搬、打込み、締固め、仕上げなどの作業が容易にできる程度を表す性質である。**

コンシステンシーとは、フレッシュコンコンクリートの変形または流動に対する抵抗の程度を表す性質である。

2 ☐ **ブリーディングとは、コンクリートの打込み終了後に、水が表面に浮かび上がる現象をいう。**

レイタンスとは、ブリーディングに伴い、コンクリートモルタルまたはペーストの表面に不純物が堆積したものをいう。

3 ☐ **コンクリートの配合において、スランプは、運搬、打込み、締固め等の作業に適する範囲内でできるだけ小さく定める。**

水セメント比も同様に、運搬、打込み、締固め等の作業に適する範囲内でできるだけ小さくする。

⚠ こんな選択肢は誤り！

水セメント比は、コンクリートの強度、耐久性や水密性などを満足する値の中から大きい値を選定する。

水セメント比は、コンクリートの強度、耐久性や水密性などを満足する値の中から小さい値を選定する。

コンクリートのスランプは、運搬、打込み、締固め作業に適する範囲内で、できるだけ大きくなるように設定する。

コンクリートのスランプは、運搬、打込み、締固め作業に適する範囲内で、できるだけ小さくなるように設定する。

Lesson 03

重要度 ★★☆

特殊なコンクリート

学習のポイント

- 特殊な配合によるコンクリートの種類を理解する。
- 暑中・寒中コンクリートの扱いと対策を理解する。

一次　二次

3-1　特殊な配合のコンクリート

1　流動化コンクリート

　流動化コンクリートとは、あらかじめ練り混ぜられたコンクリートに流動化剤を添加、攪拌し、流動性を増大させたコンクリートです。単位水量やセメント量を少なくしたい場合に用います。

2　膨張コンクリート

　膨張コンクリートは、膨張の効果により乾燥収縮等に起因するひび割れを減少させることができ、また、ひび割れ耐力を向上させることができるので、水槽、浄水場、地下構造物、橋梁の床版、トンネル覆工、水密コンクリートなどへの適用が効果的です。

3-2　特殊な考慮を要するコンクリート

1　寒中コンクリート

　日平均気温が4℃以下となることが予想されるときは、寒中コンクリートとして施工を行うものとします。

1 材料

セメント：硬化が早く水和熱の大きい早強ポルトランドセメントを用いるのが有利。

骨　　材：骨材に氷雪が混入している場合、コンクリートの単位水量を一定に保つことが困難となるので、骨材はシートなどで覆って貯蔵します。

材料を加熱する場合は、水を加熱するのがもっとも容易で、水と骨材を混ぜたときの温度が40℃を超えないように温度を調節し、打込み時に5〜20℃のコンクリート温度となるようにします。いかなる場合にも、セメントを直接加熱してはなりません。

2 配合

寒中コンクリートには、できるだけ単位水量の少ないAEコンクリートを用います。良質のAE剤、AE減水剤あるいは高性能AE減水剤を用いると単位水量を減少できるうえに、適当な空気量を連行することによりコンクリートの耐凍害性も著しく改善されます。

ゴロ合わせで覚えよう！ ▶ 凍害とAEコンクリート

「納豆がいや」
（凍害）

「そんなこと言わずに」

「えー。いや今度ね」
（AEコンクリート）

凍害を防止するため、気象環境の厳しいところでは、AEコンクリートを用いる。

---

3 練混ぜ・運搬および打込み

打込み時のコンクリート温度は、5〜20℃の範囲でこれを定めることとしますが、気象条件が厳しい場合や部材厚の薄い場合には、最低打込み温度は10℃程度確保するのが適当です。

4 養生

コンクリート打込み後、少なくとも24時間は、コンクリートが凍結しないように保護しなければなりません。激しい気象作用を受けるコンクリートは、所要圧縮強度が得られるまではコンクリート温度を5℃以上に保ち、さらに2日間は0℃以上に保ちます。なお、寒さが厳しい場合あるいは部材厚さが薄い場合には、これを10℃

程度とします。

2 暑中コンクリート

日平均気温が 25℃ を超える時期に施工する場合には、暑中コンクリートとして施工しなければなりません。

1 材料

練上りコンクリートの温度を低くするためには、なるべく低温度の材料を用いる必要があります。骨材は日光の直射を避けて貯蔵したり、冷却水を用いてできるだけ低温度のものを用います。

2 配合

暑中に施工するコンクリートは、減水剤、AE 剤、AE 減水剤あるいは流動化剤等を用いてできるだけ単位水量を少なくします。

3 コンクリートの打込み

コンクリートを打ち込む前には、地盤、型枠等のコンクリートから吸水されそうな部分は十分湿潤状態に保ち、また、型枠、鉄筋等が直射日光を受けて高温となる場合には、散水、覆い等の適切な処置を施す必要があります。

打込み時のコンクリート温度は、一般に 35℃ 以下とし、重要な構造物に用いるコンクリートはできるだけ低い温度で打ち込むことが望まれます。

コンクリートは、スランプ低下などの品質変動のなるべく少ない方法によって運搬し、練り混ぜ始めてから打ち終わるまでの時間は 1.5 時間以内を原則とします。

4 養生

コンクリートを打ち終わったら直ちに養生を開始し、コンクリートの表面を乾燥から保護し、少なくとも 24 時間は湿潤状態を保たなければなりません。木製型枠等のようにせき板沿いに乾燥が生じるおそれのある場合には、型枠も湿潤状態に保つ必要があります。

打込み直後の急激な乾燥によってひび割れが生じることがあるので、直射日光、風等を防ぐため散水または覆い等による適切な処置を行います。打設終了後の初期にひび割れが認められた場合は、再振動締固めやタンピングを行ってこれを除去します。

3 マスコンクリート

断面の大きい構造物は、セメントの水和熱によるコンクリート内部の温度上昇が大きく、ひび割れを生じやすいので、打込み後の温度上昇がなるべく少なくなるように注意して施工しなければなりません。

1 材料

セメントは中庸熱ポルトランドセメントなどの低発熱型セメントを使用します。AE 剤、減水剤、AE 減水剤または高性能 AE 減水剤を適切に用いれば、コンクリートのワーカビリティーが改善されるので、単位水量を減らすことができ、それに伴って単位セメント量も減らすことができ、コンクリートの温度上昇を小さくすることができます。

2 配合

単位セメント量は所要のワーカビリティーが得られる範囲でできるだけ少なくします。

3 コンクリートの打込み

コンクリートの打込みは、打込み区画の大きさやリフト高さに注意が必要で、構造物の種類によっては、ひび割れ誘発目地により、ひび割れ発生を制御します。

4 養生

コンクリートの内外の温度差が大きくならないように、コンクリート表面を断熱性のよい材料（シート等）で覆う保温養生を行います。

特殊なコンクリート

 頻出項目をチェック！

1 ☐ **流動化コンクリートとは、**<u>流動化剤</u>**を添加して**<u>流動性を増大</u>**させたコンクリートで、単位水量やセメント量を**<u>少なく</u>**したい場合に用いる。**

膨張コンクリートは、乾燥収縮等に起因するひび割れを<u>減少</u>させ、<u>水密コンクリート</u>などへの適用が効果的である。

2 ☐ **寒中コンクリートには、できるだけ単位水量の少ない** <u>AE コンクリート</u>**を用いる。**

寒中コンクリートにおいて、材料を加熱する場合は、<u>水</u>を加熱するのがもっとも容易で、いかなる場合にも、セメントを<u>直接加熱</u>してはならない。

3 ☐ **マスコンクリートは、セメントの**<u>水和熱</u>**によるコンクリート内部の**<u>温度上昇</u>**が大きく、**<u>ひび割れ</u>**を生じやすいので、打込み後の温度上昇が**<u>少なく</u>**なるように注意する。**

マスコンクリートの材料には、セメントは<u>中庸熱ポルトランドセメント</u>などの低発熱型セメントを使用する。

 こんな選択肢は誤り！

寒中コンクリートは、ポルトランドセメントと AE 剤を使用するのが標準で、単位水量はできるだけ~~多く~~する。

寒中コンクリートは、ポルトランドセメントと AE 剤を使用するのが標準で、単位水量はできるだけ<u>少なく</u>する。

寒中コンクリートは、~~セメントを直接加熱~~し、打込み時に所定のコンクリートの温度を得るようにする。

寒中コンクリートは、<u>水を</u>加熱し、打込み時に所定のコンクリートの温度を得るようにする。

Lesson 04 コンクリートの施工

重要度 ★★★

学習のポイント

- コンクリート施工の基準と数値を理解する。
- コンクリート施工方法と用語を理解する。
- 打継目の施工方法を理解する。

一次 二次

4-1 コンクリートの運搬・打込み・締固め

1 運搬

　コンクリートは、練混ぜ後速やかに運搬し、直ちに打ち込み、十分に締め固めなければなりません。

　練混ぜから打ち終わるまでの時間は、原則として外気温が25℃を超えるときで1.5時間以内、25℃以下のときで2時間以内を標準とします。

　運搬中に著しい材料分離を認めたときは、十分に練り直して均等質なものとしてから用いなければなりませんが、固まり始めたコンクリートは練り直して用いてはなりません。

2 運搬車

　スランプのない超硬練りコンクリートはダンプトラックを用いることもできますが、一般にはアジテータトラックで運搬中にゆっくりとドラムを回転させて分離を防ぎます。

3 バケット（コンクリートホッパー）

　コンクリートをバケットに受け、これを直ちに打込み箇所までクレーンで運搬する方法は、材料分離を最も少なくする方法の一つです。

アジテータトラック

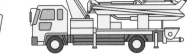

コンクリートポンプ車

コンクリート
ホッパー

ゴロ合わせで覚えよう！ ▶ バケットでの運搬

バケツを運んだら、
（バケット）　（運搬）

文系か理系か選びにくい
　（分離）　　　　　　（しにくい）

バケットでの運搬は、コンクリートの分離が少ない。

---

4 シュート

　高いところからシュートを用いてコンクリートを打設する場合には、縦シュートの使用を原則とします。やむを得ず斜めシュートを用いる場合には、シュートの傾きは材料分離を起こさない程度のもので、水平2に対して鉛直1程度を標準とします。

縦シュートは材料分離が発生しにくいぞ！

---

5 打込み

①打設前には、吸水するおそれがあるところは散水し、湿らせておく。

②コンクリートは、練混ぜから打ち終わるまでの時間は、原則として外

気温が 25℃ を超えるときで 1.5 時間以内、25℃ 以下のときで 2 時間以内を標準とする。

③打ち込んだコンクリートは、型枠内で横移動させてはならない。

④コンクリートの打込み高さは 40 〜 50 cm 以下とする。

⑤コンクリートを 2 層以上に分けて打ち込む場合、上層のコンクリートは下層のコンクリートが固まり始める前に行い、上層と下層が一体となるように施工する。コールドジョイント（上層と下層の不連続面）が発生しないように打重ね時間間隔などを定めなければならない。

許容打重ね時間間隔の標準

外気温	許容打重ね時間間隔
25℃ を超える	2.0 時間
25℃ 以下	2.5 時間

(注) 許容打重ね時間間隔は、下層コンクリートの打ち込み後、下層のコンクリートが固まり始める前に上層のコンクリートを打ち重ねることで、下層と上層の一体性を保つことができる時間である。

⑥シュート、ポンプ配管、バケット、ホッパー等の吐出口から打込み面までの落下高さは 1.5 m 以下とし、コンクリート面にできるだけ近いところまで近づけて打ち込む。

⑦コンクリートの打込みにあたっては、できるだけ材料が分離しないようにし、鉄筋と十分に付着させ、型枠の隅々まで充填させる。

⑧コンクリートの打込み中、表面にブリーディング水がある場合には、スポンジやひしゃくなどでこれを取り除く。

⑨打上がり速度は、一般の場合、30 分につき 1 〜 1.5 m 程度を標準とする。

⑩コンクリートを地面に直接打ち込む場合は、あらかじめ均しコンクリートを敷いておく。

⑪コンクリートの打込みにあたっては、型枠やせき板が硬化したコンクリート表面からはがれやすくするため、剥離剤を塗布する。

6　締固め

コンクリートの締固めは、内部の空隙を少なくして、鉄筋、埋設物などを密着させ、コンクリートが均一で密実になるように十分行います。

①コンクリートの締固めには、内部振動機を用いることを原則とし、薄い壁など内部振動機の使用が困難な場所には型枠振動機を使用してもよい。

②コンクリートは、打込み後速やかに十分締め固め、コンクリートが鉄筋の周囲および型枠の隅々に行き渡るようにしなければならない。

③せき板に接するコンクリートは、できるだけ平坦な表面が得られるように打ち込み、締め固めなければならない。

④振動締固めにあたっては、内部振動機を下層のコンクリート中に10cm程度挿入する。

⑤内部振動機は鉛直に挿入し、その間隔は振動が有効と認められる範囲の直径以下の一様な間隔とする。挿入間隔は、一般に50cm以下とする。

⑥1ヵ所あたりの挿入時間は5～15秒とする。

⑦内部振動機の引抜きは、後に穴が残らないよう徐々に行う。

⑧内部振動機は、コンクリートを横移動させる目的で使用してはならない。

⑨再振動を行う場合には、コンクリートに悪影響が生じないように、再振動によって締固めができる範囲でなるべく遅い時期に行う。

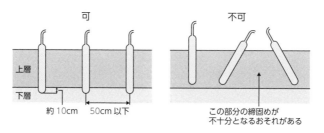

内部振動機の扱い方

4-2 コンクリートの打継目

1 一般

打継目は、できるだけせん断力の小さな位置に設け、打継目を部材の圧縮力の作用方向と直交させるのを原則とします。やむを得ず、せん断

力の大きい位置に打継目を設ける場合には、打継目にほぞまたは溝を造るか、鉄筋を差し込むなどして、打継目の部分を補強します。

　塩分による被害を受けるおそれのある海洋および港湾コンクリート構造物等においては、打継目はできるだけ設けないようにします。

　水密を要するコンクリートにおいては、所要の水密性が得られるように、適切な間隔で打継目を設けなければなりません。

2　水平打継目の施工

　水平打継目の型枠に接する線は、できるだけ水平な直線になるようにします。

　コンクリートを打ち継ぐ場合には、既に打ち込まれたコンクリートの表面のレイタンス、品質の悪いコンクリート、緩んだ骨材粒を完全に除き、表面を粗にした後（グリーンカット）、十分吸水させます。

　新たなコンクリートを打ち継ぐ直前にモルタルを敷く方法は、新旧コンクリートの付着をよくします。

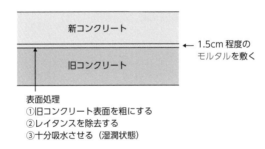

水平打継目の施工

硬化前の処理：高圧の空気および水でコンクリート表面の薄層を除去。
硬化後の処理：表面を、ワイヤブラシを用いて粗にする。

3　鉛直打継目の施工

　鉛直打継目の施工にあたっては、打継面の型枠を強固に支持します。
　既に打ち込まれた硬化したコンクリートの打継面は、ワイヤブラシで

表面を削るか、チッピング等により、表面を粗にして十分吸水させ、セメントペースト、モルタルあるいは湿潤面用エポキシ樹脂等を塗った後、新しくコンクリートを打ち継ぎます。

コンクリートの打込みにあたっては、打継面が十分に密着するように締め固めなければなりません。また、新しいコンクリートの打込み後、適当な時期に再振動締固めを行います。

水密を要するコンクリートの鉛直打継目では、止水板を用いるのを原則とします。

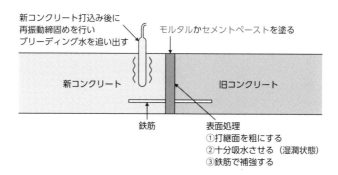

鉛直打継目の施工

4-3 仕上げ

締固め後、ほぼ所定の高さおよび形に均したコンクリート表面は、しみ出た水がなくなるか、水を取り除いた後に、木ごてで荒仕上げを行います。

指で押してもへこみにくい程度に固まったら、こてを強く押しつけながらセメントペーストを押し固め、滑らかで密実な面に仕上げます。

4-4 コンクリートの養生

コンクリートの打込み後、コンクリートが十分な強度を発揮するまで、衝撃や荷重による有害な影響を与えることのないように保護し、またセメントの硬化作用を十分に発揮させるとともに、乾燥に伴う引張応力やひび割れの発生をできるだけ少なくするための作業を養生といいます。

①コンクリートは、打込み後、硬化を始めるまで、日光の直射、風等に

よる水分の逸散を防ぐ。

②コンクリートの露出面は養生マット、布等をぬらしたもので覆うか、または散水、湛水を行い、湿潤状態に保つ。湿潤養生を行う期間は下表を標準とする。

③膜養生は、十分な量の膜養生剤を適切な時期に、均一に散布し、水の蒸発を防ぐ。

④膜養生は、コンクリート表面の水光りが消えた直後に行う。

⑤せき板（型枠）が乾燥するおそれのあるときは、散水し、湿潤状態に保つ。

⑥コンクリートは、十分な硬化が進むまで、硬化に必要な温度条件を保つ。

⑦コンクリートは、養生期間に予想される振動、衝撃、荷重等の有害な作用から保護する。

湿潤養生期間の標準

日平均気温	普通ポルトランドセメント	混合セメントB種	早強ポルトランドセメント
15℃ 以上	5 日	7 日	3 日
10℃ 以上	7 日	9 日	4 日
5℃ 以上	9 日	12 日	5 日

☑ 頻出項目をチェック！

1 ☐ 練混ぜから打ち終わるまでの時間は、外気温が 25℃ を超えるときで <u>1.5</u> 時間、25℃ 以下のときで <u>2</u> 時間以内を標準とする。

高所からのコンクリートの打込みは、原則として<u>縦シュート</u>とするが、やむを得ず斜めシュートを使う場合には<u>材料分離</u>を起こさないよう使用する。

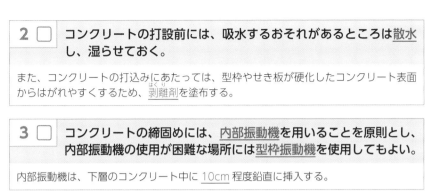

2 ☐ コンクリートの打設前には、吸水するおそれがあるところは<u>散水</u>し、湿らせておく。

また、コンクリートの打込みにあたっては、型枠やせき板が硬化したコンクリート表面からはがれやすくするため、<u>剥離剤</u>を塗布する。

3 ☐ コンクリートの締固めには、<u>内部振動機</u>を用いることを原則とし、内部振動機の使用が困難な場所には<u>型枠振動機</u>を使用してもよい。

内部振動機は、下層のコンクリート中に <u>10cm</u> 程度鉛直に挿入する。

4 ☐ コンクリートの打継目は、できるだけせん断力の<u>小さな</u>位置に設ける。

打継目は、部材の圧縮力の作用方向と<u>直交</u>させるのを原則とする。

こんな選択肢は誤り！

コンクリートの練混ぜから打ち終わるまでの時間は、気温が25℃以下で3時間以内とする。

コンクリートの練混ぜから打ち終わるまでの時間は、気温が 25℃以下で<u>2</u> 時間以内とする。

打継目は、できるだけせん断力の~~大きな~~位置に設け、打継目を部材の圧縮力の作用方向と直交させるのを原則とする。

打継目は、できるだけせん断力の<u>小さな</u>位置に設け、打継目を部材の圧縮力の作用方向と直交させるのを原則とする。

コンクリート打込み後、セメントの水和反応を促進するために、風などにより表面の水分を~~蒸発させる~~。

コンクリート打込み後、セメントの水和反応を促進するために、風などによる水分の<u>逸散を防ぐ</u>。

重要度 ★★★

型枠・鉄筋工

─ 学習のポイント ─

一次　二次

● 型枠の施工の注意事項を理解する。
● 鉄筋の加工の基準を理解する。

5-1　型枠

1　型枠の施工

　型枠の締付けには、ボルトまたは棒鋼を用いることを標準とします。

　締付け材は、型枠を取り外した後、コンクリート表面に残しておいてはなりません。コンクリート表面から 2.5 cm の間にあるボルト、棒鋼等の部分は、穴をあけて取り除き、穴は高品質なモルタル等で埋めます。

　せき板内面には、コンクリートが型枠に付着するのを防ぐとともに型枠の取外しを容易にするため、剥離剤を塗布することを原則とします。

2　型枠の取外し

　型枠および支保工は、コンクリートがその自重および施工中に加わる荷重を受けるのに必要な強度に達するまで、取り外してはなりません。

　コンクリートが必要な強度に達する時間を判定するには、打ち込まれたコンクリートと同じ状態で養生したコンクリート供試体の圧縮強度によります。

5-2　鉄筋の加工

　鉄筋は、常温で曲げ加工するのを原則とします。鉄筋を加熱して加工する場合は、あらかじめ材質を害さないことを確認し、加熱加工後は急冷させません。

　曲げ加工した鉄筋の曲げ戻しは行いません。

5-3 鉄筋の組立

1 鉄筋組立の留意点

①鉄筋は、組み立てる前に清掃し、浮きさび、その他鉄筋とコンクリートとの付着を害するおそれのあるものを取り除く。

②鉄筋は、正しい位置に配置し、コンクリート打込み時に動かないよう堅固に組み立てる。

③鉄筋の交点の要所は、直径 0.8 mm 以上の焼なまし鉄線または適切なクリップで緊結する。

④型枠に接するスペーサーは、モルタル製あるいはコンクリート製を使用する。

⑤組み立てた鉄筋を長時間大気にさらされることが予想された場合は、鉄筋の防錆処理を行うか、シート等で保護する。

⑥鉄筋を組み立ててから長期間経ったときは、コンクリートを打ち込む前に再び清掃する。

鉄筋工の留意点を覚えよう！

 こんな選択肢は誤り！

径の太い鉄筋などを熱して加工するときは、加熱温度を十分管理し加熱加工後は急冷~~させる~~。

径の太い鉄筋などを熱して加工するときは、加熱温度を十分管理し加熱加工後は急冷<u>させない</u>。

....
コンクリートの配合
....

コンクリート1 コンクリート用混和材料の機能に関する次の記述のうち，**適当でないもの**はどれか。

(1) ポゾランは，シリカ物質を含んだ粒粉状態の混和材であり，この代表的なものがフライアッシュである。
(2) フライアッシュは，粒子の表面が滑らかであるため，コンクリートの材料分離が促進される。
(3) AE剤は，微小な独立した空気のあわをコンクリート中に一様に分布させるために用いられ，コンクリートの耐凍結性が向上する。
(4) 減水剤は，コンクリートの単位水量を減らすことを目的とした混和剤で，コンクリートのワーカビリティーを改善する。

答え (2)

フライアッシュを混和材に用いると、ワーカビリティーが向上し、単位水量を低減することができ、材料分離は少なくなります。

....
特殊なコンクリート
....

コンクリート2 各種コンクリートに関する次の記述のうち，**適当でないもの**はどれか。

(1) 暑中コンクリートは，材料を冷やすこと，日光の直射から防ぐこと，十分湿気を与えることなどに注意する。
(2) 部材断面が大きいマスコンクリートでは，セメントの水和熱による温度変化に伴い温度応力が大きくなるため，コンクリートのひび割れに注意する。
(3) 膨張コンクリートは，膨張材を使用し，おもに乾燥収縮にともなうひび割れを防ごうとするものである。
(4) 寒中コンクリートは，ポルトランドセメントとAE剤を使用するのが標準で，単位水量はできるだけ多くする。

答え（4）

寒中コンクリートの配合では、AE コンクリートを用い、単位水量をできるだけ少なくします。

....

コンクリートの施工

....

コンクリート3 コンクリートの施工に関する次の記述のうち，**適当でないもの**はどれか。

- (1) 内部振動機で締固めを行う際の挿入時間の標準は，5 秒〜15 秒程度である。
- (2) コンクリートを打ち込む際は，1 層当たりの打込み高さを 40 〜 50 cm 以下とする。
- (3) 内部振動機で締固めを行う際は，下層のコンクリート中に 10 cm 程度挿入する。
- (4) コンクリートの練混ぜから打ち終わるまでの時間は，気温が 25℃ 以下で 3 時間以内とする。

答え（4）

気温が 25℃ 以下では、コンクリートの練混ぜから打ち終わるまでの時間は、2 時間以内です。

📖 **用　語**

水和作用
セメントと水が化合して水和物を生じる現象。その際に生じる熱を水和熱という。

水密性
コンクリートに水を浸入・透過させにくくする性質。

Lesson 01 直接基礎

重要度 ★★☆

- **学習のポイント**
- ● 直接基礎の安定の条件を理解する。
- ● 基礎地盤面の処理を理解する。

一次

1-1 直接基礎の安定

　直接基礎は、良質な支持層が、目安として 5m 程度の比較的浅い箇所に出現する場合に採用されます。良質な支持層の目安は、砂地盤では、標準貫入試験による N 値が 30 程度以上、粘性土では N 値が 20 程度以上で、かつ圧密のおそれがないことが、良質な基礎地盤といえます。基礎地盤を平板載荷試験（へいばんさいか）により試験することで、支持力などの設計に必要な力学定数が得られるだけでなく、工事中の施工管理にも有用です。

ゴロ合わせで覚えよう！ 粘性土層の N 値

一年生だけど……。
（粘性土層）

あっ見ちゃった!おそれるものなし
（圧密のおそれなし）

20 点
（N 値20以上）

一般に、粘性土層を直接基礎の支持層としてもちいる場合は、圧密のおそれがなく、N 値が 20 程度以上あれば良質な支持層と考えてよい。

1-2 基礎地盤面の処理

①基礎地盤が砂層の場合は、人力施工により凹凸をなくし、ある程度不陸（ふりく）を残した状態で基礎地盤面の整形を行った後、その上に割栗石（わりぐりいし）や砕石による基礎を行い、均しコンクリートを打設する。

②基礎地盤が岩盤の場合は、割栗石は用いず、地山のゆるんだ部分を取り除いて均しコンクリートを打設する。均しコンクリートと基礎地盤

が十分かみ合うように、基礎底面地盤にはある程度の不陸を残し、平滑(へい)な面としないような配慮が必要である。掘削しすぎた場合には、貧(かつ)配合のコンクリートで置き換える。

③直接基礎は、外力をほとんどその底面で地盤に伝えるので、基礎底面と地盤とのなじみは重要である。掘削によって支持地盤をゆるめてしまってはならないので、基礎地盤面近くでの掘削は、大型の機械で行うのではなく手持ち式ブレーカなどの小型機械で仕上げる。

④掘削底面を長時間放置すると、ゆるみや風化を招くので、コンクリート打設直前にフレッシュな面を出して打設作業にはいる。割栗石や砕石を敷き並べる基礎作業、均しコンクリートでの被覆を速やかに行うことが必要である。

基礎底面の処理例

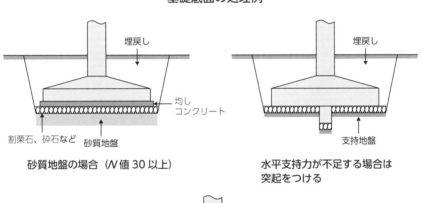

砂質地盤の場合（*N*値 30 以上）

水平支持力が不足する場合は
突起をつける

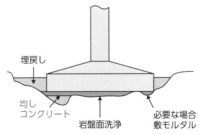

締まった砂礫層岩盤の場合

1 ☐ 直接基礎は、砂地盤では標準貫入試験による *N* 値が <u>30</u> 程度以上、粘性土では *N* 値が <u>20</u> 程度以上で、かつ圧密のおそれがない良質な基礎地盤に採用される。

直接基礎は、良質な支持層が目安として <u>5m</u> 程度の比較的<u>浅い</u>箇所に出現する場合に採用される。

2 ☐ 基礎地盤が砂層の場合、人力施工により<u>凹凸</u>をなくし、ある程度<u>不陸</u>を残した状態で基礎地盤面の整形を行う。

基礎地盤が砂層の場合、ある程度<u>不陸</u>を残した状態で基礎地盤面の整形を行った後、その上に<u>割栗石</u>や<u>砕石</u>による基礎を行い、<u>均しコンクリート</u>を打設する。

3 ☐ 基礎地盤が岩盤の場合は、割栗石は用いず、地山の<u>ゆるんだ部分</u>を取り除いて<u>均しコンクリート</u>を打設する。

掘削しすぎた場合には、<u>貧配合</u>のコンクリートで置き換える。

⚠ こんな選択肢は誤り！

砂地盤では、標準貫入試験による *N* 値が ~~10~~ 程度以上あれば良質な基礎地盤といえる。

砂地盤では、標準貫入試験による *N* 値が <u>30</u> 程度以上あれば良質な基礎地盤といえる。

岩盤の基礎地盤を削りすぎた部分は、基礎地盤面まで~~掘削した岩くず~~で埋め戻す。

岩盤の基礎地盤を削りすぎた部分は、基礎地盤面まで<u>貧配合のコンクリート</u>で埋め戻す。

Lesson 02

重要度 ★★☆

既製杭基礎

学習のポイント ━━━

一次

● 打込み杭の各工法の特徴を理解する。

● 埋込み工法の中堀り杭工法の特徴を理解する。

2-1 打込み杭工法（打撃工法）

　既製杭（きせいぐい）を地中に貫入させるにはハンマで打撃する工法と、振動機によって振動とその重量により貫入させる工法があります。いずれも埋込み工法に比べて騒音・振動が大きくなります。

1 ハンマの種類

1 ドロップハンマ

　モンケンとも呼ばれるハンマをウインチで引き上げ自由落下させます。杭の打込みに使用するハンマの重量は、杭の重量以上あるいは杭1mあたりの重量の10倍以上が望ましく、ハンマの落下高さを2m以下で施工するようにします。

2 ディーゼルハンマ

　動作原理は2サイクルエンジンと同じで、上下するラムの落下によって空気が圧縮され、燃料の噴射によって爆発します。打撃力は大きく、燃料費は安いのですが、騒音、振動が大きく、油煙（ゆえん）の飛散を伴う等の短所があります。

3 バイブロハンマ

　振動杭打機により杭に上下方向の強制振動力を与え、杭の周面摩擦力および先端抵抗力を一時的に低減し、杭を所定の深度まで打ち込む工法です。駆動方式として、電動式と油圧式があります。

4 油圧ハンマ

　構造自体が防音構造であるとともに、ラムの落下高さを任意に調整できることから、打撃力が調整できます。また、杭打ち時の騒音を低くすることができ、油煙の飛散もないため、低公害型ハンマとして使用頻度が高いハンマです。

2　打込み杭工法の施工

①試験杭は、本杭よりも 1 〜 2m 長い杭を用いる。

②杭の建込み後の杭の鉛直性は異なる 2 方向から検測する。

③一群の杭（群杭）を打つ時には、群の中央から周辺に向かって打ち込む。

④構造物の近くで杭を打ち込む場合は、構造物から離れるように打ち込む。

⑤杭打ちを中断すると、時間の経過とともに、杭周囲の摩擦力が増加し、打込みが不能になるため、原則として連続して打ち込む。

　群杭の打設方向を覚えよう！

3　打止め管理

　打込み杭工法（打撃工法）では、ハンマの条件と、杭の貫入量、リバウンド量（はね上がり量）を測定することによって、支持力を推定することが可能です。中掘り杭工法に比べて施工速度が速く、支持層への貫入をある程度確認できます。

　打止め時の貫入量は 2 〜 10mm を目安とし、2mm 以下では打ち続けてはなりません。

2-2　埋込み杭工法

　埋込み杭は、既製杭を中掘り杭工法、プレボーリング杭工法によって、自沈または回転圧入により所定の深さに沈設する工法です。

　埋込み杭は、打込み杭工法に比べて以下の特徴があります。

①騒音・振動は小さく、近接構造物への影響が小さい。
②一般に打込み杭に比べて、支持力は小さい。

1 プレボーリング杭工法

　プレボーリング杭工法は、掘削した孔内に根固め液、杭周固定液を注入し、杭を沈設する工法です。杭が所定の深さに達した際には、過度な掘削や周囲の地盤を乱さないように注意しなければなりません。支持層の確認は、事前の地盤調査結果とオーガの駆動電流値等から読み取った掘削抵抗を比較しながら行います。杭の支持力を増加するため、杭をディーゼルハンマで打撃することもあります。

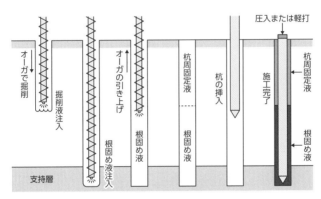

プレボーリング杭工法

2 中掘り杭工法

　中掘り杭工法は、先端開放の既製杭の内部にスパイラルオーガなどを通して地盤を掘削しながら杭を所定の深さまで沈設したのち、所定の支持力が得られるよう先端処理を行う工法です。沈設方法には、杭体を下方に押し込んで圧入させる方法と、掘削と同時に杭体を回転させながら圧入する方法があります。

3 掘削および沈設

　中掘り杭工法は、特に掘削による杭先端部および杭周辺地盤の緩みに

よる支持力発現の問題となりますので、以下のことに注意します。

①掘削中は、原則として過大な先掘りを行ってはならない。

②掘削中は、原則として杭径以上の拡大掘りを行ってはならない。

③ボイリング防止のために、中空部の孔内水位を地下水位以上に保つ。

④排水設備では洗浄水や掘削泥水の処理を行い、排土処理も必要である。

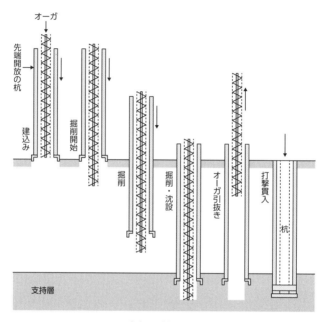

中掘り杭工法

各工法の施工方法と先端処理の違いを覚えよう！

4 支持層の確認

　支持層の確認は、事前の地盤調査結果とオーガの駆動電流値等から読み取った掘削抵抗を比較しながら行います。また、オーガに付着した土砂を直接目視することにより確認します。

5 先端処理

　中掘り杭工法における先端処理方法には、ハンマで打ち込む最終打撃方式、杭先端部にセメントミルクを噴出し、撹拌混合して根固め球根を築造するセメントミルク噴出撹拌方式、コンクリートを打設するコンクリート打設方式があります。

頻出項目をチェック！

1 ☐ **打込み杭工法で、一群の杭（群杭）を打つ時には、群の<u>中央</u>から<u>周辺</u>に向かって打ち込む。**

打込み工法で、1本の杭を打ち込む時は、原則として<u>連続</u>して打ち込む。

2 ☐ **中掘り杭工法は、掘削中は原則として<u>過大な先掘り</u>を行ってはならない。**

中掘り杭工法は、騒音・振動が<u>小さく</u>、近接構造物に対する影響が<u>小さい</u>が、支持力も<u>小さい</u>。

⚠ こんな選択肢は誤り！

打込み杭工法で一群の杭を打つときは、<s>周辺部の杭から中心部の杭へと</s>、順に打ち込むものとする。

打込み杭工法で一群の杭を打つときは、<u>中心部の杭から</u><u>周辺部の杭へと</u>、順に打ち込むものとする。

バイブロハンマは、<s>圧縮空気又は蒸気の圧力</s>によって駆動するハンマである。

バイブロハンマは、<u>電動式又は</u><u>油圧式</u>で駆動するハンマである。

重要度 ★★★

場所打ち杭基礎

学習のポイント

一次

● 場所打ち杭基礎の特徴を理解する。
● 各工法の掘削方法、孔壁の保護方法を組み合わせて理解する。

3-1 場所打ち杭工法

　場所打ち杭工法では、特殊な機械で穴を掘削し、その箇所に鉄筋かごを組み立て、コンクリートを打設して杭を築造する工法です。

1 オールケーシング工法

　オールケーシング工法では、杭の全長にわたりケーシングチューブを揺動圧入または回転圧入により孔壁を保護し、ハンマーグラブで掘削を行います。

2 アースドリル工法

　アースドリル工法は、表層ケーシングと安定液（ベントナイトまたは CMC を主材料とするもの）で孔壁を保護し、ドリリングバケット（アースドリル）で掘削を行います。

3 リバースサーキュレーション工法

　リバースサーキュレーション工法（リバース工法）は、スタンドパイプと自然泥水で孔壁を保護し、回転ビット（削孔機）で掘削を行います。

4 深礎工法

　深礎工法は、ライナープレートなどの山留め材で孔壁を保護し、人力等で掘削を行います。

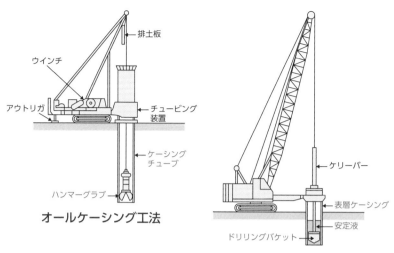

排土板

ウインチ

アウトリガ

チュービング
装置

ケーシング
チューブ

ハンマーグラブ

オールケーシング工法

ケリーバー

表層ケーシング

安定液

ドリリングバケット

アースドリル工法

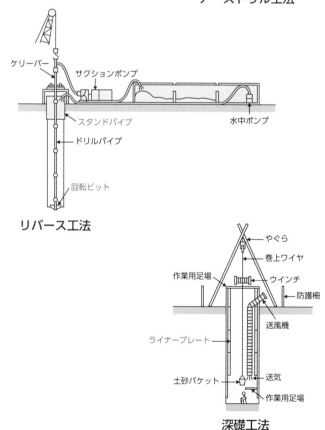

ケリーバー

サクションポンプ

スタンドパイプ

ドリルパイプ

回転ビット

水中ポンプ

リバース工法

やぐら

巻上ワイヤ

作業用足場

ウインチ

防護柵

送風機

ライナープレート

土砂バケット

送気

爪

作業用足場

深礎工法

場所打ち杭工法の特徴

工法	オールケーシング工法	アースドリル工法	リバースサーキュレーション工法	深礎工法
掘削・排土方法の概要	杭全長にわたりケーシングチューブを揺動圧入または回転圧入しながらハンマーグラブで掘削・排土する。	掘削孔内に安定液を満たして孔壁に水圧をかけ、ドリリングバケットにより掘削・排土する。	同転ビットで掘削した土砂を、ドリルパイプを介して自然泥水とともに吸上げ（逆循環）排土する。	ライナープレートで、孔壁の土留めをしながら内部の土砂を掘削・排土する。
掘削方式	ハンマーグラブ	ドリリングバケット	回転ビット	人力等
孔壁の保護	ケーシングチューブ	表層ケーシングと安定液	スタンドパイプと自然泥水	山留め材（ライナープレート）

3-2　場所打ち杭の全般的な特徴

①深礎工法、オールケーシング工法、アースドリル工法では、掘削した土の土質を、リバース工法では、デリバリーホースから排出される循環水に含まれた土砂を採取し、設計図書および土質調査試料と比較して、支持層（基礎地盤）を確認する。

②打込み杭は、杭の支持力、施工速度、施工管理設備などから考えて好ましい工法だが、施工に伴う騒音・振動から施工箇所に制限を受けるようになり、市街地等では騒音・振動の小さい場所打ち杭が積極的に導入される。

③場所打ち杭に用いる材料はコンクリートと鉄筋である。これらの杭材料の運搬や長さの調整は、工場製作される既製杭に比べて比較的容易である。

④場所打ち杭は大口径の杭を施工することが可能だが、杭の支持力は杭先端面積や杭の周長に比例するため大きな支持力が得られる。

3-3　場所打ち杭の施工

　場所打ち杭の施工手順は、次のとおりです。

掘削（孔壁の保護が必要）→鉄筋かごの建込み→孔底のスライム処理→コンクリート打設→養生→杭頭処理

☑ 頻出項目をチェック！

1 ☐ **オールケーシング工法は、**<u>ハンマーグラブ</u>**で掘削を行う場所打ち杭工法である。**

オールケーシング工法では、杭の全長にわたり<u>ケーシングチューブ</u>を揺動圧入または回転圧入により孔壁を保護し、<u>ハンマーグラブ</u>で掘削を行う。

2 ☐ **アースドリル工法は、**<u>ドリリングバケット</u>**（アースドリル）で掘削を行う場所打ち杭工法である。**

アースドリル工法は、<u>表層ケーシング</u>と<u>安定液</u>（ベントナイトまたは CMC を主材料とするもの）で孔壁を保護し、<u>ドリリングバケット</u>（アースドリル）で掘削を行う。

3 ☐ **リバースサーキュレーション工法（リバース工法）は、**<u>回転ビット</u>**（削孔機）で掘削を行う場所打ち杭工法である。**

リバースサーキュレーション工法（リバース工法）は、<u>スタンドパイプ</u>と<u>自然泥水</u>で孔壁を保護し、<u>回転ビット</u>（削孔機）で掘削を行う。

4 ☐ **深礎工法は、**<u>人力</u>**等で掘削を行う場所打ち杭工法である。**

深礎工法は、<u>ライナープレート</u>などの山留め材で孔壁を保護し、<u>人力</u>等で掘削を行う。

こんな選択肢は誤り！

場所打ち杭工法は、材料の運搬などの取扱いや長さの調節が~~難しい~~。

場所打ち杭工法は、材料の運搬などの取扱いや長さの調節が<u>比較的容易である</u>。

~~深礎工法~~は、杭の全長にわたりケーシングチューブを揺動圧入又は回転圧入し、地盤の崩壊を防ぐ。

<u>オールケーシング工法</u>は、杭の全長にわたりケーシングチューブを揺動圧入又は回転圧入し、地盤の崩壊を防ぐ。

Lesson 04 土留め工

重要度 ★★☆

一次

学習のポイント

● 土留め工の工法の特徴を理解する。
● 土留め工の部材名称を理解する。

4-1 土留め工の種類

1 親杭横矢板

①施工が比較的容易である。

②止水性がない。

③土留め板と地盤との間に間隙が生じやすいた
め、地山の変形が大きくなる。

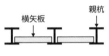

親杭間隔 1～2m で設置

④根入れ部が連続していないため、軟弱地盤への適用には限界がある。

⑤地下水位の高い地盤や軟弱地盤においては補助工法が必要となること
がある。

2 鋼矢板

①止水性がある（高度な止水を要する場合
は止水処理を行う必要がある）。

②たわみ性の壁体であるため、壁体の変形
が大きくなる。

鋼矢板の継手部をかみ合わせる

③打設時および引抜き時に騒音・振動等が問題になることがある（この
場合には低騒音・低振動工法を採用する）。

④引抜きに伴う周辺地盤の沈下の影響が大きいと考えられるときは残置
することを検討する。

⑤長尺物の打込みは傾斜や継手の離脱が生じやすく、また矢板の引抜き
時の地盤沈下も大きい。

4-2 土留め工の部材名称

土留め工の各部材名称は以下のとおりです。

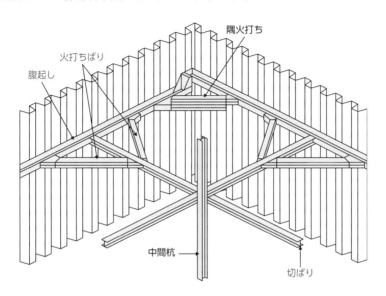

部材名称を覚えよう！

 用 語

腹起し
矢板や親杭を支える部材。

切ばり
腹起しからの力を受けて、土留めの倒壊を防ぐ部材。

火打ちばり
腹起しと切ばりの間に渡す補強材。

隅火打ち
腹起しと腹起しの間に渡す補強材。

中間杭
切ばりの中間に打ち込み、座屈を防止する杭。

1 ☐ 親杭横矢板は、施工が比較的容易だが、止水性が<u>なく</u>、軟弱地盤への適用には<u>限界</u>がある。

親杭横矢板は、土留め板と地盤との間に間隙が生じやすいため、地山の変形が<u>大きく</u>なり、また、地下水位の高い地盤や軟弱地盤においては<u>補助工法</u>が必要となることがある。

2 ☐ 鋼矢板は、止水性が<u>ある</u>が、引抜き時の<u>騒音・振動</u>等が問題になることがある。

鋼矢板は、たわみ性の壁体であるため、壁体の変形が<u>大きく</u>なり、打設時および引抜き時に騒音・振動等が問題になることがある。この場合には<u>低騒音・低振動工法</u>を採用する。

3 ☐ 切ばりは、土留め壁に作用する土圧や水圧などの外力を<u>腹起し</u>から受けて、支えるための<u>水平方向</u>の支持部材として用いられる。

<u>腹起し</u>は、土留め壁に作用する土圧や水圧などの外力を土留め壁から直接受けて支持し、<u>切ばり</u>に伝える横架材である。

⚠ こんな選択肢は誤り！

親杭横矢板壁は、止水性を~~有している~~ので軟弱地盤に~~用いられる~~。

親杭横矢板壁は、止水性がないため、軟弱地盤への<u>適用</u>には<u>限界</u>がある。

鋼矢板工法は、止水性は~~ない~~が、~~剛性が大きく~~、壁体の変形は~~小さい~~。

鋼矢板工法は、止水性は<u>ある</u>が、<u>たわみ性の壁体であるため</u>、壁体の変形は<u>大きい</u>。

演 習 問 題

既製杭

基礎工 1 既製杭の施工に関する次の記述のうち，**適当でないもの**はどれか。

(1) 1群の杭を打つときは，周辺部の杭から中心部の杭へと順に打ち込むようにする。

(2) 打撃工法は，中掘り杭工法に比べて施工速度が速く，支持層への貫入をある程度確認できる。

(3) 杭の打込み精度とは，杭の平面位置，杭の傾斜，杭軸の直線性などの精度をいう。

(4) 埋込み杭工法には，中掘り杭工法，プレボーリング杭工法などがある。

答え (1)

群杭の打込みは、群の中央部から周辺部への順に打ち込むようにします。

場所打ち杭

基礎工 2 場所打ちコンクリート杭工法の工法名とその掘削や孔壁の保護に使用される主な機材との次の組合せのうち，**適当でないもの**はどれか。

[工法名]　　　　　　　　　　　　　　　　[主な機材]

(1) オールケーシング工法 ……………… ハンマーグラブ，
　　　　　　　　　　　　　　　　　　ケーシングチューブ

(2) 深礎工法 …………………………… 掘削機械，土留材

(3) アースドリル工法 …………………… アースドリル，
　　　　　　　　　　　　　　　　　　ケーシング

(4) リバースサーキュレーション工法 ……… 削孔機，ケーシング

答え (4)

リバースサーキュレーション工法では孔壁の保護にはスタンドパイプを使用します。

基礎工 3 下図の土留め工の（イ），（ロ）に示す部材の名称の組合せとして，次のうち**適当なもの**はどれか。

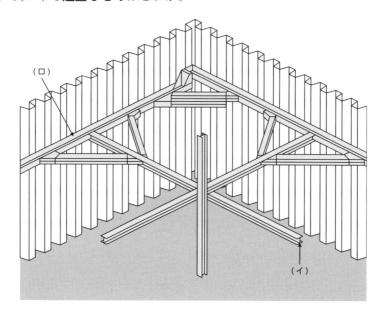

	（イ）		（ロ）
(1)	腹起し	……………………………………	火打ちばり
(2)	腹起し	……………………………………	切ばり
(3)	切ばり	……………………………………	腹起し
(4)	切ばり	……………………………………	火打ちばり

答え (3)

（イ）は「切ばり」であり、（ロ）は「腹起し」です。

いちばんわかりやすい！

2級土木施工管理技術検定 合格テキスト

第2章
専門土木

重要度 ★★☆

鋼材の種類と特性

学習のポイント

● 鋼材の材質について特徴や用途を理解する。

● 鋼材の特性として、引張試験結果のグラフポイント名を理解する。

● 鋼材の加工方法、使用機械を理解する。

1-1 鋼材の種類

1 低炭素鋼

炭素鋼とは、鉄と炭素の合金のことであり、炭素含有量が、0.02％ ～ 2.14％のものを指します。炭素鋼のうち、炭素含有量が約 0.3％以下を低炭素鋼、約 0.3 ～ 0.7％を中炭素鋼、約 0.7％以上を高炭素鋼と呼びます。低炭素鋼は、展性、延性に富み溶接など加工性に優れているので、橋梁などに広く用いられます。

2 高炭素鋼

高炭素鋼は、炭素量が多いため成形性、溶接性が悪く、じん性（粘り強さ）も低いので、構造材としては使用されません。表面硬さや耐摩耗性が必要なレール、車輪、ピン、工具などに使用されます。

3 耐候性鋼

耐候性鋼は、銅、クロム、ニッケル等の合金元素を含有し、鋼材表面に緻密で密着性の高いさび（保護性さび）を形成するように設計された鋼材です。そのため、塗装せずにそのまま使用することができ、またそのさびが比較的緻密で内部までの腐食の進展が抑止されるため、塗装の補修費用を節減する橋梁などに用いられています。

4 ステンレス鋼

ステンレス鋼は、さびにくくするためにクロムやニッケルを含ませた合金鋼です。含有するクロムが空気中で酸素と結合して表面に

不動態皮膜を形成するので、耐食性が高いです。構造用材料としての使用は少ないですが、さびを防ぐためのメッキや塗装をしなくてもよく、湿気の多い場所、化学薬品を扱う機械器具、厨房設備など耐食性が特に問題となる分野で用いられています。

5 鋳鋼

鋳鋼は、温度変化の影響による主桁や主構造の伸縮を吸収するためや耐震性向上のために伸縮継手に用いられています。

6 硬鋼線材

炭素含有量の多い硬鋼線材は、成形性、溶接性が悪く、じん性（粘り強さ）も低いため、構造材としては使用されず、硬鋼線、ＰＣ硬鋼線、亜鉛めっき鋼より線、ワイヤロープなどの製造に用いられます。

1-2　鋼材の特性

1　引張試験

軟鋼の引張試験を行うと、図に示すような応力－ひずみ曲線が得られます。この曲線の形状は鋼材の種類により異なります。各点の名称と内容は以下のとおりです。

1 比例限度

応力度とひずみ度が直線的に変化する範囲、すなわち応力度とひずみが比例する範囲を比例限度といいます。この傾きを弾性率（ヤング率）といいます。

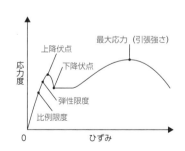

2 弾性限度

ややカーブを描くが、応力を取り去ると伸びは元に戻り０となる点をいいます。弾性変形の最大限度で、弾性限度といいます。

3 上降伏点
<ruby>上降伏点<rt>じょうこうふくてん</rt></ruby>

　弾性限度を超えて応力を増加させていくと、応力度が増えないのにひずみが急激に増加し始める点であり、ひずみが元に戻らなくなります。この点を上降伏点といいます。

4 下降伏点
<ruby>下<rt>した</rt></ruby>降伏点

　上降伏点を過ぎて若干応力が低下し、応力一定でしばらくひずみが進行する部分の平均応力を下降伏点といいます。

5 最大応力（引張強さ）

　鋼材の最大引張強さを示す点です。直ちに破断はしませんが、さらに応力を継続して加えると破断に至ります。この破断した時の応力を破断応力といいます。

> 上降伏点、下降伏点、引張強さのグラフ上のポイントを覚えよう！

1-3　鋼材の加工

1 けがき

　鋼材は、鋼板の表面に切断線を引いたり、ボルトを通す孔の位置を示すマーキングをしたり、鋼板の材質を記入したりするけがきを行った後に加工されます。

2 切断

　主要部材の切断は、原則として自動ガス切断により行わなければなりません。

3 <ruby>孔<rt>あな</rt></ruby>あけ

　ボルト孔の径は、M 20 などの呼び孔径に対して一定の精度が要求されるので、効率的で高度な要求精度を満たす自動加工孔あけ機が用いられます。

✅ 頻出項目をチェック！

1 ☐ **低炭素鋼は、展性、延性に富み溶接など加工性に優れているので、橋梁などに広く用いられる。**

高炭素鋼は、炭素量が多いため成形性、溶接性が悪く、じん性（粘り強さ）も低いので、構造材としては使用されない。

2 ☐ **上降伏点とは、弾性限度を超えて応力を増加させても応力度が増えないのにひずみが急激に増加し始める点である。**

最大応力（引張強さ）とは、鋼材の最大引張強さを示す点である

3 ☐ **鋼材の主要部材の切断は、原則として自動ガス切断により行わなければならない。**

また、ボルト孔の孔あけには、効率的で高度な要求精度を満たす自動加工孔あけ機が用いられる。

⚠ こんな選択肢は誤り！

高炭素鋼は、炭素量の増加に伴って**じん性が優れ**硬度が得られるので、表面硬さが必要なキー、ピン、工具などに用いられている。

高炭素鋼は、炭素量の増加に伴って**じん性が低い**ため、表面硬さが必要なキー、ピン、工具などに用いられている。

鋼材の切断は、切断線に沿って鋼材を切り取る作業で、原則として主要部材は~~機械切断で行い、主要部材以外は~~自動ガス切断で行う。

鋼材の切断は、切断線に沿って鋼材を切り取る作業で、原則として主要部材は**自動ガス切断**で行う。

Lesson 02

重要度 ★★★

鋼材の接合

― 学習のポイント ―

● ボルトの締付け順序、締付け方法を理解する。
● 溶接の種類と作業方法を理解する。

2-1 ボルト接合

1 ボルト接合

　高力ボルトの種類には、通常の高力ボルトとトルシア形高力ボルトがあります。高力ボルトの接合方法には、高力ボルトの締付けによって、接合面に生じる摩擦力を利用して応力を伝える摩擦接合と、高力ボルトの軸方向に応力を伝える引張接合があります。

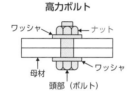
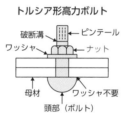

高力ボルト　　　　　　　トルシア形高力ボルト

2 ボルトの締付け方法

　ボルトの締付けは、各材片間の密着を確保し、十分な応力を伝達させるようにします。ボルトの締付けにあたっては、設計ボルト軸力が得られるように以下の方法で締め付けます。

1 締付け順序

　ボルトは群の中央から端部に向かって締付けを行います。

2 回転法

　回転法のボルトの締付けは、ナットを回転して行います。全数においてマーキングを行い所定の回転量で締め付け、共回りが無いこ

とを検査します。

予備締め後

良い例

悪い例

回転法のマーキング

3 トルク法（トルクレンチ法）

　トルク法は、ボルトの軸力が均一になるように、トルクレンチでナットを回して締付けを行います。予備締めはボルト軸力の60％で行い、110％で本締めを行います。マーキングはボルト群の10％を標準とします。

4 トルシア形高力ボルト

　トルシア形高力ボルトは、専用締付機を用いて、ボルト軸を反力にナットを回転させてピンテールの破断を確認します。

2-2　溶接接合

1　溶接の種類

　溶接接合には、工場溶接と現場溶接があり、現場溶接は欠陥が生じやすいので厳しい管理が必要です。橋梁製作の一般的な溶接方法は、アーク溶接によるすみ肉溶接と、開先溶接（グルーブ溶接）が用いられています。溶接部の強さは理論的に溶接部の有効断面積（のど厚、有効長）によって求められます。

1 すみ肉溶接

　すみ肉溶接は、すみ肉継手（直交する2つの面を溶接する三角形状の断面をもつ溶接継手）で行う溶接です。すみ肉溶接を行う溶接継手には、重ね継手、T継手などがあります。

2 開先溶接（グルーブ溶接）

　開先溶接は、開先を切った板を突き合わせて開先を埋めるように

溶接するもので、突合せ溶接、Ｔ継手などの溶接継手があります。

2 溶接継手の作業方法

　鋼板表面に付着している黒皮、さび、塗料、油や水分などは、溶接時の加熱によりガスが発生しブローホールや割れの原因となります。散発的なもの、小さなブローホールや割れは強度に影響しませんが、大きなものや集中発生したものは応力集中の原因となり、主要継手では認められません。溶接前の部材の清掃と乾燥を十分に行うことが大切です。

　また、軟鋼用被覆アーク溶接棒の被覆剤が吸湿すると、溶接部の健全性に悪影響を及ぼし、ピットやブローホールが発生しやすくなり、低温割れの発生の危険も増加します。軟鋼用被覆アーク溶接棒の取扱いについては、乾燥（開封）後、12 時間以上経過した場合または溶接棒が吸湿したおそれがある場合は十分乾燥させます。

1 予熱

　予熱は溶接線の両側 10cmの範囲の母材を予熱します。

2 エンドタブ

　開先溶接継手の端面側が自由端として残される場合に、エンドタブが使用されます。エンドタブの目的は、開先溶接の始終端に発生する溶接欠陥をエンドタブの開先内に残存させ、溶接後、エンドタブを切り落とすことによって本体の溶接品質を確保することです。

3 スカラップ

　スカラップ（切欠き）とは、鋼構造部材（鉄骨部材）の溶接接合部において、溶接の継目同士が交差し、重なり応力が集中することを避けるために設ける部分的な円弧状の切込みのことをいいます。入隅の溶接部分とスチフナやリブの出隅が重なる部分などに、スカラップが設けられます。

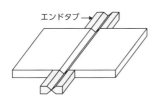
エンドタブ

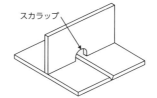
スカラップ

特殊な溶接法を理解しよう！

✅ 頻出項目をチェック！

1 ☐ **回転法によるボルトの締付けは、ナットを回転して行う。**

回転法では、全数においてマーキングを行い所定の回転量で締め付け、共回りが無いことを検査する。

2 ☐ **トルシア形高力ボルトの締付けは、ピンテールの破断を確認する。**

トルシア形高力ボルトは、専用締付機を用いてボルト軸を反力にナットを回転させる。

3 ☐ **すみ肉溶接を行う溶接継手には、重ね継手、T継手などがある。**

開先溶接には、突合せ溶接、T継手などの溶接継手がある。

❗ こんな選択肢は誤り！

ボルト軸力の導入は、~~ボルトの頭部~~を回して行うことを原則とする。

ボルト軸力の導入（締付け）は、ナットを回して行うことを原則とする。

重要度 ★★★

鋼橋の架設

┌ 学習のポイント ┐

● 架設方法の使用資材名称を理解する。

● 各架設方法の特徴を理解する。

一次

　架設工法は架設する地形や周辺条件などにより以下に示す工法があります。

1　ベント工法

　ベント工法は、橋桁（はしげた）をブロックに分割して組み立てる工法で、ブロック間の継手が完成するまで部材を下側からベント（支柱）により仮受けしながら組み立てて架設する工法です。架設する地点まで自走式クレーン車が進入できる場合に用いられます。移動性を活かすことにより仮設構造物も一般的に少なく経済的な工法です。

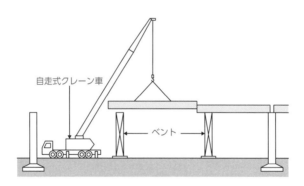

自走式クレーン車

ベント

2　ケーブルクレーン工法

　ケーブルクレーン工法は、流水部や谷のため桁下が利用できない場合に用いられます。両岸にケーブル鉄塔を建設し、ケーブルクレーンにより分割して搬入された桁部材を順次組み立ててゆく架設工法です。組立て途中の鋼桁は、クレーン鉄塔間に張られたメインケーブルからハンガーロープにより所定の位置につり下げながら組み立てます。

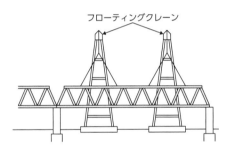

トラックケーブル
ケーブルクレーン
メインケーブル
ハンガーロープ
鉄塔

3　フローティングクレーン工法

　フローティングクレーンによる一括架設工法は、工場岸壁または現場近くで大ブロックに組み立てられた桁を現地まで運搬し、船にクレーンを組み込んだ起重機船により、橋桁を一括してつり上げる工法です。水深があり、流れの弱い場所で使われます。

フローティングクレーン

4　片持ち式工法

　片持ち式工法は、既に架設された鋼桁をカウンターウェイトとし、その桁上に設置した走行軌条設備とトラベラークレーンにより、既設鋼桁に続く桁部材を片持ち式に張り出して組み立てながら伸ばしていく工法です。流水や谷で桁下に自走式クレーン車が進入できない場合や、桁下空間が使用できない場合などに用いられます（次ページの図参照）。

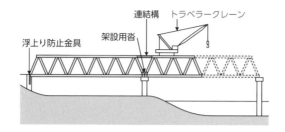

　送り出し工法は、架設地点の隣接場所で橋桁の部分組立て、または全体組立てを行い、手延機などを使用して橋桁を所定の位置に送り出して据え付ける工法で、橋体自体で支持する方式です。鉄道や道路などと交差する場所で、その真上で架設作業を比較的短時間で行う場合に用いられます。

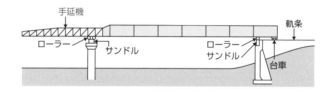

一般的にはベント工法を用いるけど、桁下が利用できない場合は送り出し工法を採用することが多いよ。

頻出項目をチェック！

1 ☐	ベント工法とは、橋桁を<u>ブロック</u>に分割して組み立てる工法である。

ベント工法では、ブロック間の継手が完成するまで部材を下側から<u>ベント</u>（支柱）により仮受けしながら組み立てて架設する。

2 ☐ ケーブルクレーン工法とは、両岸に<u>ケーブル鉄塔</u>を建設し、<u>ケーブルクレーン</u>により分割して搬入された桁部材を順次組み立ててゆく架設工法である。

ケーブルクレーン工法は、流水部や谷のため<u>桁下</u>が利用できない場合に用いられる。

3 ☐ フローティングクレーン工法とは、起重機船により橋桁を<u>一括して吊り上げる</u>工法である。

フローティングクレーン工法は、<u>水深</u>があり、<u>流れの弱い</u>場所で用いられる。

4 ☐ 片持ち式工法とは、桁部材を<u>片持ち式</u>に張り出して組み立てながら伸ばしていく工法である。

片持ち式工法は、流水や谷で桁下に<u>自走式クレーン車</u>が進入できない場合などに用いられる。

5 ☐ 送り出し工法（押出し工法）とは、<u>手延機</u>などを使用して橋桁を所定の位置に<u>送り出して</u>据え付ける工法である。

送り出し工法（押出し工法）は、鉄道や道路などと交差する場所で、その真上で架設作業を<u>比較的短時間</u>で行う場合に用いられる。

 こんな選択肢は誤り！

トラベラークレーンによる片持ち式架設工法は、既に架設した橋桁上に架設桁を連結し、その部材を<del>送り出して</del>架設する。

トラベラークレーンによる片持ち式架設工法は、既に架設した橋桁に続く桁部材を<u>片持ち式に張り出して組み立て</u>ながら架設する。

<del>ケーブルクレーン工法</del>は、橋桁を架設地点に隣接する箇所であらかじめ組み立てた後、所定の場所に縦送りし架設する。

<u>送り出し工法</u>は、橋桁を架設地点に隣接する箇所であらかじめ組み立てた後、所定の場所に縦送りし架設する。

Lesson 04 コンクリート構造物

重要度 ★★☆

学習のポイント

● コンクリートの耐久性に必要な配合を理解する。

● コンクリートの耐久性を低下させる現象と対策を理解する。

一次

4-1 アルカリ骨材反応（アルカリシリカ反応）

1 劣化現象

　コンクリートのアルカリ骨材反応による劣化とは、骨材中の特定成分（シリカ分）とセメントなどに含まれるアルカリ性の水分が反応して骨材の表面に膨張性の物質が生成され、これが吸水膨張してコンクリートにひび割れが生じる現象です。

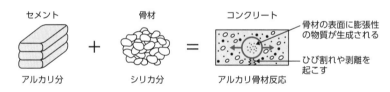

アルカリ骨材反応（アルカリシリカ反応）

2 対策

①アルカリシリカ反応の抑制効果のあるセメント（高炉セメントB種・C種）を使用する。

②コンクリート中のアルカリ総量を $3.0\mathrm{kg}/\mathrm{m}^3$ 以下とする。

③骨材のアルカリシリカ反応試験（化学法、モルタルバー法）で無害とされた骨材を使用する。

アルカリシリカ反応の対策を覚えよう！

4-2　中性化

1　劣化現象

　中性化とは、一般に、空気中の二酸化炭素がコンクリート内に浸入し、セメントの水和によって生じた水酸化カルシウムと反応し、徐々に炭酸カルシウムになり、コンクリートのアルカリ性が低下する現象です。これがコンクリートの鋼材位置まで達すると、鋼材腐食が生じやすくなります。

2　対策

①タイル、石張りなどによる表面仕上げを行う。
②かぶり（厚さ）を大きくする。

4-3　塩害

1　劣化現象

　塩害とは、コンクリート中に存在する塩化物イオンの作用により鋼材が腐食し、コンクリート構造物に損傷を与える現象です。コンクリートに塩化物イオンが浸入する原因としては、コンクリートの材料（海砂、混和剤、セメント、練混ぜ水）に最初から含まれているものと、海水飛沫や飛来塩化物、凍結防止剤などの塩化物がコンクリート表面から浸透する場合とがあります。

2　対策

①コンクリート中の塩化物イオン量を少なくする。
②高炉セメントなどの混合セメントを使用する。
③水セメント比を小さくして密実なコンクリートとする。
④かぶりを十分大きくする。
⑤防錆剤を塗布した樹脂塗装鉄筋を使用する。
⑥電気防食を行う。

4-4　凍害（凍結融解）

1　劣化現象

　凍害とは、コンクリートに含まれている水分が凍結することにより破
壊をもたらす現象です。凍結融解が繰り返されることにより劣化が進行
し、コンクリート内の鉄筋が腐食します。

2　対策

①耐凍害性の大きな骨材を用いる。
②ＡＥ剤あるいはＡＥ減水剤を使用して、適正量のエントレインドエア
　を連行させ、コンクリート中の空気量を6％程度にする。
③水セメント比を小さくして、密実なコンクリートとする。

4-5　化学的浸食

1　劣化現象

　化学的浸食とは、浸食性物質とコンクリートとの接触によるコンク
リートの溶解・劣化や、コンクリートに浸入した浸食性物質がセメント
組成物質や鋼材と反応し、体積膨張によるひび割れやかぶりの剥離など
を引き起こす劣化現象です。

2　対策

①コンクリート表面を被覆する。
②腐食防止処置を施した補強材を使用する。
③かぶりを大きくする。
④水セメント比を小さくして、密実なコンクリートとする。

AE剤の効果と役割を理解しよう！

Lesson
04

コンクリート構造物

 頻出項目をチェック！

1 ☐ **アルカリ骨材反応（アルカリシリカ反応）に対しては、抑制効果のある高炉セメントB種・C種を使用する。**

また、中性化がコンクリートの鋼材位置まで達すると、鋼材腐食が生じやすくなる。対策としては、かぶりを大きくする。

2 ☐ **塩害の対策としては、かぶりを十分大きくする、水セメント比を小さくするなどがある。**

凍害対策としては、耐凍害性の大きな骨材を用いる、AE剤あるいはAE減水剤を用いるなどがある。

3 ☐ **化学的浸食とは、浸食性物質によるコンクリートの溶解・劣化や、体積膨張によるひび割れやかぶりの剥離などを引き起こす現象である。**

化学的浸食の対策としては、コンクリート表面を被覆する、かぶりを大きくするなどがある。

 こんな選択肢は誤り！

塩害に伴う鉄筋腐食に関する対策のひとつとしては、水セメント比が~~大きい~~コンクリートを使用する。

塩害に伴う鉄筋腐食に関する対策のひとつとしては、水セメント比が小さいコンクリートを使用する。

凍結融解の繰返し作用を受ける凍害を防止するためには、一般的にはAE剤を~~使用しない~~配合とする。

凍結融解の繰返し作用を受ける凍害を防止するためには、一般的にはAE剤あるいはAE減水剤を使用した配合とする。

鋼材の特性

鋼・コン1 下図は，鋼材の引張試験における応力度とひずみの関係を示したものである。次の記述のうち，**適当でないもの**はどれか。

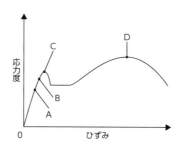

(1) 点Aは，応力度とひずみが比例する最大限度で比例限度という。
(2) 点Bは，荷重を取り去ればひずみが0に戻る弾性変形の最大限度で弾性限度という。
(3) 点Cは，応力度が増えないのにひずみが急激に増加し始める点で上降伏点という。
(4) 点Dは，応力度が最大となる点で破壊強さという。

答え (4)

点Dは鋼材の引張試験による、最大応力（引張強さ）を示す点です。

溶接接合

鋼・コン2 鋼橋の溶接接合に関する次の記述のうち，**適当でないもの**はどれか。

(1) 溶接の始端と終端部分は，溶接の乱れを取り除くためにスカラップを取り付けて溶接する。
(2) 溶接を行う部分は，溶接に有害な黒皮，さび，塗料，油などを除去する。

(3) 溶着金属の線が交わる場合は，応力の集中を避けるため，片方
の部材に扇状の切欠きを設ける。
(4) 軟鋼用被覆アーク溶接棒は，吸湿がはなはだしいと欠陥が生じ
るので十分に乾燥させる。

答え (1)

溶接の始端と終端部分の溶接の乱れを取り除くために用いられるのはエ
ンドタブです。

ボルト接合

鋼・コン3 鋼橋のボルトの締付けに関する次の記述のうち，**適当でない
もの**はどれか。

(1) ボルトの締付けにあたっては，設計ボルト軸力が得られるよう
に締付ける。
(2) ボルトの締付けは，各材片間の密着を確保し，十分な応力を伝
達させるようにする。
(3) ボルト軸力の導入は，ボルトの頭部を回して行うことを原則と
する。
(4) トルシア形高力ボルトを使用する場合は，本締めに専用締付け
機を使用する。

答え (3)

ボルトの締付けはナットを回して行うことが原則です。

橋梁の架設

鋼・コン4 橋梁の架設工法とその架設方法の組合せとして，次のうち**適
当でないもの**はどれか。

　　　［架設工法］　　　　　　　　［架設方法］
(1) ベント式工法 ……………　橋桁部材を自走クレーンでつり上げ，
　　　　　　　　　　　　　　　ベントで仮受けしながら組み立てて
　　　　　　　　　　　　　　　架設する。

（2）ケーブルクレーン工法 … 橋桁を架設地点に隣接する箇所であらかじめ組み立てた後，所定の場所に縦送りし架設する。

（3）片持ち式工法 ………… 橋脚や架設した桁を用いてトラベラークレーンなどで部材をつりながら張り出して組み立てて架設する。

（4）一括架設工法 ………… 組み立てられた部材を台船で現場までえい航し，フローティングクレーンでつり込み架設する。

答え （2）

本選択肢の架設方法は、送り出し工法です。

コンクリート構造物

鋼・コン5 コンクリート構造物の耐久性を向上させるための方法に関する次の記述のうち，**適当でないもの**はどれか。

（1）塩害対策として，水セメント比を大きくする。
（2）化学的侵食対策として，鉄筋のかぶりを多くとる。
（3）アルカリ骨材反応対策として，高炉セメントB種を使用する。
（4）凍害対策として，AE剤を使用する。

答え （1）

塩害対策では、密実なコンクリートにするため、減水剤の使用により、水セメント比を小さくします。

用　語

ブローホール
溶着金属の中に生ずる気孔。溶接欠陥の1つ。

電気防食
電流を流して金属の電位を変化させ、腐食を防止する方法。

重要度 ★★☆

河川工事

一次

┌─ **学習のポイント** ─

● 河川堤防の構造を理解する。

● 河川堤防の盛土材について理解する。

● 河川堤防の施工の特徴を理解する。

1-1 河川堤防の構造

　河川堤防は上流から下流を見て右側を右岸とし、左側を左岸といいます。堤防に囲まれて守られている側、すなわち人々が住んでいる側を堤内地あるいは川裏(かわうら)といい、堤防に挟まれ水が流れる範囲を堤外地あるいは川表(かわおもて)といいます。すなわち、川表側の法面(のりめん)を表法面や表小段といい、川裏側の法面は裏法面や裏小段といいます。

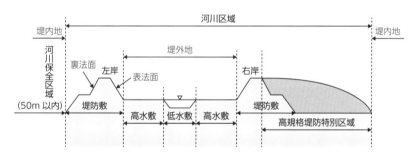

河川区域の横断面（上流から下流を見た断面）

河川区域の各名称を覚えよう！

1 河川堤防の材料

河川堤防に用いる土質材料は、次のような条件を満たしていることが望ましいとされています。

①高い密度を得ることのできる粒度分布で、かつ、せん断強度が大であること。

②できるだけ不透水性で、河川水の浸透による堤体内浸潤面が裏法尻まで達しない程度の透水性が望ましい。

③堤体の安定に支障を及ぼすような圧縮変形や膨張性がないこと。

④施工性がよく、特に締固めが容易であること。

⑤浸水、乾燥などの環境変化に対して、法すべりやクラックなどが生じにくく安定であること。

⑥有害な草木の根等の有機物および水に溶解する成分を含まないこと。

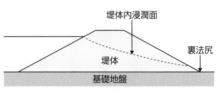

河川堤体断面

ゴロ合わせで覚えよう！ ▶ 河川堤防における川表と川裏

母さんってば。
(河川堤防)

小さい用水路は表で
(透水性の小さいものは川表)

大きい用水路は裏よ
(透水性の大きいものは川裏)

河川堤防の築堤材料として土質が異なる材料を使用するときは<u>川表に透水性の小さいもの</u>を、<u>川裏には大きいもの</u>を用いる。

2　河川堤防の施工

1 盛土材の締固め

　堤防は、耐水性を確保するため堤体盛土の品質が均一になるように施工しなければなりません。そのため施工にあたっては、堤体材料を均一に敷き均し、均一になるように締め固めます。このとき、一層当たりの締固めの仕上り厚さは30 cm以下とします。

2 盛土面の排水

　堤体盛土中において注意しなければならない点に、降雨による施工中の法面浸食や雨水浸透による盛土材の含水比の変化があります。含水比が高くなると十分な締固めが得られません。

　このため施工中において、適当な間隔で仮排水溝を設けて降雨を排水するとともに、雨水の集中を防ぐため、堤体横断方向に3～5%程度の勾配を設けながら施工する方法が一般的に多く採用されています。

3 段切り

　堤防に腹付けを行う場合、既設堤防と新しく盛土した部分が十分に接着し、すべり面が生じないようにするため、既設堤防を階段状に切土する段切りが必要です。一段あたりの段切り高

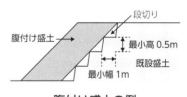

腹付け盛土の例

は、転圧厚さの倍数で最小50 cm程度とし、水平部分に水が溜まらないように、外向きの勾配を付けます。

4 高含水の材料

　築堤に使用する土質材料には、高い密度を得ることのできる粒度分布で安定性がよく、不透水性で施工性がよい等の条件が必要です。浚渫土は含水率が高いため、仮置き等により、曝気乾燥や天日乾燥で含水率を下げた後に築堤材料として使用します。

高含水の盛土材の利用方法を理解しよう！

5 軟弱な基礎地盤の処理

　基礎地盤の状況は、場所により様々です。現地踏査と地質調査資料を基にして、必要に応じ適切な基礎地盤処理を行うことが大切です。基礎地盤が軟弱な場合は、基礎地盤支持力不足による滑り破壊、基礎地盤の圧縮性が大きいために生ずる大きな沈下が発生するので、地盤改良を行う必要があります。

6 堤防の新設

　新堤防は、圧密沈下の進行や法面の安定に完成後3年程度を要するので、堤防としての安定した機能を発揮するまで旧堤防を併設しておくことが必要です。

3　堤防の法面

　法面仕上りの丁張りは、法肩、法先（のりさき）に約10ｍ間隔に杭を打ち、縦断方向に水糸を張り、法面に沿って貫板を渡し、この丁張りを基準に仕上げます。堤防法面の表層部の材料に堤体本体と異質な材料を使用するときは、その接合部では2種の材料を混合して締め固め、明瞭な異層境界を残さずにすり付けます。

　芝付け工は、堤防の法面が降雨や流水などによる法崩れや洗掘に対して安全となるよう法覆工（のりおおい）として用いられます。芝付けには、総芝張り、筋芝などの種類があります。川表の法面は、通常総芝張りとします。堤防法面が急な場合は、芝が活着するまでは堤体と法面部分が分離して表層すべりを起こしやすいので、堤体と表層が一体となるよう、可能な限り機械を使用し、締め固めなければなりません。

■ **頻出項目をチェック！**

1 ☐ 川裏とは、堤防に囲まれて守られている側、人々が住んでいる側であり、<u>堤内地</u>ともいう。

川表とは、堤防に挟まれ、水が流れる範囲であり、<u>堤外地</u>ともいう。

2 ☐ 川表側の法面を<u>表法面</u>、川裏側の法面を<u>裏法面</u>という。

河川の横断面図は、<u>上流</u>から<u>下流</u>方向を見た断面を表す。

3 ☐ 河川堤防に用いる土質材料は、<u>高い密度</u>を得ることのできる粒度分布で、かつ、<u>せん断強度が大</u>であることが望ましい。

また、できるだけ<u>不透水性</u>で、堤体内浸潤面が<u>裏法尻</u>まで達しない程度の透水性が望ましい。

4 ☐ 河川堤防に用いる土質材料は、堤体の安定に支障を及ぼすような<u>圧縮変形</u>や<u>膨張性</u>がないことが望ましい。

また、施工性がよく、特に<u>締固め</u>が容易であることが望ましい。

5 ☐ 盛土材の締固めは、一層当たりの仕上がり厚さを<u>30cm</u>以下とする。

盛土面の排水は、雨水の集中を防ぐため、堤体横断方向に<u>3</u>〜<u>5</u>%程度の<u>勾配</u>を設けながら施工する。

6 ☐ 堤防に<u>腹付け</u>を行う場合、既設堤防と新しく盛土した部分が十分接着し、すべり面が生じないように、既設堤防を階段状に切土する段切りが必要である。

一段あたりの段切り高は、転圧厚さの倍数で最小<u>50cm</u>程度とする。

7 ☐ 堤防の法面が降雨や流水などによる法崩れや洗掘に対して安全となるように、<u>芝付け工</u>を施工する。

川表の法面は、通常<u>総芝張り</u>とするが、堤防法面が急な場合は<u>表層すべり</u>を起こしやすいので、堤体と表層が一体となるよう、可能な限り機械を使用して締め固める。

河川において、河川の流水がある側を~~堤内地~~、堤防で守られる側を~~堤外地~~という。

河川において、河川の流水がある側を<u>堤外地</u>、堤防で守られる側を<u>堤内地</u>という。

河川堤防に用いる土質材料は、できるだけ~~透水性がある~~ことが適当である。

河川堤防に用いる土質材料は、できるだけ<u>不透水性</u>で、河川水の浸透による堤体内浸潤面が裏法尻まで達しない程度の透水性が望ましい。

築堤した堤防の法面保護は、一般に~~草類の自然繁茂~~により行う。

築堤した堤防の法面保護は、一般に<u>芝付け工</u>により行う。

築堤土の締固めは、一般に、1層の仕上り厚さを~~50cm~~とする。

築堤土の締固めは、一般に、1層の仕上り厚さを<u>30cm以下</u>とする。

用　語

粒度分布
どのような大きさの粒子がどの割合で含まれているかを示す指標。

せん断
物体のある面に反対方向から同時に働く力によってズレを生じさせること。

クラック
ひび割れ・裂け目。

浚渫土
河川などの底からすくい上げた土や堆積泥。

曝気乾燥
空気にさらして乾かすこと。

河川護岸

一次

学習のポイント

● 各種河川護岸の構造の名称と特徴を理解する。
● 各種河川護岸の留意点を理解する。

2-1 河川護岸の種類と構造

1 河川護岸の種類

　護岸は、堤防および低水河岸を洪水時の浸食作用に対して保護することを主目的として設置します。護岸には、高水護岸と低水護岸、およびそれらが一体となった堤防護岸があります。一般河川においては、計画高水位以下の通常の流水作用に対して、水制などの構造物や高水敷と一体となって堤防を保護する構造が必要であり、掘込河道にあっては堤内地を安全に保護する構造が必要です。

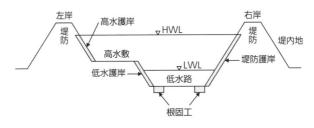

護岸の種類

1 堤防護岸

　高水敷の幅が狭く（10 m以下）、低水路河岸と堤防を一括して保護する場合の護岸です。

2 高水護岸

　通常は低水位で出水時に高水位となる複断面河川で、堤防のみを保護するために、高水敷以上の堤防法面に施工するものです。

3 低水護岸

　低水路の乱流の防止のため、高水敷と連続に設け、低水路河岸の法面に施工するものです。水際部（みずぎわ）は生物の多様な生息環境であり、河川環境にとって特に重要です。そのため、低水護岸は、十分に自然環境を考慮した構造とすることを基本に設計し施工しなければなりません。

2 低水護岸の構造

主な構造の役割は、以下のとおりです。

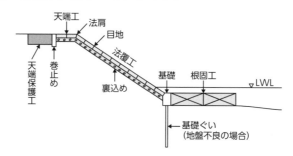

護岸の一般的構造

1 法覆工（のりおおいこう）

　法覆工は、護岸構造の主要な部分で、堤防および河岸の法面を被覆し保護するものです。堤防の法勾配（のりこうばい）が緩く流速が小さな場所では、平板ブロックで施工し、法勾配が急な場所では間知（けんち）ブロックを法覆工として使用します。

2 基礎工

　基礎工は、法覆工の法先を直接受け止め、法覆工の基礎の役割を持つほか、洗掘（せんくつ）に対して法覆工の基礎部分を保護し、裏込め土砂の流出を防ぐ機能を持ちます。低水護岸の基礎工天端高（てんば）は、洪水時に洗掘が生じても護岸基礎の浮き上がりが生じないよう、過去の河床変動実績等を調査し、最深河床高を評価して決定します。根入れが深くなる場合には、前面に根固工を設置することにより基礎工天端高を高くする方法もあります。一般に、現況河床高より高く施工す

ることはありません。

3 根固工

　根固工は、急流河川や流水方向にある水衝部などで河床洗掘を防ぎ、基礎工などを保護するために施工します。そのため、河床の変化に追随できる屈とう性が必要です。

　基礎工や根固工の根入れ深さは、護岸破壊の原因となる洗掘を防止するため、計画河床高と現況河床高のうち低い河床より 0.5 〜 1.0 m 以上深いものが多く見られます。

4 天端工・天端保護工

　天端工・天端保護工は、低水護岸の天端部分を洪水による浸食から保護する必要がある場合に設置します。天端保護工は、低水護岸が流水により裏側から浸食されることを防止するために、屈とう性のある構造で設置されます。

　根固工も天端保護工も、屈とう性が重要だよ！

5 小口止工

　小口止工は、ブロックや石等の素材により作られた法覆工を保護するため、すり付け工とともに本護岸の上下流部に設置されるもので、本護岸と一体となった構造です。

6 すり付け工

　すり付け工は、護岸の上下流で浸食が生じた際に、浸食の影響を吸収して護岸が上下流から破壊されることを防ぐために設置します。粗度の小さい本護岸で生じる速い流れが下流河岸に当たらないように、粗度の大きい材料で造られたすり付け部で流速を緩和し、下流河岸の浸食を抑える機能もあります。そのため、すり付け工には屈とう性と粗度の大きな連節ブロックやかご工が用いられます。

1 法覆工

1 石張り工、石積み工

　石材に、間知石、割石、玉石（野面石）などを用い、1割よりも緩い勾配の場合は石張り、急なものを石積みといいます。また、石の隙間にモルタルやコンクリートを充填したものを練石張り（積み）といい、石のみで施工したものを空石張り（積み）といいます。

2 コンクリートブロック張り工

　コンクリートブロック張り工には、工場製品のコンクリートブロックを使用します。法勾配が2割程度より緩く流速の遅い所には平板ブロックを、法勾配が急で流速が速い急流河川では間知ブロックを使用するのが一般的です。

3 コンクリート張り工

　この工法には、平張コンクリート工と法枠コンクリート工があります。平張コンクリート工は砂利を敷き、その上に 10 〜 25cm の硬練りコンクリートを打設し、突起を持った状態に仕上げます。法枠コンクリート工は 1 〜 3 m 間隔のコンクリート格子枠を作り、中に厚さ 10 〜 20 cm の貧配合の中張りコンクリートを打設します。この工法は勾配が急な箇所では施工が難しく、1.5 割以上の勾配で施工されます。

4 連節ブロック張り工

　連結（連節）ブロック張り工は、工場製品を現場で張りながら鉄線で連結する工法です。法勾配が 1.5 割より緩い所に使用します。

5 鉄線蛇かご工

　鉄線蛇かご工は、工場製作の鉄線かごを現場で組み立て、現場の玉石などを詰める工法です。法勾配が 1.5 割より緩い所に使用します。

6 コンクリート法枠工

コンクリート法枠工は、コンクリート製プレキャスト枠または現場打ち枠により、法面に格子枠を作り、格子枠の中に現場でコンクリートを打ち込む工法です。

2 根固工の施工

根固工の代表的な工種としては、捨石工・ブロック層積工・ブロック乱積工・そだ沈床工・木工沈床工・かご工等があります。

①大きな流速の作用する場所に設置されるため、流体力に耐える重量と耐久性が大きいこと。

②河床変化に追随できる屈とう性構造であること。

③根固工の破壊が直ちに基礎工の崩壊を招かぬよう、基礎工または法覆工と絶縁し、両者の空隙には適当な間詰工を実施する。

④根固めブロックは、現場で製作され、製作と同時に設置工事前に連番号を付けて、個数管理を行う。

⑤根固めブロックを乱積みで施工するのは、深掘れ箇所や水深の深い箇所である。水深の浅い箇所で施工する層積みの場合は、洗掘による垂れ下がりや傾いたときに十分順応できるたわみ性を保持させるとともに、鉄筋で連結する。

⑥根固めブロックを据え付けるつり上げ機械の能力は、安全確保のため、クレーンの定格総荷重とこれに対応する作業半径でつることのできる最大荷重を、使用するブロックの重量以上としなければならない。

> **ゴロ合わせで覚えよう!** ▶ 根固工と法覆工
>
> 猫が柵を乗り越えてお堀に落ちた!
> (根固工)　(法覆工)
>
> 隙間に栗を詰めて助けよう
> (隙間)　(栗石)　(間詰工)
>
> 根固工と法覆工との間に隙間が生じる場合、栗石など適当な間詰工を施す。

1 ☐ 高水護岸は、<u>複断面河川</u>で<u>堤防のみ</u>を保護するために、<u>高水敷以</u>上の堤防法面に施工する。

低水護岸は、低水路の<u>乱流</u>の防止のため、高水敷と連続に設け、低水路河岸の法面に施工する。水際部は生物の多様な生息環境であり、十分に<u>自然環境</u>を考慮した構造とする。

2 ☐ <u>法覆工</u>は、堤防及び河岸の法面を被覆し保護するものである。

堤防の法勾配が緩く流速が小さな場所では<u>平板ブロック</u>で施工し、法勾配が急な場所では<u>間知ブロック</u>を使用する。

3 ☐ 基礎工は、法覆工の<u>基礎</u>の役割を持ち、<u>洗掘</u>に対して法覆工の基礎部分を保護し、<u>裏込め土砂</u>の流出を防ぐ機能を持つ。

低水護岸の<u>基礎工天端高</u>は、洪水時に洗掘が生じても護岸基礎の浮き上がりが生じないよう、<u>最深河床高</u>を評価して決定する。現況河床高より<u>高く</u>施工することはない。

4 ☐ 根固工は、急流河川や流水方向にある<u>水衝部</u>などで河床洗掘を防ぎ、基礎工などを保護するために施工する。

根固工は、河床の変化に追随できる<u>屈とう性</u>が必要である。

5 ☐ 天端工・天端保護工は、低水護岸の<u>天端部分</u>を洪水による浸食から保護する必要がある場合に設置する。

天端保護工は、低水護岸が流水により、<u>裏側</u>から浸食されることを防止するために、<u>屈とう性</u>のある構造で設置される。

 こんな選択肢は誤り！

高水護岸は、~~単断面~~河川において高水時に裏法面を保護するために施工する。

高水護岸は、<u>複断面</u>河川において高水時に<u>表</u>法面を保護するために、高水位敷以上の堤防法面に施工する。

法覆工は、堤防の法勾配が緩く流速が小さな場所では、~~積ブロック~~で施工する。

法覆工は、堤防の法勾配が緩く流速が小さな場所では、<u>平板ブロック</u>で施工する。

低水護岸基礎工の天端の高さは、一般に急流河川においては現況河床高より高く施工~~する~~。

低水護岸基礎工の天端の高さは、一般に急流河川においては現況河床高より高く施工<u>しない</u>。

天端保護工は、流水によって~~高水~~護岸の裏側から破壊しないように保護するものである。

天端保護工は、流水によって<u>低水</u>護岸の裏側から破壊しないように保護するものである。

用 語

水制
水の流れる方向を変えたり、水の勢いを弱くすることを目的として設けられる施設。

掘込河道
河川の一定区間を平均して、堤内地盤高が計画高水位より高い河川。

天端
上端部。

洗掘
激しい川の流れや波浪によって、堤防表法面の土や河岸及び河床が削られる現象。

水衝部
河道の湾曲や川幅の広狭、砂州の形成などにより流水が集中して強い洗掘力や掃流力（河床の砂礫を移動させる力）が生じる所。

砂防工事

学習のポイント

一次

● 砂防えん堤の断面名称と各構造の役割を理解する。
● 砂防えん堤工事の施工手順を理解する。
● 地すべり防止工の抑制工と抑止工の特徴を理解する。

3-1 砂防えん堤

1 砂防えん堤の機能

砂防えん堤は以下の4つの機能を持っています。
①渓岸・渓床の浸食の防止（土砂生産の抑制）
②流下土砂の調節（土砂調節機能）
③土石流の捕捉および減勢
④流木の捕捉

なお、砂防えん堤の基礎地盤が砂礫層の場合には、原則として堤高は15m未満とします。主な目的に洪水の防止や調節は含まれません。

2 重力式砂防えん堤の構造

1 水通し

水通しは、上流からの対象流量を流しうる十分な断面をもち、かつ砂防えん堤上・下流の地形・地質、渓岸の状態および流水の方向等を考慮して位置を定めます。水通し断面の形状は一般に逆台形を用い、その立ち上がり勾配は5分を標準としています。

2 袖

袖は、洪水を越流させない非越流を原則とするため、計画高水位以上の安全な高さとし、また、上流部の砂防えん堤で土石流等の大きな衝撃力が加わることが予想される場合には、袖の割増厚を検討し、十分強固な構造とします。袖天端の勾配は両岸に向かって上流

の計画河床勾配と同等か
それ以上の上り勾配を確
保し、えん堤袖からの異
常な洪水や土石流を越流
させない構造とします。

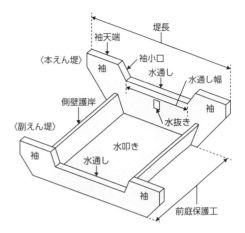

砂防えん堤各部の名称

3 水抜き

　水抜きは、一般に流出
土砂量の調節、施工中の
流水の切替え、堆砂後の
水圧軽減等を目的として
設けられます。

4 前庭保護工

　前庭保護工は、砂防えん堤の下流側に築造され、砂礫の混入した
落下水の直撃を防ぎ、洗掘による砂防えん堤本体の破壊を、本えん
堤との間にできるウォータークッション（水褥池）により防止しま
す。前庭保護工として代表的なものは、水叩き工と副えん堤工、側
壁護岸です。

前庭保護工の設置場所と、各部の名称を覚えよう！

5 本えん堤の前法勾配

　本えん堤の前法勾配は、越流土砂による損傷を受けないように、
一般に1：0.2を標準としますが、流出土砂の粒径が小さく、かつ、
その量が少ない場合には、必要に応じてこれより緩くすることがで
きます。

6 砂防えん堤の堆砂域

　砂防えん堤は、渓床の勾配を急にして、流出する砂礫を速やかに

流下させるための構造物です。

7 基礎部

　砂防えん堤の基礎の根入れは、一般に所定の強度が得られる地盤であっても、基礎の不均質性や風化の速度を考慮して、岩盤の場合で1m以上、砂礫地盤の場合は2m以上とします。

3　重力式砂防えん堤の施工順序

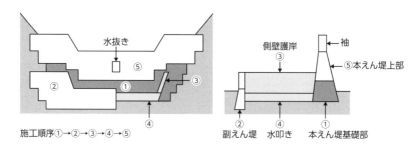

砂防えん堤の施工順序

　重力式砂防えん堤の施工順序は「①本えん堤基礎部」→「②副えん堤」→「③側壁護岸」→「④水叩き」→「⑤本えん堤上部」です。

3-2　地すべり防止工

1　地すべり防止工の分類

　地すべり防止工は、抑制工と抑止工とに大別されます。

　抑制工は、地すべりの誘因となる自然的条件を変化させることによって地すべり運動を停止または緩和させる工法で、代表的なものとして排土工や集水井工などが挙げられます。

　一方、抑止工は、構造物により地すべり運動の一部または全部を停止させる工法で、一般に杭工やシャフト工などが用いられます。

```
抑制工 ┬─ 地表水排除工（水路工、浸透防止工）
       ├─ 地下水排除工
       │      ┌─ 浅層地下水排除工（明きょ工、暗きょ工、横ボーリング工、地下水しゃ断工）
       │      └─ 深層地下水排除工（横ボーリング工、集水井工、排水トンネル工）
       ├─ 排土工
       ├─ 押え盛土工
       └─ 河川構造物（ダム工、床固工、水制工、護岸工）

抑止工 ┬─ 杭工
       ├─ シャフト工
       ├─ アンカー工
       └─ 擁壁工
```

2 地すべり防止工の選択の留意点

　工法の主体は抑制工とし、抑止工は直接、人家や施設などを守るために運動ブロックの安定を図る場合に計画します。また、地すべり運動が活発に継続している場合には原則として抑止工は用いず、抑制工の先行によって運動が軽減、停止してから抑止工を導入します。

抑制工は、地すべりの原因を取り除く方法だよ！

3 抑制工

1 地表水排除工

a) 水路工

　水路工は、地すべり地域内の降水・地表水を速やかに集水して地域外に排除するため、また、地域外からの流入水を排除するために計画するもので、水の再浸透を防ぐ目的を持っています。

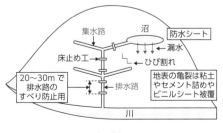

水路網

b) 浸透防止工

浸透防止工は、亀裂（きれつ）の発生箇所に粘土、セメントの充填（じゅうてん）およびシートの被覆等を行うものです。

2 地下水排除工
a) 横ボーリング工

横ボーリング工は、地下水を排除し、これによって、すべり面に働く間隙（かんげき）水圧の低減や地すべり土塊の含水比を低下させることを目的としています。このため、帯水層の分布、地下水の流動層を推定して、最も効果的に集水できるようにボーリングの位置、本数、方向および延長を決定し、集水した地下水が自然流下するように、おおむね仰角（ぎょうかく）5 ～ 10° とします。

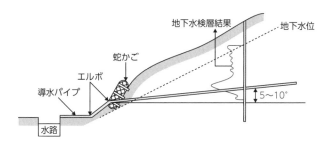

横ボーリング工横断図

b) 集水井工

集水井工は、効果的な地下水の集水が可能な範囲で、原則として堅固な地盤に設け、集水孔や集水ボーリングによって地下水を集水し、排水ボーリングにより原則として自然排水とします。

c) 排水トンネル工

排水トンネル工は、地すべり規模が大きい場合、厚い場合、あるいは運動速度の大きい場合に用いられる工法で、原則として地すべり土塊（どかい）内ではなく、安定な地盤にトンネルを設けます。坑内からの集水ボーリングまたは小規模な分岐トンネルにより、主として基盤付近の深層地下水を排除します。

3 排土工

排土工は、原則として地すべり頭部の土塊の排除により、地すべりの滑動力（かつどう）を低減させ、斜面の安定化を図ります。また、その上方斜面の潜在的な地すべりを誘発する可能性がないか、

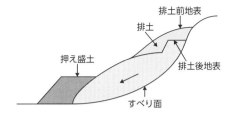

排土工の施工モデル

事前に十分な調査・検討を行う必要があり、上方斜面の地すべり規模が大きい場合には、本工法は見合わせるべきです。

4 押え盛土工

押え盛土工は、排土工と併用すると効果的なので、通常はこれらを組み合わせて計画します。地すべりの滑動力に抵抗する力を増加させるため、原則として地すべり末端部に設けます。

4　抑止工

1 杭工

杭工は、地すべり斜面に鋼管またはコンクリート杭等を挿入することによって、せん断抵抗力や曲げ抵抗力を付加し、地すべり移動土塊の推力に対し、直接抵抗する工法です。

2 シャフト工（深礎工）

シャフト工は、径 2.5 〜 6.5 m 程度の縦坑を不動地盤内まで掘削し、鉄筋コンクリート打設したものです。地すべりの滑動力が大きく、杭工では所定の計画安全率の確保が困難な場合で、不動地盤が良好な場合に設けます。

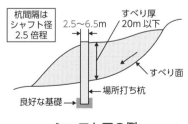

シャフト工の例

3 アンカー工

アンカー工は、高強度の PC 鋼材を引張材として地盤に定着させて、地山とを一体化することにより安定化させる工法です。

抑止工は、地すべりを直接止める方法だよ！

 頻出項目をチェック！

1 ☐ **重力式砂防えん堤の施工順序は、①本えん堤基礎部→②副えん堤→③側壁護岸→④水叩き→⑤本えん堤上部である。**

砂防えん堤の基礎の根入れは、岩盤の場合は 1m 以上とする。

2 ☐ **重力式砂防えん堤の水通しは、断面の形状は一般に逆台形で、立ち上がり勾配は 5 分を標準とする。**

重力式砂防えん堤の袖は、計画高水位以上の安全な高さとし、袖天端の勾配は両岸に向かって上流の計画河床勾配と同等かそれ以上の上り勾配とする。

3 ☐ **重力式砂防えん堤の水抜きは、施工中の流水の切替えや堆砂後の水圧軽減等を目的として設ける。**

前庭保護工は、砂防えん堤の下流側に築造され、砂礫の混入した落下水の直撃を防ぎ、洗掘による砂防えん堤本体の破壊を防止する。

4 ☐ **地すべり防止工の主体は抑制工とし、地すべり運動が活発に継続している場合には、抑制工の先行によって運動が軽減、停止してから抑止工を導入する。**

抑制工は、自然的条件を変化させることによって地すべり運動を停止または緩和させる工法であり、抑止工は、構造物により地すべり運動の一部または全部を停止させる工法である。

5 □ 抑制工の<u>水路工</u>は、地すべり地域内の高水・地表水を速やかに集水して<u>地域外</u>に排除するものである。

同じく抑制工の<u>排土工</u>は、原則として地すべり<u>頭部</u>の土塊の排除により、地すべりの滑動力を低減させ、<u>斜面の安定化</u>を図る。

6 □ 抑止工の<u>杭工</u>は、地すべり斜面に鋼管またはコンクリート杭等を挿入し、地すべり移動土塊の推力に<u>直接抵抗</u>する工法である。

同じく抑止工の<u>シャフト工</u>は、地すべり滑動力が大きく、杭工では所定の<u>計画安全率</u>の確保が困難な場合で、不動地盤が<u>良好</u>な場合に設ける。

 こんな選択肢は誤り！

袖は、洪水を越流させないため、水通し側から両岸に向かって~~下り勾配~~とする。

袖は、洪水を越流させないため、水通し側から両岸に向かって<u>上り勾配</u>とする。

前庭保護工は、堤体への土石流の直撃を防ぐために堤体の~~上流側~~に設置される。

前庭保護工は、堤体への土石流の直撃を防ぐために堤体の<u>下流側</u>に設置される。

横ボーリング工は、地すべり斜面に向かって水平よりやや~~下向き~~に施工する。

横ボーリング工は、地すべり斜面に向かって水平よりやや<u>上向き</u>に施工する。

Lesson 03

砂防工事

河川堤防

河・砂1 河川堤防に用いる土質材料に関する次の記述のうち，**適当でないもの**はどれか。

(1) 堤体の安定に支障を及ぼすような圧縮変形や膨張性がないものであること。
(2) できるだけ透水性があること。
(3) 有害な有機物及び水に溶解する成分を含まないこと。
(4) 施工性がよく，特に締固めが容易であること。

答え (2)
河川堤防の材料では、透水性が小さいものが望ましいです。

河川護岸

河・砂2 河川護岸の基礎工に関する下記の文章の　　　に当てはまる次の語句の組合せのうち，**適当なもの**はどれか。

　基礎工は，法覆工を支える基礎であり，　(イ)　に対する保護や裏込め土砂の流出を防ぐものである。根固工は，大きな流速の作用する場所に設置されるため，河床変化に追随できる　(ロ)　のある構造とする。基礎工や根固工の　(ハ)　の深さは，高水時の河床の　(イ)　に対して十分安全なものでなければならない。

	(イ)	(ロ)	(ハ)
(1)	堆積	剛性	根入れ
(2)	堆積	屈とう性	掘削
(3)	洗掘	剛性	掘削
(4)	洗掘	屈とう性	根入れ

答え (4)
基礎工は、洗掘に対する保護機能を有します。根固工は河床変化に追随

できる屈とう性のある構造とします。基礎工や根固工の根入れの深さは、高水時の河床の洗掘に対して十分安全でなければなりません。

....

砂防えん堤

....

河・砂3 砂防えん堤に関する次の記述のうち，**適当でないもの**はどれか。

(1) 水通しは，砂防えん堤の上流側からの水を越流させるために設ける。

(2) 袖は，洪水を越流させないようにし，また，土石などの流下による衝撃力で破壊されないように強固な構造とする。

(3) 水抜きは，おもに施工中の流水の切替えや堆砂後の浸透水を抜いて砂防えん堤にかかる水圧を軽減するために設ける。

(4) 前庭保護工は，土砂が砂防えん堤を越流しないようにするため，えん堤の上流側に設ける。

答え (4)

前庭保護工は本体工の下流側に「副えん堤」「側壁護岸」「水叩き」を設ける構造です。

....

砂防えん堤

....

河・砂4 砂防えん堤に関する次の記述のうち，**適当なもの**はどれか。

(1) 砂防えん堤は，洪水の防止や調節などを主な目的とした高さ15m 未満の構造物である。

(2) ウォータークッションは，落下する水のエネルギーを拡散・減勢させるために，本えん堤と副えん堤との間にできる水を湛えたプールをいう。

(3) 砂礫層上に施工する砂防えん堤の施工順序は，側壁護岸，副えん堤を施工し，最後に本えん堤と水叩きを同時に施工する。

(4) 堤体下流の法勾配は，越流土砂による損傷を受けないようにするために，一般に1:2より緩やかにする必要がある。

(1) 砂防えん堤の主な目的は、渓岸・渓床の浸食の防止、流下土砂の調節です。

(3) 砂防えん堤の施工順序は、本えん堤基礎部→副えん堤→側壁護岸→水叩き→本えん堤上部です。

(4) 砂防えん堤下流の法勾配（前法勾配）は、1：0.2 を標準とします。

地すべり防止工

河・砂5 地すべり防止工事に関する次の記述のうち，**適当なもの**はどれか。

(1) 地すべり防止工事は，抑止工と抑制工があるが抑止工による工事を基本とする。

(2) 排水トンネル工は，地すべり土塊内にトンネルを設け，ここから滞水層に向けてボーリングを行い，トンネルを使って排水する。

(3) 杭工は，その施工位置を地すべり土塊の上部付近とすることを原則とする。

(4) 排土工は，地すべり頭部の不安定な土塊を排土し地すべりの滑動力を減少させるものである。

答え (4)

地すべり防止工事では、抑制工の工事を基本とします。排水トンネル工は、安定した地盤内に設けます。杭工は、杭の根入れを強固な地盤まで打ち込みます。

Lesson 01

重要度 ★★☆

道路工事

学習のポイント

一次

● 路体、路床の施工の違いを理解する。

● 路盤工の工法、施工の特徴を理解する。

1-1　アスファルト舗装の構造

アスファルト舗装は、一般に右図に示すように、表層、基層および路盤からなり、路床上に構築されます。

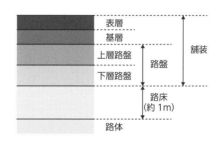

アスファルト舗装の構成

ゴロ合わせで覚えよう！ ▶ アスファルト道路の構造

表の小屋で競うロバたち。
（表層）　　　（基層）（路盤）

体は床の下
（路体）（路床）

アスファルトの道路は、上から、表層、基層、路盤、路床、路体の順となっている。

1　路体・路床

路床は路盤下の約1mの土の層であり、舗装を直接支持するものであり、路体は路床以外の土の部分です。

2　路体盛土の施工

　一般的な路体盛土は、一層の敷均し厚さを 35 〜 45 cm 以下、転圧後の仕上がり厚さを 30 cm 以下とします。

3　路床の施工

　路床が切土の場合であっても、表面から 30 cm 程度以内にある木根、転石などを取り除いて仕上げます。

　路床盛土は、良質土を現地盤の上に盛り上げて築造する工法です。使用する盛土材の性質をよく把握したうえで均一に敷き均し、過転圧による強度低下を招かないように十分締め固めて仕上げる必要があります。一般的な路床盛土の施工では、一層の敷均し厚さは 25 〜 35 cm で、転圧後の仕上がり厚さは 20 cm 以下とします。降雨対策として盛土面に排水勾配をとり、縁部に仮排水路を設けます。

4　路床の安定処理

　現状路床土が CBR3 未満の軟弱な場合は、その一部または全部を掘削して良質土で置き換えます。また、現状土をセメントまたは石灰などで安定処理して用いることもあります。

①セメントまたは石灰などの安定材の散布に先だって、現状路床の不陸整正や、必要に応じて仮排水溝の設置などを行う。

②セメントまたは石灰などの所定量の安定材を、散布機械または人力により均等に散布する。

③粒状の生石灰を用いる場合は、混合が終了したのち仮転圧して放置し、生石灰の消化を待ってから再び混合する。

④セメントまたは石灰などの安定材の混合終了後、タイヤローラによる仮転圧を行い、バックホウによる整形を行う。

生石灰の安定処理方法を理解しよう！

1-2 下層路盤工

1 下層路盤の種類

　下層路盤材料は、施工現場近くで経済的に入手できる材料を用いるのが一般的です。入手した材料が粒状路盤材料で、修正 CBR 20 ％以上、PI（塑性指数）6 以下を満足しない場合は、補足材やセメントまたは石灰などを添加し、品質規格を満足するようにして活用を図ります。

1 粒状路盤工法

　粒状路盤工法は、クラッシャラン、クラッシャラン鉄鋼スラグ、砂利あるいは砂などを用いる工法です。

下層路盤の一般的な工法は、粒状路盤工だよ！

2 セメント安定処理工法

　セメント安定処理工法は、現地発生材、地域産材料または、これらに補足材を加えたものを骨材とし、これに普通ポルトランドセメント、高炉セメントを添加して処理する工法です。セメントの添加により処理した層の強度を高め、路盤の不透水性を増し、乾燥、湿潤および凍結などの気象作用に対して耐久性を向上させます。

3 石灰安定処理工法

　石灰安定処理工法は、現地発生材、地域産材料または、これらに補足材を加えたものを骨材とし、これに石灰を添加して処理する工法です。強度の発現はセメント安定処理に比べて遅いですが、長期的には耐久性および安定性が期待できます。

2 下層路盤の施工

①路盤材が乾燥しすぎている場合は散水し、最適含水比付近の状態で締固めを行う。

②路盤材は、締固め前に降雨などにより多量の水分を含み、締固めが困難な場合には、曝気乾燥するか、少量の石灰、セメントを散布して混合し、締め固める。

③下層路盤の粒状路盤の一層の仕上り厚さは、20 cm 以下とし、セメント安定処理工の一層の仕上り厚さは、15 〜 30 cm とする。

④下層路盤材料は、粒径が大きいと施工管理が難しいので、最大粒径を原則 50 mm 以下とする。やむを得ないときは一層の仕上り厚さの 1/2 以下で 100 mm までを許容してよい。

⑤粒状路盤の敷均しは、材料分離に注意しながら一般にモーターグレーダで行い、転圧は一般にロードローラとタイヤローラ、または振動ローラで行う。

1-3 上層路盤工

1 上層路盤工の種類

1 粒度調整工法

粒度調整工法は、良好な粒度になるように調整した骨材を用いる工法です。粒度調整した骨材は粒度が良好であるため、敷均しや締固めが容易ですが、瀝青材や安定材を添加しないため、剛性はありません。

上層路盤の一般的な工法は、粒度調整工だよ！

2 セメント安定処理工法

セメント安定処理工法は、骨材にセメントを添加して処理する工法です。この工法は、強度が増加して含水比の変化による強度低下を抑制できます。

3 石灰安定処理工法

石灰安定処理工法は、骨材に石灰を添加して処理する工法です。強度の発現はセメント安定処理に比べて遅いですが、長期的には耐久性および安定性が期待できます。

4 瀝青安定処理工法

瀝青安定処理工法は、一般的には骨材に瀝青材料として舗装用石油アスファルトを添加して処理する工法で、平坦性がよく、たわみ性や耐久性に富む特徴があります。舗装用石油アスファルトは、一般地域では針入度 60 ～ 80 を、積雪寒冷地域では 80 ～ 100 を用いることが一般的です。

2 上層路盤の施工

① 粒度調整路盤の一層の仕上がり厚さは 15 cm 以下を標準とし、振動ローラを用いる場合は 20 cm 以下としてもよい。ただし、一層の仕上がり厚さが 20 cm を超える場合でも、所要の締固め度が保証される施工方法が確認されていれば、その仕上がり厚さを用いてよい。

② セメント・石灰安定処理路盤では、一層の仕上がり厚さは 10 ～ 20 cm を標準とし、振動ローラの場合は 30 cm 以下で所要の締固め度が確保できる厚さとしてもよい。締固めは最適含水比よりやや湿潤状態で行うとよい。

③ 瀝青安定処理路盤の敷均しには、通常アスファルトフィニッシャを用い、敷均し時の混合物の温度は、110 ℃を下回らないようにする。

④ 加熱アスファルト安定処理路盤の施工方法には、一層の仕上がり厚さが 10 cm 以下の「一般工法」と、それを超える「シックリフト工法」がある。

路盤材の品質規格

材料名	修正 CBR（%）	PI
粒度調整砕石	80 以上	4 以下
クラッシャラン	20 以上	6 以下

1 ☐ 一般的な路床盛土の施工では、一層の敷均し厚さは <u>25</u> ～ <u>35</u>cm で転圧後の仕上り厚さは <u>20</u>cm 以下とする。

アスファルト舗装の路床とは、路盤下の約 <u>1</u>m の土の層である。

2 ☐ 下層路盤の<u>粒状路盤</u>の一層の仕上り厚さは、<u>20</u>cm 以下とする。

下層路盤の施工では、粒状路盤の敷均しは一般に<u>モーターグレーダ</u>で、転圧は<u>ロードローラ</u>と<u>タイヤローラ</u>、または<u>振動ローラ</u>で行う。

3 ☐ 上層路盤工の石灰安定処理工法は、強度の発現はセメント安定処理に比べて<u>遅い</u>が、長期的には<u>耐久性</u>および<u>安定性</u>が期待できる。

セメント・石灰安定処理は、一層の仕上がり厚さは <u>10</u> ～ <u>20</u>㎝を標準とするが、<u>振動ローラ</u>の場合は <u>30</u>㎝以下の所要の締固め度が確保できる厚さとしてもよい。

 ！ こんな選択肢は誤り！

セメント又は石灰などの安定材の混合終了後、~~バックホウ~~による仮転圧を行い、~~タイヤローラ~~による整形を行う。

セメント又は石灰などの安定材の混合終了後、<u>タイヤローラ</u>による仮転圧を行い、<u>バックホウ</u>による整形を行う。

下層路盤に粒状路盤材料を使用した場合の 1 層の仕上り厚さは、~~30~~cm 以下とする。

下層路盤に粒状路盤材料を使用した場合の 1 層の仕上り厚さは、<u>20</u>cm 以下とする。

Lesson 02 アスファルト舗装工事

重要度 ★★★

学習のポイント　　　　　　　　　　　　　　　　　　　　　　一次

● コートの種類と材料、散布量を理解する。
● アスファルト舗装の転圧機械と温度を理解する。
● アスファルト舗装の補修工法を理解する。

2-1　プライムコート・タックコート

1　プライムコートの施工

　プライムコートは、路盤の上にアスファルト混合物を施工する場合に、路盤とアスファルト混合物のなじみをよくします。

①プライムコートには、アスファルト乳剤（PK-3）を使用する。

②プライムコートに用いるアスファルト乳剤の散布量は、一般に 1 ～ 2 L/m² が標準である。

③やむを得ず交通開放する場合や、散布したアスファルト乳剤の施工機械への付着および剥がれを防止するため、必要最小限の砂を散布する。

④寒冷期の舗設では、アスファルト乳剤を散布しやすくするために、その性質に応じて加温しておく。

2　タックコートの施工

　タックコートは、舗設するアスファルト混合物層とその下の舗装面との接着や施工継目部の付着をよくするために行います。

①タックコートに用いるアスファルト乳剤（PK-4）を使用する。

②タックコートに用いるアスファルト乳剤の散布量は、一般に 0.3 ～ 0.6 L/m² が標準である。

③寒冷地の施工や急速施工の場合、瀝青材料散布後の養生時間を短縮するため、ロードヒータにより路面を加熱する方法やアスファルト乳剤を加温して散布する方法がある。

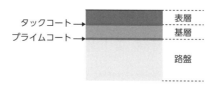

		表層
タックコート→		
プライムコート→		基層
		路盤

タックコートとプライムコート

ゴロ合わせで覚えよう！ ▶ プライムコートとタックコートの散布量の違い

たくさん、
（タックコート）

さんざん無理した。
（0.3〜0.6L/㎡）

私のプライムタイムは1時から2時
（プライムコート）　　　（1〜2L/㎡）

タックコートでのアスファルト乳剤（PK-4）散布量は、<u>0.3 〜 0.6L/m²</u>。
プライムコートでのアスファルト乳剤（PK-3）散布量は、<u>1 〜 2L/m²</u>。

2-2　アスファルト舗装

　アスファルト舗装の、表層と基層の施工は、所定の温度で行い、敷均し時の材料分離を防止するとともに、所定の締固め度が得られるように転圧し、縦横断形状を正しく仕上げます。

1　アスファルト混合物の運搬

　運搬時の温度は、現場での初転圧温度が 110 〜 140℃の範囲内となるように搬入します。5℃以下の寒冷期では、プラント温度を若干高めにしたり、運搬車の荷台は保温シートで覆い運搬します。

アスファルト舗装施工時の温度を覚えよう！

2 アスファルト舗装の敷均し

アスファルト混合物は所定の厚さが得られるように、一般にアスファルトフィニッシャにより敷均しをします。

①敷均し時の温度は、アスファルトの粘度にもよるが、110℃を下回らないようにする。

②敷均し作業中に雨が降り始めた場合には、敷均し作業を中止するとともに、敷均し済みの混合物を速やかに締め固めて仕上げる。

3 アスファルト舗装の転圧

アスファルト混合物は、敷均し終了後、所定の密度が得られるように締め固めます。締固め作業は、継目転圧→初転圧→二次転圧→仕上げ転圧の順序で行います。一般に初転圧はロードローラ、二次転圧にはタイヤローラまたは振動ローラ、仕上げ転圧にはタイヤローラを用います。

①アスファルト混合物の初転圧は、一般に横断勾配の低い方から高い方へ向かい、順次幅寄せしながら低速かつ一定の速度で転圧する。

②アスファルト混合物の初転圧は、一般に 10 ～ 12 t のロードローラで 2 回（1 往復）程度行う。ローラへの混合物の付着防止は、少量の水、切削油乳剤の希釈液、または軽油などを噴霧器で薄く塗布する。

③初転圧のヘアクラックが生じない限り、できるだけ高い温度で行う。初転圧温度は一般に 110 ～ 140℃である。

④二次転圧は、一般に 8 ～ 20 t のタイヤローラで行うが、6 ～ 10 t の振動ローラを用いることもある。二次転圧終了温度は、一般に 70 ～ 90℃である。

⑤仕上げ転圧は、不陸の修正、ローラマークの消去のために行うものであり、タイヤローラあるいはロードローラで 2 回（1 往復）程度行う。二次転圧に振動ローラを使用した場合は、仕上げ転圧にタイヤローラを用いることが望ましい。

⑥舗装の転圧終了後の交通開放温度は、舗装表面の温度がおおむね 50℃以下となってから行う。舗装表面温度を 50℃以下にすることで、初期の変形を少なくすることができる。

各転圧段階のローラの種類を覚えよう！

4 継目の処理

①横継目は道路の横断方向に設ける継目で、横断方向にあらかじめ型枠を置いて、所定の高さに仕上げ、仕上がりの良否が走行性に影響するので、平坦に仕上げる。

②縦継目は、原則としてレーンマークに合わせるようにする。各層の継目は、上下層を重ねないように 15 cm 以上ずらす。

③縦継目部は、レーキなどで粗骨材を取り除いた新しい混合物を、既設舗装に 5 cm 程度重ねて敷き均し、直ちにローラの駆動軸を 15 cm 程度かけて転圧する。

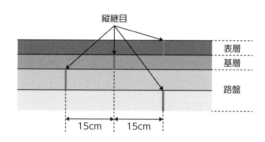

各層縦継目の一例

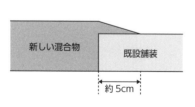

縦継目の重ね合わせ

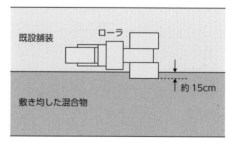

縦継目の転圧

2-3 アスファルト舗装の補修

1 アスファルト舗装の破損

アスファルト舗装が破損する要因には、以下の事項があります。

①アスファルト舗装の、亀甲状のひび割れが発生する要因には、路床・路盤の支持力低下や沈下、アスファルト混合物の劣化や老化等がある。

②アスファルト舗装では、表層と基層の間の接着不良により、通行車両が頻繁に制動や停止を繰り返す交差点流入部などで、さざ波状の凹凸が発生することがある。

③走行軌跡部に生じるわだち掘れは、路床・路盤の沈下によるもの、および夏期の高温の影響や車輌の通行で表層混合物が塑性流動して発生するものがある。

④アスファルト混合物の初転圧は、ヘアクラックが生じない限り、できるだけ高い温度で行うが、初転圧温度が高過ぎたり、過転圧などの場合、ヘアクラックが多く見られることがある。

2 補修の工法

補修工法一覧表

補修工法の種類	補修工法の概要
打換え工法	既設舗装破損が著しい場合や、他の工法では補修が不適当であるときに、表層あるいは路盤から打ち換える工法である。状況により路床の入れ換え、路床または路盤の安定処理を行うこともある。
パッチング	加熱アスファルト混合物、瀝青材料や樹脂結合材料のバインダーを用いた常温混合材などで、ポットホール、くぼみなどを応急的に修繕する工法。
表層・基層打換え工法	線状に発生したひび割れに沿って、既設舗装を表層または基層まで打ち換える工法で、切削により既設アスファルト混合物層を撤去する工法を、特に切削オーバーレイ工法と呼ぶ。
オーバーレイ工法	既設舗装の上に、一般的にはアスファルトフィニッシャを用い、厚さ3cm以上の加熱アスファルト混合物層を施工する工法。オーバーレイ箇所に局部的な不良箇所が含まれる場合は、事前に局部打換えを行うとよい。

わだち部オーバーレイ工法	既設舗装のわだち掘れ部のみを、加熱アスファルト混合物で施工する工法で、主に摩耗等によってすり減った部分を補うものであり、流動によって生じたわだち掘れ箇所には適さない。
切削工法	路面が連続的あるいは断続的に凹凸が発生して平たん性が極端に悪くなった場合などに、路面の凸部等を切削除去し、不陸や段差を解消する工法である。オーバーレイ工法や表面処理工法の事前処理として行われることも多い。
表面処理工法	瀝青路面処理の表層として、あるいは舗装の寿命を延ばすために行う予防的維持工法として用いられ、既設舗装の上に、加熱アスファルト混合物以外の材料を使用して、3 cm 未満の封かん層を設ける工法である。

3 補修工法選定の留意点

①流動性によるわだち掘れは、その原因となっている層を除去する表層・基層の打換え工法を選択する。

②ひび割れの程度が大きい場合は、路床、路盤の破損の可能性が大きいので、オーバーレイ工法より打換え工法を選択することが望ましい。

③アスファルト舗装道路の補修工法の選定において、路面のたわみが大きい場合は、路床、路盤に破損が生じている可能性があり、これらを開削して調査し、その原因を把握したうえで工法の選定を行う。路床、路盤が破損している場合には、打換え工法を選択することが望ましい。

④オーバーレイの厚さは、沿道条件などから、最大で 15 cm 程度とする。これ以上厚さが必要となる場合には、他の工法を検討する。

☑ 頻出項目をチェック！

1 ☐ **プライムコートは、路盤の上にアスファルト混合物を施工する場合に、路盤とアスファルト混合物のなじみをよくする。**

プライムコートには、アスファルト乳剤 (PK-3) を使用し、散布量は一般に 1 ～ 2L/m² が標準である。

2 ☐ タックコートは、舗設するアスファルト混合物層とその下の<u>舗装面</u>との接着や<u>施工継目部</u>の付着をよくするために行う。

タックコートには、<u>アスファルト乳剤</u>（PK-4）を使用し、散布量は一般に <u>0.3 ～ 0.6L/m²</u> が標準である。

3 ☐ アスファルト混合物の敷均し時の温度は、アスファルトの粘度にもよるが、<u>110℃を下回らない</u>ようにする。

敷均し作業中に雨が降り始めた場合には、敷均し作業を<u>中止</u>するとともに、敷均し済みの混合物を速やかに締め固めて仕上げる。

4 ☐ アスファルト舗装の締固め作業は、<u>継目</u>転圧→<u>初</u>転圧→<u>二次</u>転圧→<u>仕上げ</u>転圧の順序で行う。

一般に初転圧は<u>ロードローラ</u>、二次転圧には<u>タイヤローラ</u>または<u>振動ローラ</u>、仕上げ転圧には<u>タイヤローラ</u>を用いる。

5 ☐ アスファルト混合物の<u>初転圧</u>は、一般に横断勾配の<u>低い</u>方から<u>高い</u>方へ向かい、順次幅寄せしながら<u>低速</u>かつ<u>一定</u>の速度で転圧する。

アスファルト混合物の初転圧は、一般に 10 ～ 12t の<u>ロードローラ</u>で 2 回（1 往復）程度行う。ローラへの混合物の付着防止は、少量の<u>水</u>、<u>切削油乳剤</u>の希釈液、または<u>軽油</u>などを噴霧器で薄く塗布する。

6 ☐ 二次転圧は、一般に 8 ～ 20t の<u>タイヤローラ</u>または 6 ～ 10t の<u>振動ローラ</u>で行う。

二次転圧終了温度は、一般に <u>70</u> ～ <u>90</u>℃である。

7 ☐ 仕上げ転圧は、<u>タイヤローラ</u>あるいは<u>ロードローラ</u>で 2 回（1 往復）程度行う。

二次転圧に振動ローラを使用した場合は、仕上げ転圧に<u>タイヤローラ</u>を用いることが望ましい。

8 ☐ 切削工法は、路面の<u>凸部</u>などを切削し、<u>不陸</u>や<u>段差</u>を解消する工法である。

わだち部オーバーレイ工法は、既設舗装の<u>わだち掘れ部</u>のみを、加熱アスファルト混合物で施工する工法である。

基層面など既舗装面上に舗装する場合は、付着をよくするために散布するタックコートの散布量は一般に ~~1~2 L/m²~~ である。

基層面など既舗装面上に舗装する場合は、付着をよくするために散布するタックコートの散布量は一般に 0.3 ～ 0.6 L/m² である。

二次転圧の終了温度は、一般に ~~50℃~~ である。

二次転圧の終了温度は、一般に 70 ～ 90 ℃である。

わだち部オーバレイ工法は、流動によって生じたわだち掘れ箇所に ~~用いられる~~。

わだち部オーバレイ工法は、摩耗等によってすり減った部分を補うものであり、流動によって生じたわだち掘れ箇所には適さない。

 用　語

瀝青
アスファルト、タール、ピッチなどの総称。

ヘアクラック
細かいひび割れ。

ポットホール
アスファルトの劣化によって生じる穴。

Lesson 03 　重要度 ★★★

コンクリート舗装工事

一次

学習のポイント

- 普通コンクリート版の施工を理解する。
- 目地の施工を理解する。

3-1　コンクリート舗装

1　コンクリート舗装の種類

標準的に用いられているコンクリート舗装には、普通コンクリート舗装、連続鉄筋コンクリート舗装、転圧コンクリート舗装があり、場合によっては、工場製品を用いるプレキャストコンクリート舗装があります。舗装用コンクリートのコンクリート版の厚さは、15 〜 30 cm 程度です。

1 普通コンクリート舗装の施工

普通コンクリート舗装は、フレッシュコンクリートを振動締固めにより締め固めてコンクリート版とするものです。通常の場合、荷重伝達を図るためダウエルバーを用いた横収縮目地と膨張目地を設置し、ダイバーを用いた縦目地も設けます。また、普通コンクリート舗装には、原則として鉄網および縁部補強鉄筋を使用します。

2 連続鉄筋コンクリート舗装

連続鉄筋コンクリート舗装は、舗設箇所において、横方向鉄筋上に縦方向鉄筋をあらかじめ連続的に設置しておき、フレッシュコンクリートを振動締固めにより締め固めてコンクリート版とするものです。横収縮目地をまったく設けない構造であり、これによって発生する横ひび割れを連続した縦方向鉄筋で分散させます。

3 転圧コンクリート舗装

転圧コンクリート舗装は、単位水量の少ない硬練りコンクリートを、アスファルト舗装用の舗設機械を使用して敷き均し、転圧して

締め固めたコンクリート版を用いた舗装です。転圧コンクリート版には、一般に横収縮目地、膨張目地および縦目地等を設置します。

4 プレキャストコンクリート舗装

プレキャストコンクリート舗装は、あらかじめ工場で製作しておいたプレキャストコンクリート版を路盤上に敷設し、必要に応じて相互のコンクリート版をバー等で結合して築造するコンクリート舗装です。プレキャストコンクリート版には、PC 版や RC 版があります。

2 普通コンクリート版の施工

1 運搬

一般に、スランプ 5 cm 未満の硬練りコンクリートおよび転圧コンクリートの運搬はダンプトラックで行い、スランプ 5 cm 以上のコンクリートの運搬はアジテータトラックで行います。

コンクリートの練混ぜから、舗装開始までの時間の限度の目安は、ダンプトラックの運搬で約 1 時間以内、アジテータトラックによる運搬で約 1.5 時間以内とします。

スランプによって運搬車両と時間が違うことに気をつけよう！

2 敷均し・締固め

敷均しは敷均し機（スプレッダ）を用いて行い、鉄網を用いる場合は 2 層で、鉄網を用いない場合は 1 層で行います。全体ができるだけ均等な密度になるように適切な余盛りを付けて行います。

鉄網および縁部補強鉄筋は、下層のコンクリートを敷き均した後、コンクリート版の上面から 1/3 の深さを目標に設置します。

鉄網の継手はすべて重ね継手手法とし、焼きなまし鉄線で結束します。縁部補強鉄筋も、所定の位置に焼きなまし鉄筋で鉄網と結束

します。

　コンクリートの締固めは、一般的には鉄網の有無にかかわらず、1層で行います。

3 仕上げ

　締固め後のコンクリートの表面仕上げは、荒仕上げ→平坦仕上げ→粗面仕上げの順に行います。

3　目地の施工

　コンクリート舗装の普通コンクリート版には、膨張、収縮、そり等をある程度自由に起こさせることによって、応力を軽減する目的で目地を設けます。普通コンクリート版の目地は、設ける場所により、横目地、縦目地に分類され、目地の働きによって横目地は収縮目地、伸縮目地に、縦目地はそり目地、伸縮目地に分類されます。

1 横収縮目地（ダミー目地）

　コンクリート版は施工後収縮します。連続した版では無計画にひび割れが生じてしまいます。このため下の図に示すように、ダウエルバーを中心に、所要の深さ、幅でコンクリートに目地溝をカッタで切り込んでおきます。これを横収縮目地(ダミー目地)といいます。

　鉄網および縁部補強鉄筋を用いる場合の横収縮目地間隔は、版厚に応じて8mまたは10mとします。

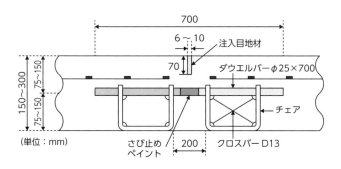

横収縮目地（ダミー目地）の構造例

2 横伸縮目地（横膨張目地）

　コンクリート版は、温度変化や交通荷重の作用によって、わずかに伸縮が繰り返されています。このため、図に示すように、コンクリート版を完全に区切った変形自由な目地を挿入します。これだけでは版相互の力の伝達ができないため、目地をまたいでダウエルバーを挿入し、一端可動構造として、自由に伸縮させたものを横伸縮目地（横膨張目地）といいます。

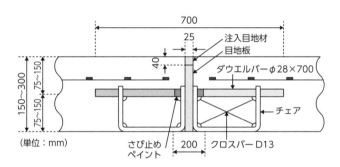

横伸縮目地（横膨張目地）の構造例

目地の施工方法を覚えよう！

---

4 コンクリート舗装版の養生

　養生は、表面仕上げした直後から、表面を荒らさずに養生作業ができる程度に、コンクリートが硬化するまで行う初期養生と、初期養生に引き続き、コンクリートの硬化を十分行わせるために、水分の蒸発や急激な温度変化等を防ぐ目的で、一定の期間、散水などをして湿潤状態に保つ後期養生があります。

　養生期間を供試体によって定める場合は、その期間は、現場養生を行った供試体の曲げ強度が配合強度の70％以上になるまでとします。

1 初期養生

①初期養生は、コンクリート版の表面仕上げに続けて行い、後期養

生ができるまでの間のコンクリート表面の急激な乾燥を防止するために行う。

②一般に、舗設したコンクリート表面に養生剤を噴霧散布する方法で行われる。コンクリート表面の養生剤には、被膜型と浸透型がある。

③コンクリート舗設中に気温が高い時や、強風時など、コンクリート版の初期ひび割れ発生を防止するためには、通常よりも養生の開始時期を早めるなどの対策を取る。

2 後期養生

①後期養生は、養生マットなどを用いてコンクリート版の表面をすき間なく覆い、完全に湿潤状態になるように散水する。

②後期養生は初期養生より養生効果が大きいので、後期養生ができるようになったら、なるべく早く実施する。

③養生期間中は、車両等の荷重が加わらないようにする。

コンクリート舗装でも、普通のコンクリートの養生と同じだよ。

頻出項目をチェック！

1 □ 普通コンクリート舗装には、原則として鉄網および縁部補強鉄筋を使用する。

連続鉄筋コンクリート舗装は、横収縮目地をまったく設けない構造である。

2 □ 転圧コンクリート舗装は、単位水量の少ない硬練りコンクリートを、アスファルト舗装用の舗設機械を使用して敷き均し、転圧締固めたコンクリート版を用いた舗装である。

プレキャストコンクリート舗装に用いるプレキャストコンクリート版には、PC版やRC版がある。

3 ☐ コンクリートの練混ぜから、舗装開始までの時間の限度の目安は、ダンプトラックの運搬で約 1 時間、アジテータトラックによる運搬で約 1.5 時間以内とする。

締固め後のコンクリートの表面仕上げは、荒仕上げ→平坦仕上げ→粗面仕上げの順に行う。

4 ☐ 横収縮目地（ダミー目地）は、ダウエルバーを中心に、所要の深さ、幅でコンクリートに目地溝をカッタで切り込んだものである。

鉄網および縁部補強鉄筋を用いる場合の横収縮目地間隔は、版厚に応じて 8m または 10m とする。

5 ☐ コンクリート舗装版の初期養生は、後期養生ができるまでの間、コンクリート表面の急激な乾燥を防止するために行う。

気温が高い時や、強風時などは、コンクリート版の初期ひび割れが発生するため、通常よりも養生の開始時期を早めるなどの対策を取る。

⚠ こんな選択肢は誤り！

鉄網をコンクリート版に設置する場合、一般にその継手には溶接継手が用いられる。

鉄網をコンクリート版に設置する場合、その継手には重ね継手が用いられ、焼きなまし鉄線で結束する。

鉄網及び縁部補強鉄筋を設置する場合は、その深さはコンクリート版の上面から 2/3 の深さを目標に設置する。

鉄網及び縁部補強鉄筋を設置する場合は、その深さはコンクリート版の上面から 1/3 の深さを目標に設置する。

演 習 問 題

....

道路の路床・路盤

....

道路・舗装 1 アスファルト舗装道路の下層路盤の施工に関する次の記述のうち，**適当でないもの**はどれか。

(1) 下層路盤材料は，一般的に施工現場近くで経済的に入手できるものを選択し，品質規格を満足するものを用いる。

(2) セメント安定処理工法に用いるセメントは，ポルトランドセメント，高炉セメントなどいずれを用いてもよい。

(3) 粒状路盤の転圧は，材料分離に注意し一般にモーターグレーダとタイヤローラを用いて行う。

(4) 石灰安定処理工法における強度の発現は，セメント安定処理工法に比べて遅いが長期的には耐久性及び安定性が期待できる。

答え (3)

転圧には、一般にロードローラとタイヤローラを用います。

....

道路の路床・路盤

....

道路・舗装 2 道路のアスファルト舗装における路床，路盤の施工に関する次の記述のうち，**適当でないもの**はどれか。

(1) 路床盛土の一層の仕上り厚さは，20 cm 以下とする。

(2) 下層路盤の粒度調整工の一層の仕上り厚さは，20 cm 以下とする。

(3) 上層路盤の加熱アスファルト安定処理工の一層の仕上り厚さは，30 cm 以下とする。

(4) 下層路盤のセメント安定処理工の一層の仕上り厚さは，15 〜 30 cm とする。

答え (3)

上層路盤の加熱アスファルト安定処理の、一般工法の仕上り厚さは10cm 以下です。

道路・舗装3 道路のアスファルト舗装のプライムコート及びタックコートの施工に関する次の記述のうち，**適当でないもの**はどれか。

(1) プライムコートは，新たに舗設する混合物層とその下層の瀝青安定処理層，中間層，基層との接着をよくするために行う。

(2) プライムコートには，通常，アスファルト乳剤（PK-3）を用いて，散布量は一般に $1 \sim 2L/m^2$ が標準である。

(3) タックコートの施工で急速施工の場合，瀝青材料散布後の養生時間を短縮するため，ロードヒータにより路面を加熱する方法を採ることがある。

(4) タックコートには，通常，アスファルト乳剤（PK-4）を用いて，散布量は一般に $0.3 \sim 0.6L/m^2$ が標準である。

答え (1)

プライムコートは、路盤とアスファルト混合物のなじみをよくするために散布します。

アスファルト舗装修繕

道路・舗装4 アスファルト舗装道路の補修工法に関する次の記述のうち，**適当でないもの**はどれか。

(1) パッチングは，既設舗装のわだち掘れ部を加熱アスファルト混合物で舗設する工法である。

(2) 切削工法は，路面の凸部などを切削除去し不陸や段差を解消する工法で，オーバーレイ工法や表面処理工法などの事前処理として行われることが多い。

(3) オーバーレイ工法は，舗装表面にひび割れが多く発生するなど，応急的な補修では近い将来に全面的な破損にまで及ぶと考えられる場合などに行う。

(4) 打換え工法は，舗装の破損がきわめて著しい場合やオーバーレイなどの補修が不適当な場合などに行う。

答え (1)

パッチングは、舗装の段差、局部的なくぼみ、ポットホールなどにアスファルト混合物を応急的に充填する工法です。記述は、わだち部オーバーレイ工法の説明です。

....
コンクリート舗装
....

道路・舗装5 普通コンクリート舗装のコンクリート敷均し後の施工手順として次のうち，**適当なもの**はどれか。

- （イ）締固め
- （ロ）荒仕上げ
- （ハ）粗面仕上げ
- （ニ）平たん仕上げ

- (1) （イ）→ （ロ）→ （ハ）→ （ニ）
- (2) （イ）→ （ロ）→ （ニ）→ （ハ）
- (3) （ロ）→ （イ）→ （ニ）→ （ハ）
- (4) （ロ）→ （イ）→ （ハ）→ （ニ）

答え (2)

コンクリート敷均し後の施工手順は、締固め→荒仕上げ→平たん仕上げ→粗面仕上げの順に行います。

ゴロ合わせで覚えよう！ ▶ 表面仕上げの順序

あら、
（荒仕上げ）

平たい
（平たん仕上げ）

そう麺
（粗面仕上）

コンクリートの表面仕上げは、荒仕上げ、平たん仕上げ、粗面仕上げの順に行う。

重要度 ★★☆

ダム工事

学習のポイント

一次

● ダムの掘削と基面処理を理解する。
● コンクリートダムの施工を理解する。
● RCD 工法の特徴を理解する。

1-1 ダムの種類

　ダムは、堤体材料などから、コンクリートダムとフィルダムに分類されます。

　コンクリートダムは、無筋コンクリート、鉄筋コンクリートからなり、ダムサイトの地形・地質により形式が選定されます。

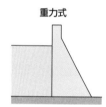

重力式 　　　　中空重力式 　　　　アーチ式

コンクリートダム

　フィルダムは、ダム本体の材料が土砂および岩石、砂利などからなるダムで、ダムサイトの地形・地質、ダム高および付近から得られる材料により形式が選定されます。

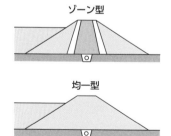
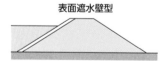

ゾーン型 　　　　　　　　　　　　表面遮水壁型

均一型

フィルダム

1-2　基礎掘削および基礎処理

1　転流工

　転流工は、ダム本体の工事区域をドライにするため、河川水を一時的に迂回させる構造物であり、対象とする水量やダムサイト付近の地形から、基礎岩盤内にバイパストンネルを掘削し、仮排水路を設けて処理する方式が多く用いられます。

2　掘削

　ダム基礎地盤の掘削は、大量の土や岩を短期的に掘削することが要求される一方で、掘削計画面付近の基礎地盤に損傷を与えないようにする必要があります。最近では多くの長所を持つベンチカット工法が主流を占めています。

　掘削計画面付近は仕上げ掘削として一般に掘削計画面までの0.5m程度を残し、基礎地盤に損傷を与えないように火薬は使わず、人力やブレーカー等による丁寧な掘削を行い、スムーズに仕上げる必要があります。

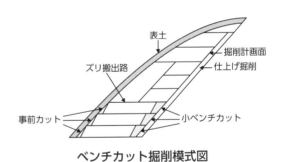

ベンチカット掘削模式図

3　グラウチング

　ダム基礎の処理として最も一般的に行われるのがグラウチングです。グラウチングは、ダムの基礎地盤の遮水性の改良と弱部の補強を目的として行われるものであり、セメントを主材料とするセメントグラウトが最も一般的な方法です。

ダム工事

Lesson 01

1-3　コンクリートダムの施工

1　ダムコンクリートの基本的性質

　ダムコンクリートの配合は、所要の強度、単位重量、耐久性、水密性を持ち、温度その他による体積変化が少なく、かつ、作業に適したワーカビリティーを持つように決めることが原則です。ダムコンクリートの基本的性質は以下のとおりです。

①コンクリートの温度変化による容積変化は小さいこと。

②構造の安全性と貯水機能を保持するための耐久性が大きいこと。

③ダムの貯水機能を確保するために必要な水密性が大きいこと。

④温度ひび割れを防止するため、発熱量が小さい配合のセメントを使用する。

2　ダムコンクリートの配合

　ダムコンクリートのセメントとして、発熱量の小さい中庸熱ポルトランドセメント、フライアッシュセメント等を用い、作業に適するワーカビリティーが得られる範囲で、単位セメント量をできるだけ少なくします。

　粗骨材の最大寸法は、寸法が大きいほど、単位水量を少なくでき、水和熱による温度上昇を抑制することができます。

3　打設工法

　コンクリートダムの打設方法には、大きく分けて柱状工法と面状工法があります。

1　柱状工法

　柱状工法は、ブロック内のコンクリートを少なくし、コンクリート硬化時の発熱・膨張と、その後の冷却に伴うひび割れを防止するため、一定のブロック割りで隣接リフトとの差をつける工法です。コンクリートの打設を連続して大量に行うことは困難です。

a) ブロック工法

ブロック工法は、横目地、縦目地を設け、リフトに高低差をつけて仕上げていく工法です。

b) レヤー工法

縦目地を設けず横目地だけ設け、リフトに高低差をつけて仕上げていく工法です。

2 面状工法

面状工法は、数ブロックを一度に打設する RCD（Roller Compacted Dam-Concrete）工法、拡張レヤー工法に分類されます。1リフト差のみで仕上げていく工法なので、コンクリートの打設は連続的に大量に行います。

4 打設

①バケットからのコンクリート打設高さは 1.5 m 以内の高さで行う。
②コンクリートの温度は所定の温度（5 ～ 25℃）で打ち込む。
③コンクリートを一度に連続して打設するリフト高さは、柱状工法（ブロック工法）では 1.5 m、2.0 m である。
④コンクリートの締固めは、ブロック工法ではバイブロドーザなどの内部振動機を用い、RCD 工法では振動ローラが一般に用いられる。

5 養生

コンクリート打設後の養生は、夏季の場合は散水養生とし、型枠も散水して放熱に心がけます。越冬季の養生は、型枠ごとに保温マットあるいは保温シートで覆います。

コンクリートの温度上昇を抑えるために、パイプクーリング、流水養生、型枠への散水を行います。RCD 工法ではパイプクーリングを行いません。

1 グリーンカット

　水平打ち継目に生じたレイタンスは、コンクリートが完全に硬化する前に、圧力水や電動ブラシなどを用いて除去（グリーンカット）しなければなりません。その後、十分な付着強度と水密性を確保するため、モルタルを敷き込みます。モルタルの敷込み厚さは 1.5 cm を標準とします。

2 収縮目地

　コンクリートに有害な温度ひび割れが発生しないように、ダム軸と直角方向に、適切な間隔で収縮目地を設置します。一般に横目地の間隔を 15 m 程度とすることで、有害なひび割れを防止できます。

1-4　RCD 工法の施工

　RCD 工法は面状工法の 1 つであり、ゼロ・スランプの貧配合コンクリートを使用することから、以下の特徴があります。

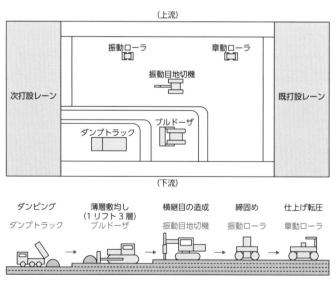

RCD 工法によるコンクリート打設の概要

①コンクリートを1回に連続して打設するリフト高さは、0.75〜1.0mで施工する。

②コンクリートの運搬には、一般的に堤体上をダンプトラックによって行う。

③コンクリートの敷均しは、1リフトを何層かに分けてブルドーザなどを用いて薄層に敷き均す。

④コンクリートの締固めは、超硬練りコンクリートであるため、振動ローラで締め固める。

⑤コンクリートの横継目は、敷均し後に振動目地切機などを使って設置する。横目地はダム軸に対して直角方向に設け、間隔は15mを標準とする。

⑥コンクリート内の初期温度を規制するために、コンクリート材料を冷却するプレクーリングを行う。

頻出項目をチェック！

1 ☐ **ダム基礎地盤の掘削では、ベンチカット工法が主流を占めている。**

ダムの基礎地盤の遮水性の改良と弱部の補強を目的として、最も一般的にグラウチングが行われる。

2 ☐ **ダムコンクリートには、温度ひび割れを防止するため、発熱量が小さい中庸熱ポルトランドセメント、フライアッシュセメント等を使用する。**

また、粗骨材の寸法が大きいほど、単位水量を少なくでき、水和熱による温度上昇を抑制する。

3 ☐ **コンクリートダムの打設工法には、大きく分けて柱状工法と面状工法がある。**

ひび割れを防止するため、ブロック割りで施工するブロック工法は柱状工法、数ブロックを一度に打設するRCD工法は面状工法である。面状工法では、コンクリートの打設は連続的に大量に行う。

4 ☐ コンクリートの締固めは、ブロック工法ではバイブロドーザなどの内部振動機を用い、RCD 工法では振動ローラが一般的に用いられる。

RCD 工法は、コンクリートの運搬にダンプトラックなどを用い、ブルドーザで敷き均し、振動ローラで締め固めるものである。

5 ☐ 水平打継目に生じたレイタンスは、完全に硬化する前に、圧力水や電動ブラシなどを用いて除去する。

また、温度ひび割れが発生しないように、ダム軸と直角方向に、適切な間隔で収縮目地を設置し、一般に横目地の間隔を 15m 程度とする。

RCD工法では、コンクリートの締固めは、バイブロドーザなどの内部振動機で締め固める。

ブロック工法では、コンクリートの締固めは、バイブロドーザなどの内部振動機で締め固める。

コンクリートの水平打継目に生じたレイタンスは、完全に硬化後、新たなコンクリートの打込み前に圧力水や電動ブラシなどで除去する。

コンクリートの水平打継目に生じたレイタンスは、完全に硬化する前に、圧力水や電動ブラシなどで除去する。

RCD 工法での横継目は、一般にダム軸に対して直角方向には設置しない。

RCD 工法での横継目は、一般にダム軸に対して直角方向に設置する。

重要度 ★★☆

トンネル工事

学習のポイント

一次

● 山岳トンネルの掘削工法の断面形状と地山の関係を理解する。
● 山岳トンネルの掘削方法を理解する。
● 山岳トンネルの支保工の各種施工方法を理解する。

2-1　山岳トンネルの掘削工法

　山岳トンネル工法は、発破や機械により掘削したのち、その後方に吹付けコンクリート、ロックボルト、鋼製支保工を設置し、最後にコンクリートによる覆工を打設するものです。掘削にあたっては、断面の大きさや、形状、地山条件、工区延長ほかを総合的に検討して適切な掘削工法を計画します。

1　全断面工法

　全断面工法は、設計断面を一度に掘削するものであり、亀裂の少ない硬岩および中硬岩の安定した地山で採用される工法です。

2　ベンチカット工法

　ベンチカット工法は、一般にトンネル断面を上半断面と下半断面に分割し、切羽（きりは）の安定性を確保しながら交互に掘進する工法です。

3　導坑先進工法

　導坑先進工法は、掘削する地質が悪い場合には、できるだけ小断面で掘り進み、トンネル断面内に導坑を先進させた後、上半および下半の切拡げを追随させる工法です。地質が複雑な地山や、湧水に対する水抜き、切羽の安定性を高めるための断面分割などが必要となる特殊な地山で採用されます。大型機械の使用は困難であり、作業能率は劣ります。

　地質の確認と合わせて地下水を排除し、地山強度をできるだけ向上さ

せるために用いられる工法です。

標準的な掘削工法の分類と特徴

掘削方式		加背割	地山条件等
全断面工法			・小断面トンネルにおける一般的な方法であるが、中断面では比較的安定した地山、大断面では、きわめて安定した地山に適する。 ・トンネルの全長が単一工法で施工可能とは限らないので、補助ベンチ等の施工法の変更体制が必要。
ベンチカット工法	ロングベンチ工法		・全断面では施工が困難であるが、比較的安定した地山の場合に適用する。 ・上半・下半を交互に掘削する交互掘進方式の場合、機械設備、作業員が少なくてすむが、工期がかかる。
	ショートベンチ工法		・土砂地山、膨張性地山から中硬岩地山まで適用できる工法。最も基本的かつ一般的な施工法で、地山の変化に対応しやすい。 ・同時併進の場合には上・下半の作業時間サイクルのバランスがとりにくい。
	ミニベンチ工法		・ショートベンチ工法の場合よりさらに内空変位を制御する必要がある場合や、膨張性地山等で早期の閉合を必要とする場合に適する。 ・インバートの早期閉合がしやすい。 ・上半施工用の架台が必要となり、掘削に用いる施工機械が限定されやすい。
	多段ベンチ工法		・縦長の大断面トンネルで比較的良好な地山に適用されることが多い。 ・切羽の安全が確保しやすい。 ・閉合時期が遅れると不良地山では変形が大きくなる。 ・各ベンチの長さが限定され、作業スペースが狭くなる。

導坑先進工法

掘削方式	加背割	地山条件等
導坑先進工法 — 側壁導坑先進工法		・地盤支持力の不足する地山であらかじめ十分な支持力を確保したうえ、上半部の掘削を行う必要がある場合に適する。 ・偏圧、地すべり等の懸念される土被りの小さい軟岩や土砂地山に適する。 ・導坑断面の一部を比較的マッシブな側壁コンクリートとして先行施工するため、支持力が期待できるとともに、偏圧に対する抵抗力も高い。 ・導坑掘削に用いる施工機械が小さくなる。 ・導坑掘削時に上方の地山を緩ませることが懸念される。
底設導坑先進工法		・地下水位低下工法を必要とするような地山。 ・導坑を先行することにより地質の確認ができる。 ・切上りを行うことによって切羽を増やし、工期の短縮が可能。 ・各切羽のサイクルのバランスがとりにくい。 ・施工機械が多種多様になる。
ＴＢＭ先進工法		・地質確認や水抜き効果等を期待してTBMによる導坑を先進する場合に適する。 ・発破工法の場合、心抜きがいらないため、振動・騒音対策にもなる。 ・導坑位置によっては、あらかじめ地下水位低下を図ることが可能。 ・導坑を先行することにより地質の確認ができる。 ・地質が比較的安定していないと、TBM掘削に時間がかかる。

ゴロ合わせで覚えよう！ ▶ ベンチカット工法のベンチ長

小さなベンチは、数名掛け、
（ミニベンチ）　　（数m）

短いベンチは、30名掛け、
（ショートベンチ）　（30m）

長いベンチは、100名掛け
（ロングベンチ）　（100m）

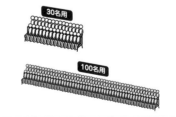

ベンチカット工法のベンチ長は、ミニベンチカット工法が数m程度、ショートベンチカット工法が30m程度、ロングベンチカット工法が100m程度である。

1 機械掘削

　トンネルの掘削機械には、ブーム掘削機、ショベル掘削機、油圧ブレーカー等の自由断面掘削機と、TBM 等の全断面掘削機があります。全断面掘機は、余掘りが少なくすみます。機械掘削は、発破掘削に比べ、地山を緩めることが少なく、地質条件に適合すれば効率的な掘削が可能となります。また、騒音、振動も比較的少ないので、環境保全上、発破掘削を採用できない都市部のトンネルで多く用いられています。

施工断面と掘削機械の組合せ

比較的強度の低い地山の下半部掘削……バックホウ
軟岩地山の自由断面掘削………………ブーム掘削機
硬岩地山の全断面掘削…………………トンネルボーリングマシン（TBM）

2 発破掘削

　発破掘削は、爆薬で地山を破砕掘削するもので、硬岩、中硬岩地山において最も効率がよく、軟岩地山まで幅広く用いられます。切羽の中心の一部を先に爆破し、新しい自由面（爆薬が発破孔内で爆発すれば、岩石を投げ出す面があり、この面を自由面という）を次の爆破に利用します。発破掘削では、発破孔の穿孔に削岩機を複数台移動台車に搭載したドリルジャンボが一般に使われます。

3 ずり運搬

　ずり（掘り崩した土）の運搬方式には、タイヤ方式とレール方式が一般に採用されています。タイヤ方式は、ダンプトラック等の車両により、積替えすることなく坑内と坑外を運搬できるので、レール方式に比べて坑内および坑外の仮設備が簡単であり、トンネル勾配による制限も少なく（通常 15％程度まで）、比較的大きい断面のトンネルに適しています。
　レール方式は、坑道に軌道を設け、蓄電池式機関車で車両をけん引して運搬する方式です。トンネルの規模、地質等に制約されませんが、トンネルの勾配に制約されます。

2-3　山岳トンネルの支保工

　トンネルの支保構造部材のうち、吹付けコンクリート、ロックボルトおよび鋼製支保工を総称して支保工と呼びます。

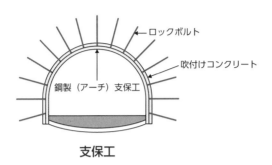

支保工

1　支保工の施工

　支保工の施工は、周辺地盤を安定させることを目的とするため、周辺地山の有する支保機能が早期に発揮されるよう、掘削後速やかに行うとともに、支保工と地山とを密着あるいは一体化させます。

　鋼製（アーチ）支保工は、建込みと同時にその機能を発揮できるため、吹付けコンクリートの強度が発現するまでの早期において切羽の安定化を図ることができます。また、鋼製支保工は、吹付けコンクリート等と一体となって地山に密着し、トンネルの安定化を図ることができます。

　施工中に支保工の異常が生じた場合は、速やかに補強を行います。そのためには、当初設計で想定した以外の事態にも対処できるよう、異常が生じた場合の対策をあらかじめ検討しておき、必要に応じて補強のための資材を準備しておきます。

2　吹付けコンクリート

　吹付けコンクリートの吹付けは、地山応力が円滑に伝達されるように、地山の凹凸を埋めるように行います。また、地山応力を鋼製支保工に均等に伝達するため、鋼製支保工の背面に空隙を残さないように念入りに吹き付けるとともに、後続の防水シート取付け作業における破損防止のため、吹付け面をできるだけ平滑に仕上げます。

吹付けコンクリートは、ノズルから吐出される材料が、掘削面に直角に吹き付けられた場合が、最も圧縮され、付着性もよくなります。ノズルと吹付け面の距離は、衝突速度と付着密度とが最適な状態となるようにしなければならず、現在では 2 m 程度が最適とされています。

3 ロックボルト

　ロックボルト孔の穿孔後は、ロックボルトの円滑な挿入と所定の定着力の確保を図るため、ボルト挿入前にくり粉（穿孔によって生じたコンクリートの粉）が残らないよう清掃します。

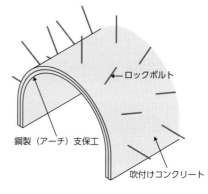

ロックボルト

　ロックボルトの構成部品であるベアリングプレートおよびナットは、施工に当たっては、ロックボルトの軸力をトンネル壁面に十分伝達できることを確認します。

　ロックボルトは、孔内に定着材が充填され、ロックボルトと地山との間に十分な定着力が確保される必要があります。施工に当たっては、穿孔、定着材の混合、充填などを確認することが重要です。

4 鋼製支保工

　鋼製支保工は、トンネル壁面に沿って H 形鋼等をアーチ状に設置する支保部材であり、建込みと同時にその機能を発揮できるため、吹付けコンクリートの強度が発現するまでの早期において地山の安定化が図られます。施工に当たっては、鋼製支保工と吹付けコンクリート等が一体になって地山に密着するよう、注意して吹き付けることにより、トンネルの安定化が図られます。

2-4 トンネルの覆工

1 覆工コンクリートの打設

　トンネル覆工とは、トンネルのアーチ、側壁部とインバートを総称していいます。

①覆工には、一般的に無筋コンクリートを用いる。ただし、土被り（どかぶり）の小さな土砂トンネル、坑口部などの覆工では、将来の荷重の変化や状況の変化に備えるため、あるいは偏土圧や水圧に対処するために鉄筋等で補強する場合もある。

②覆工の施工時期は、掘削後計測により内空変位が収束したことを確認した後に施工することを原則とする。

③膨張性地山や地山強度が小さい場合にはインバート先打ち方式とし、早期に全断面を閉合して周辺地山の緩みを最小限にとどめる。

☑ 頻出項目をチェック！

1 ☐ **全断面工法は、設計断面を一度に掘削する工法で、亀裂の少ない硬岩および中硬岩の安定した地山で採用される。**

一方、ベンチカット工法は、トンネル断面を上半断面と下半断面に分割し、切羽の安定性を確保しながら交互に掘進する。

2 ☐ **導坑先進工法は、掘削する地質が悪い場合に、できるだけ小断面で掘り進み、トンネル断面内に導坑を先進させた後、上半および下半の切拡げを追随させる工法である。**

導坑先進工法では、大型機械の使用は困難であり、作業能率は劣る。

3 ☐ **機械掘削は、騒音、振動も比較的少なく、都市部のトンネルで多く用いられている。**

機械掘削で使う掘削機械には、ブーム掘削機、ショベル掘削機、油圧ブレーカー等の自由断面掘削機と、TBM等の全断面掘削機がある。

4 ☐ 発破掘削は、爆薬で地山を破砕掘削するもので、<u>硬岩、中硬岩地山</u>において最も効率がよく、<u>軟岩地山</u>まで幅広く用いられる。

発破掘削では、切羽の中心の一部を先に爆破し、新しい自由面を次の爆破に利用する。<u>ドリルジャンボ</u>が一般に使われる。

5 ☐ 鋼製支保工の施工に当たっては、鋼製支保工と吹付けコンクリート等が<u>一体</u>になって<u>地山に密着</u>するよう、注意して吹き付ける。

支保工の施工は、<u>周辺地盤</u>を安定させることを目的とし、<u>掘削後速やかに</u>行って、支保工と地山とを密着あるいは一体化させる。

⚠ こんな選択肢は誤り！

導坑先進工法は、地質が~~安定した~~地山で採用され、大型機械の使用~~が可能となり~~作業能率~~が高まる~~。

導坑先進工法は、地質が<u>悪い特殊な</u>地山で採用され、大型機械の使用<u>は困難</u>であり作業能率<u>は劣る</u>。

吹付けコンクリートは、地山の凹凸を残すように吹き付け、地山との付着を確実に確保する。

吹付けコンクリートは、地山の凹凸を<u>残さない</u>ように吹き付け、地山との付着を確実に確保する。

機械掘削は、ブーム掘削機やバックホウ及び大型ブレーカなどによる~~全断面掘削方式~~とトンネルボーリングマシンによる~~自由断面掘削方式~~に大別できる。

機械掘削は、ブーム掘削機やバックホウ及び大型ブレーカなどによる<u>自由断面掘削方式</u>とトンネルボーリングマシンによる<u>全断面掘削方式</u>に大別できる。

ダム

ダム・トン1 コンクリートダムの RCD 工法に関する次の記述のうち，**適当でないもの**はどれか。

(1) コンクリートの運搬には，一般にダンプトラックが使用される。
(2) コンクリートの敷均しは，ブルドーザなどを用いて行うのが一般的である。
(3) コンクリートの締固めは，バイブロドーザなどの内部振動機で締め固める。
(4) コンクリートの横継目は，敷均し後に振動目地切り機などを使って設置する。

答え (3)
RCD 工法では、コンクリートの締固めは、振動ローラを用います。

トンネル

ダム・トン2 トンネルの山岳工法による掘削に関する次の記述のうち，**適当でないもの**はどれか。

(1) ベンチカット工法は，一般にトンネルの断面を上半断面と下半断面に分割して掘進する工法である。
(2) 発破掘削は，地山が岩質である場合などに用いられ，切羽の中心の一部を先に爆破し，新しい自由面を次の爆破に利用する。
(3) 全断面工法は，トンネルの全断面を一度に掘削する工法で，大きな断面のトンネルや，軟弱な地山に用いられる。
(4) 全断面掘削機による機械掘削は，余掘りが少なくてすむなどの利点はあるが，一般に掘削断面が円形であるため断面変更が難しい。

答え (3)
全断面工法は亀裂の少ない硬岩および中硬岩の地山で採用される工法です。

重要度 ★★☆

海岸工事

学習のポイント

一次

● 海岸堤防の各種構造の特徴を理解する。

● 傾斜型海岸堤防の断面構造を理解する。

● 消波工の積み方による特徴を理解する。

1-1 海岸堤防の構造

海岸堤防の形式は、傾斜型、緩傾斜型、直立型、混成型に分けられます。

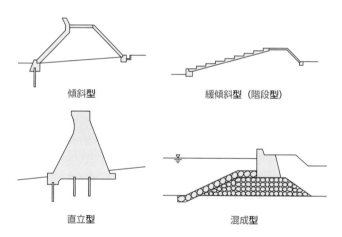

傾斜型　　　　　　　　　緩傾斜型（階段型）

直立型　　　　　　　　　混成型

1 傾斜型

傾斜型は堤防の前面勾配が1:1（1割）より緩やかな堤防をいいます。基礎地盤が比較的軟弱な場合や、堤防直前で砕波が起こる場合は、堤体が土砂構造、表面が石張り、コンクリートブロック張りの、重心が低い柔軟構造の傾斜堤が適しています。

2 緩傾斜型

傾斜型の中でも堤防全面の勾配が1:3（3割）より緩やかな堤防を緩傾斜型といい、海岸利用や親水性の要請が高い場合に適しています。

3 直立型

　直立型は堤防の前面の勾配が 1 : 1（1 割）より急な堤防をいいます。基礎地盤が比較的堅固な場合、堤防用地が容易に得られない場合には、直立堤が適しています。直立型は天端が狭く法面が急なため、その部分の利用は困難です。

4 混成型

　混成型は、傾斜型および直立型を生かして、水深が深く、比較的軟弱な基礎地盤上に、捨石の傾斜型構造の上にケーソンなどの直立型構造物を配置した構造です。

1-2　傾斜型海岸堤防の構造名称

　傾斜型海岸堤防の構造は以下のとおりです。

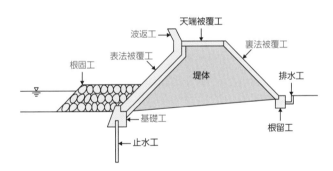

1 堤体

　堤防の内部は通常盛土で造られます。堤体盛土材はトラフィカビリティーを確保でき、十分締固めが可能な材料を使います。盛土材は、原則として、粘土質を含む砂質または砂礫質の土砂を用いて十分締め固めて築きます。海岸の砂などを使用する場合は、特に水締めを行います。

2 基礎工

　基礎工は表法被覆工を支えるコンクリート構造物です。

3 止水工

　止水工は、堤体の土砂の吸出しや円弧滑りを防止するものであり、通常、鋼矢板が用いられます。

4 根固工

　根固工は、表法被覆工の法先または基礎工の前面に設けられるもので、波浪による前面の洗掘を防止して、被覆工または基礎工を保護する必要がある場合、および堤体の滑動を防止する必要がある場合に設けます。単独に沈下や屈とうできるように被覆工や基礎工と絶縁しなければなりません。

　根固工は、屈とうと絶縁が重要だよ！

5 表法被覆工

　表法被覆工は、堤体前面を波圧から防護し、背後への越波を抑えるための鉄筋コンクリート壁です。海岸の砂などを使用する場合、特に水締めなどを行い、十分締固めを行えば使用できます。

6 波返工

　波返工は、波やしぶきが堤内川に入り込む量を減ずるために表法被覆工の頂部に設けられ、原則として１m以下と規定されています。波返工と表法被覆工は一体となるように堅固に取り付けます。

7 天端被覆工

　天端被覆工は、堤体を越波や打上げによる水塊の圧力に対して堤体を防護するものです。天端幅は原則として３m以上と規定され、陸側に２〜５％の片勾配を付けます。

8 裏法被覆工

　裏法被覆工は、雨や越波による水流から堤防背面の堤体を守るた

めのものです。高さ5m以上の場合や、高さ5m未満でも必要な
場合は、幅1.5m以上の小段を設けます。

9 根留工
ねどめ

　根留工は裏法被覆工の基礎を固めるためのものです。

10 排水工

　排水工は越波、しぶき、雨水により堤体からの流下水を排水しま
す。また、堤体内に入った海水の排水のためにも、排水工は裏法尻
に設けます。排水工を天端肩や裏法の途中に設けることは、越水し
た海水の落下点に相当し、構造上の弱点となると同時に役に立たな
いので設置しません。

> 傾斜型海岸堤防の構造名称は頻出だよ！
> しっかり覚えよう！

1-3　消波工

　消波工は、衝撃砕波圧の発生を回避し、波の打上げ高さを抑え、さら
に越波を防止あるいは低減するため、堤防・護岸の前に捨石あるいは消
波ブロックを設置します。

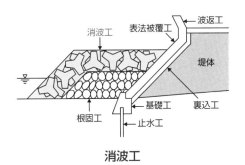

消波工

①異形コンクリートブロックの積み方・並べ方には「層積み」と「乱積み」の2種類があり、よくかみ合わせた場合には、空隙率や消波効果に大差はない。

②消波工の天端高は、一般に堤体直立部の天端高とほぼ同じ高さに合わせる。通常、消波工の天端幅は最低限2個並び、また厚さは2個積み以上とし、1：1.5の傾斜で据え付けることで、ブロックが不安定にならないようにする。

③消波工天端部の異形コンクリートブロックの施工は、極端な凹凸が生じないよう、所定断面内にブロックをかみ合わせよく据え付けることが大切である。

☑ 頻出項目をチェック！

1 ☐ **傾斜型は、堤防の前面勾配が1：1（1割）より緩やかな海岸堤防である。**

基礎地盤が比較的軟弱な場合や、堤防直前で砕波が起こる場合は、重心が低い柔軟構造の傾斜堤が適している。

2 ☐ **緩傾斜型は、傾斜型の中でも堤防全面の勾配が1：3（3割）より緩やかな海岸堤防である。**

緩傾斜型は、海岸利用や親水性の要請が高い場合に適している。

3 ☐ **直立型は、堤防の前面の勾配が1：1（1割）より急な海岸堤防である。**

直立型は、基礎地盤が比較的堅固な場合、堤防用地が容易に得られない場合に適している。

4 ☐ **混成型は、捨石の傾斜型構造の上にケーソンなどの直立型構造物を配置した構造の海岸堤防である。**

混成型は、水深が深く、比較的軟弱な基礎地盤上に、傾斜型および直立型を生かした構造をとる。

5 □ 消波工の異形コンクリートブロックの積み方には、「層積み」と「乱積み」がある。

異形コンクリートブロックをよくかみ合わせた場合には、「層積み」でも「乱積み」でも、空隙率や消波効果に大差はない。

 こんな選択肢は誤り！

緩傾斜堤は、堤防前面の法勾配が 1 : ~~3~~ より緩やかなものをいう。

緩傾斜堤は、堤防前面の法勾配が 1 : <u>3</u> より緩やかなものをいう。

親水性の要請が高い場合には、~~直立型~~が適している。

親水性の要請が高い場合には、<u>緩傾斜型</u>が適している。

層積みは、規則正しく配列する積み方で外観が美しいが、安定性が~~劣っている~~。

層積みは、規則正しく配列する積み方で外観が美しいが、安定性<u>も劣らない</u>。

 用 語

砕波
水深が浅くなり、波長と波高の比が限度を超えて、波形が前方に崩れる現象。

親水性
水に濡れやすい性質。

屈とう
しなやかにたわむこと。

海岸工事

Lesson 01

防波堤工事

─ 学習のポイント ─

一次

● 防波堤の種類と特徴を理解する。

● ケーソン式防波堤の施工手順と留意点を理解する。

● 根固めブロックの施工を理解する。

2-1　防波堤の種類と特徴

　防波堤は、港内の静穏を維持し、荷役の円滑化、船舶の航行・停泊の安全および港内施設の安全を図るために設けられる施設です。防波堤は構造様式により傾斜堤、直立堤、混成堤、消波混成堤に分類されます。

1　傾斜堤

　傾斜堤は、石やコンクリートブロックを台形型に捨て込んだもので、主として傾斜面で波のエネルギーを散逸させる施設です。傾斜堤は地盤の凹凸に関係なく、軟弱地盤にも適応でき、波による洗掘に対し比較的順応性があります。

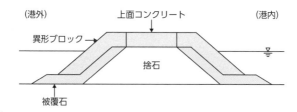

2　直立堤

　直立堤は、前面が鉛直である壁体を海底に据えた構造であり、主として波のエネルギーを反射させるものです。堤体の形式により「ケーソン式」「コンクリートブロック式」「セルラーブロック式」「コンクリート単塊式」があります。直立式は、波による洗掘のおそれがありますから海底地盤が堅固でないと適しません。

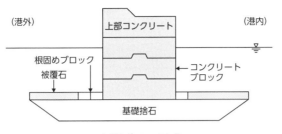

方塊ブロック式

3 混成堤

　混成堤は、捨石部の上に直立壁を設けたもので、波高に比べ捨石部の天端が浅いときには傾斜堤の機能に近く、深いときには直立堤の機能に近くなります。構造上、水深の深い場所、比較的軟弱な地盤に適します。

　混成堤は、石材とコンクリート資材の入手の容易さ、価格等を比較して捨石部と直立部の高さの割合を決めることにより、経済的な断面にすることができます。

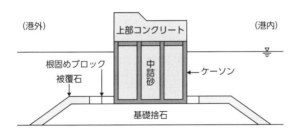

ゴロ合わせで覚えよう！ 防波堤の種類

日が傾いても、
（傾斜堤）

真っ直ぐ棒状に続く混雑のショー
（直立堤） （防波堤） （混成提）（消波混成堤）

港湾部分に施工されている防波堤には、主に傾斜堤、直立堤、混成堤、消波混成堤の4種類の形状が用いられている。

4 消波混成堤

消波混成堤は、混成堤の前面に異形コンクリート（消波）ブロックを積んだもので、ブロックで混成堤の直立部への波力の作用を減少させ、また、防波堤の前面海面での反射波の乱れを小さくするために設けられます。

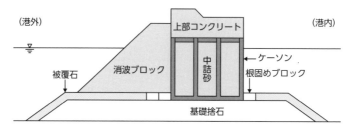

2-2 ケーソン式防波堤

ケーソン式防波堤は、水深と波が比較的大きい場所で、現場施工を比較的短期間に行うのに適しています。ケーソンは陸上ヤードや、ドライドックで製作され、進水後は引き船で仮置き場までえい航し、水を入れて沈めておくのが普通です。設置時に再浮上させて現場までえい航し、アンカーの操作により位置決めを行い、所定の精度が得られる位置で注水し沈設します。

1 ケーソンの構造

ケーソンの構造には、RC コンクリート製が最も一般的です。ケーソンは、えい航、浮上、沈設の作業に伴い、注水時の隔壁間の水頭差を小さくして調節しやすいように、一般にケーソン隔壁間には通水孔（導水孔）を設けます。

2 ケーソンの施工手順

1 えい航

一般に、陸上またはドック内で製作されたケーソンは、起重機船等により進水、浮上させ、事前に施工された基礎捨石工の場所まで

引き船でえい航し、据え付けます。

2 ケーソン仮置き

　ケーソン据付作業では、気象・海象に関する局地予測を行い、良好な据付作業日を選定しなければなりません。一般的には、えい航後据付けが困難となった場合は、仮置きマウンド上までえい航し、注水して沈めて仮置きします。

3 ケーソン据付け

　ケーソンの据付けは、起重機船や引き船などを併用し、ワイヤー操作により据付位置の海上面に係留します。据付作業は、ケーソン一次注水、据付位置の微調整、二次注水と、徐々に沈設させます。

4 ケーソン中詰め

　ケーソンは、壁・堤体を所定の位置に据え付けたのち、その安定を保つため設計上定められた単位体積重量を満足する材料で、直ちに中詰め施工を実施します。一般に、中詰め材料として、土砂、割り石、コンクリート、プレパックドコンクリートなど、入手しやすく安価で施工性のよいものを使います。

5 コンクリート蓋

　中詰め後、上部工施工までの間、中詰め材が波浪等によって流失することを防ぐため、中詰め材の表面を場所打ちコンクリートまたはプレキャスト製の蓋により被覆します。

3　根固工

　防波堤や護岸など、波浪を直接受ける構造物の堤体基部付近は、入射波や反射波の噴流により、基礎捨て石の洗掘、吸出しが起きやすい場所です。この洗掘防止対策として、堤体の根元を固め保護するのが根固工の目的です。根固めの工法としては、コンクリート方塊を堤体に密着させて敷き並べる方法、または異形ブロックを据え付ける方法等が一般的です。

コンクリート方塊を用いた場合

異形ブロックを用いた場合

　ブロックの海上運搬や据付作業に使用する船舶機械は、起重機船、クレーン付台船、台船、引き船、潜水士船等が一般に使用されます。また、ブロックの据付けは、潜水士の指示によりブロック相互のかみ合わせに留意し実施します。防波堤においては、港外側の波浪条件が港内側に比べて厳しいため、根固めの目的（基礎の洗掘、吸出し防止）および作業船の稼働条件から、ブロックの据付けは港外側より施工するのが一般的です。

　ブロック据付けに当たっては、捨石マウンドの均し状況や堤体、既設ブロックの付着物の有無も確認し、堤体とブロックおよびブロック相互の目地間隔が極力小さくなるよう据え付けます。また堤体およびブロック相互の伸びを考慮し、所定の個数を据え付けます。

☑ 頻出項目をチェック！

1 ☐ **傾斜堤は、地盤の凹凸に関係なく、軟弱地盤にも適応でき、波による洗掘に対し比較的順応性がある。**

直立堤は、波による洗掘のおそれがあるため、海底地盤が堅固でないと適しない。

2 ☐ **混成堤は、水深の深い場所、比較的軟弱な地盤に適する。**

混成堤では、石材とコンクリート資材の入手の容易さ、価格等を比較して捨石部と直立部の高さの割合を決めることにより、経済的な断面にすることができる。

3 ☐ ケーソンえい航後、据付けが困難となった場合は、仮置きマウンド上までえい航し、注水して沈めて仮置きする。

ケーソンは、注水時の隔壁間の水頭差を小さくして調節しやすいように、一般にケーソン隔壁間には通水孔を設ける。

4 ☐ ケーソンの据付作業は、一次注水、据付位置の微調整、二次注水と、徐々に沈設させる。

ケーソンは、堤体の据付け完了後は、直ちに中詰め施工を実施する。

5 ☐ 防波堤の根固めのためのブロックの据付けは、港外側より施工するのが一般的である。

ブロックは、堤体とブロックおよびブロック相互の目地間隔が極力小さくなるよう据え付ける。

 こんな選択肢は誤り！

混成堤は、水深の浅い場所や軟弱地盤の場所などに用いられる。

混成堤は、水深の深い場所や軟弱地盤の場所などに用いられる。

ケーソンは、注水開始後、~~中断することなく注水を連続して行い速やかに据え付ける~~。

ケーソンは、一次注水、据付位置の微調整、二次注水と徐々に沈設させる。

波浪や風などの影響でケーソンのえい航後直後の据付けが困難な場合には、~~波浪のない安定した時期まで浮かせて仮置きする~~。

波浪や風などの影響でケーソンのえい航後直後の据付けが困難な場合には、仮置きマウンド上までえい航し注水して沈めて仮置きする。

Lesson
02

防波堤工事

Lesson 03 浚渫工

重要度 ★★★

学習のポイント

一次

● 浚渫船の種類と特徴を理解する。

● グラブ浚渫船の適用範囲、土砂を理解する。

3-1 浚渫船の種類

　浚渫工事は、水面下の土砂を掘ってその土砂を他の場所に運搬する工事です。浚渫工事には、航路や泊地の水深を確保するために行う浚渫と、防波堤や岸壁の基礎掘りなどを行う工事があります。このような浚渫の条件や方法により、次の各種浚渫船が使われています。

1 ポンプ浚渫船

　ポンプ船による浚渫ではカッターを使用するため、軟泥から軟質岩盤まで広範囲の地質条件に対応できます。吸い上げた土砂は、ポンプで排砂管を通じて長い距離を排送し、埋立てなどに使われます。このように、ポンプ浚渫船

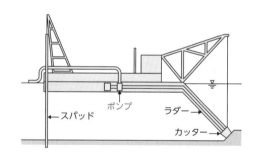

は、大量の浚渫や埋立てに最も適しています。ポンプ浚渫船は、引き船を必要とする非自航式ポンプ船と、自力で航行できる自航式ポンプ船があります。一般的には、非自航式ポンプ船が使われています。非自航船の移動は前方および左右に取ったアンカーロープの引締めによって行います。

2 グラブ浚渫船

　浚渫作業に携わる作業船のうち、グラブバケットで土砂をつかんで浚渫するものがグラブ浚渫船です。グラブバケット浚渫のため、ポンプ浚

瀑に比べ、底面を平坦に
仕上げるのが困難です。
グラブ浚瀑船は、概して
中小規模の浚瀑に適し、
適用範囲が極めて広い浚
瀑船です。浚瀑深度の制
限、土質の制限も少なく、

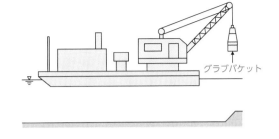

グラブバケット

岸壁など構造物前面の浚瀑や、狭い場所での浚瀑もできます。非自航式
グラブ浚瀑船の標準的な船団は、一般的にはグラブ浚瀑船の他に、引き
船、非自航土運船、自航揚びょう船が一組となって作業を行います。

3 バケット浚瀑船

バケット浚瀑船は、
船体の中央空間（ラ
ダーウェル）にラダー
があり、そこに繋がれ
た多くの鋼製のバケッ
トが回転しながら海底
の土砂をすくい上げる

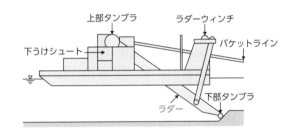

上部タンブラ ラダーウィンチ
下うけシュート バケットライン
下部タンブラ
ラダー

機械方式の浚瀑船です。バケット浚瀑船は、比較的能力が大きく、大規
模で広範囲の浚瀑に適しています。さらに風浪に対する作業性もよく、
浚瀑跡が平坦であるという長所もあります。対象の土質も軟弱地盤から
砂礫地盤まで広範囲に適用できます。自航式と非自航式があります。

4 ディッパー浚瀑船

ディッパー浚瀑船は、鋼製
箱形の台船上に陸上で使用し
ているパワーショベルと類似
の油圧ショベル型掘削機を搭
載した機械式浚瀑船です。陸
上に比べ掘削深が深く、特殊

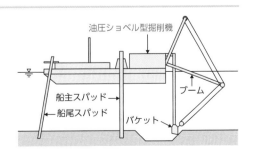

油圧ショベル型掘削機
船主スパッド ブーム
船尾スパッド バケット

な装置が施されています。一般に非自航式です。掘削力の集中効果が大きく、硬質地盤の浚渫に適しています。

ゴロ合わせで覚えよう！　浚渫船の種類と能力

しゅんとするな　大きなポンプ、
（浚渫）　　　　　　　　　　（ポンプ船）

中ぐらいのバケツ、
（バケット船）

小さなグローブを買おう
（グラブ船）

浚渫に使われている船の浚渫能力は、能力が高い順に、ポンプ船、バケット船、グラブ船となっている。

3-2　作業船の支援機材

1　GPS位置測定装置

　海岸・港湾の工事や測量において船位や構造物の位置等の位置出しには、人工衛星を使ったGPS（全地球測位システム）が活用されます。

2　深浅測量・地層探査システム

　浚渫後の出来形確認測量は、原則として、音響測探機による場合が多く、連続的な記録がとれる利点があります。音響測探機の使用できない浅海部および構造物前面の測量は、レッド（重錘）、スタッフ（箱尺）等で行う場合もあります。

3　水質・底質調査機器

　海岸・港湾工事では、特に環境対策の関連で、水質・底質の測定が必要となることが多くあります。計測機としての水温計、塩分計、pHメータ、濁度計、透明度板、透明度計、酸素量測定器のほか、採水器、採泥器が必要となります。

頻出項目をチェック！

1 ☐ **グラブ浚渫船は、ポンプ浚渫に比べ、底面を平坦に仕上げるのが難しい。**

グラブ浚渫船は、浚渫深度の制限、土質の制限も少なく、岸壁など構造物前面の浚渫や、狭い場所での浚渫もできる。

2 ☐ **浚渫後の出来形確認測量は、音響測探機による場合が多い。**

浚渫後の出来形確認測量は、音響測探機による場合が多く、連続的な記録がとれる利点がある。

こんな選択肢は誤り！

グラブ浚渫船は、岸壁など構造物前面の浚渫や狭い場所での浚渫には使用できない。

グラブ浚渫船は、岸壁など構造物前面の浚渫や狭い場所での浚渫にも使用できる。

ポンプ浚渫船は、グラブ浚渫船に比べ底面を平坦に仕上げるのが難しい。

グラブ浚渫船は、ポンプ浚渫船に比べ底面を平坦に仕上げるのが難しい。

非自航式グラブ浚渫船の標準的な船団は、グラブ浚渫船と土運船の2隻で構成される。

非自航式グラブ浚渫船の標準的な船団は、一般的にはグラブ浚渫船の他に、引き船、非自航土運船、自航揚びょう船で構成される。

浚渫後の出来形確認測量には、原則として音響測探機は使用できない。

浚渫後の出来形確認測量には、原則として音響測探機は使用できる。

海岸堤防

海岸・港湾 1 海岸堤防に関する次の記述のうち，**適当でないもの**はどれか。

(1) 混成型は，水深が割合に深く比較的軟弱な基礎地盤に適する。
(2) 直立型は，天端や法面の利用は困難である。
(3) 直立型は，堤防前面の法勾配が1：1より急なものをいう。
(4) 緩傾斜堤は，堤防前面の法勾配が1：1より緩やかなものをいう。

答え (4)
緩傾斜堤は、傾斜堤の中でも、堤体の前面の法勾配が1：3（3割）より緩い堤防をいう。

防波堤

海岸・港湾 2 ケーソン式防波堤の施工に関する次の記述のうち，**適当でないもの**はどれか。

(1) ケーソンの据付けにおいては，ひとたび注水を開始した後は，注水を連続して行い速やかに据え付ける。
(2) 据え付けたケーソンは，すぐに内部に中詰めを行い，安定を高めなければならない。
(3) 中詰め材は，土砂，割り石，コンクリート，プレパックドコンクリートなどがある。
(4) 中詰め後は，波による中詰め材が洗い出されないように，ケーソンに蓋となるコンクリートを打設する。

答え (1)
注水作業は、一次注水、二次注水に区分して行い、ケーソンの安定を確認しながら施工します。

重要度 ★ ★ ☆

鉄道工事

学習のポイント

一次

● 盛土の施工は基本的な部分は道路と同じである。
● 路盤、軌道の構造と施工を理解する。
● 営業線接近工事の保安対策を理解する。

1-1 鉄道の構造

1 盛土構造

　鉄道の盛土構造は、道路の盛土構造とほぼ同じであり、盛土は上部盛土と下部盛土に区分されます。法面や犬走りで切土面、盛土面の安定を図り、雨水、地下水による軟弱化や浸食を防止するために排水溝を設けます。一般的な構造を下図に示します。

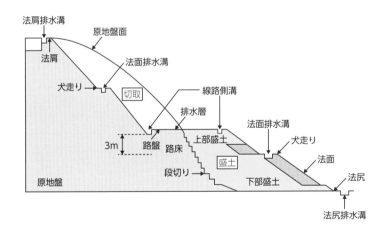

2 盛土の施工の留意点

　盛土の施工は、支持地盤の状態、盛土に用いる材料の種類、気象条件などを考慮し、安定、沈下などに問題が生じないように行わなければなりません。施工の留意点は以下のとおりです。

1 盛土材料

　盛土材料は、長期にわたる列車荷重等により安定性が損なわれることなく、有害な沈下を生じないものでなければなりません。岩塊があると転圧が困難となるため、最大粒径を一層の仕上がり厚さである 30 cm 以下とします。

2 盛土基面

　盛土の施工にあたっては、草木、雑物などが盛土と支持地盤との間に入ると、腐食してすべり面を形成したり、沈下を生じることがありますので、あらかじめ伐開、除根を行い、盛土にとって有害なものを取り除かねばなりません。

3 降雨対策

　毎日の盛土作業終了時には、盛土表面に 3％程度の横断勾配を設け、降雨の際に締固めの終了した盛土部が軟弱化するのを防止します。

4 段切り

　地盤が傾斜している場合の盛土の施工は、傾斜面に沿ってすべり破壊が生じやすくなるため、傾斜面に段切りなど適切な処置を施す必要があります。また、施工地盤の傾斜が急な場合には、盛土と地盤の密着をはかるため、連続して段切りを施工します。

5 腹付け盛土

　腹付け盛土を行う場合には、列車荷重の影響の大きい上部 3 m の部分の盛土は、良質の盛土材料を用い、締固め度を満足するようにします。

盛土の基本事項は、道路と同じだよ！

6 盛土中の走行路

　盛土の工事施工中に、運搬車両等の走行路を固定すると、走行路の下部と他の部分の締固め度に差異が生じ、将来的に軌道に悪影響を及ぼすおそれがありますので、走行路は適宜変更するようにします。

7 一層の仕上がり厚さ

　所定の締固めの程度を満足するための仕上り厚さは、盛土材料、締固め機械、締固め回数等によって異なるので、試験施工により求めますが、30 cm 程度を標準とします。

8 盛土の小段

　盛土の小段（犬走り）は、上部盛土と下部盛土の境界および以下 6 m ごとに設け、その幅は 1.5 m を標準とします。ただし、小段の位置が 3 m 以下の高さにある場合には、その小段を省略してもかまいません。

9 放置期間

　盛土の施工後から路盤の施工開始までの間に、盛土沈下の状況を考慮し、適切な放置期間を設けるものとします。

1-2 路盤の施工

1 路盤の種類

　路盤構造は、砕石路盤とスラグ路盤の2種類を標準とし、他の材料を用いる場合には、支持力・耐久性について十分に検討し、同等の性能を有することを確認します。

　強化路盤は、路盤材料に粒度調整砕石または粒度調整スラグ砕石を使用し、路盤上部にアスファルトコンクリートを施したものをいいます。

2　路盤と路床

　路盤は、列車の走行安定を確保するために、軌道を支持し、軌道に対して適切な弾性を与えるとともに、路床の軟弱化防止、路床への荷重の分散伝達、および排水勾配を設けることで、道床内の水を速やかに排除する機能を有します。切取地盤の路床では、路盤下に排水層を設けることを原則とします。

3　砕石路盤の施工

　砕石路盤の施工は、列車荷重に対する安定性を確保できるように、材料の均質性、所定の仕上り厚さ、締固め等に留意する必要があります。施工時期は、施工地域の気象条件を考慮して、なるべく降雨、降雪の少ない時期を選んで施工を実施するものとします。路盤工の施工の留意点は以下のとおりです。

1 路盤

　砕石路盤は、列車の走行安定を確保するために軌道を十分強固に支持し、軌道に対して適当な弾性を与えるとともに、路床の軟弱化防止、路床への荷重の分散伝達、および排水勾配を設けることにより道床内の水を速やかに排除する等、有害な沈下や変形を生じないための機能を有する必要があります。

2 路盤材

　砕石路盤の材料としては、路盤噴泥が生じにくいこと、振動や流水に対して安定していること、列車荷重を支えるのに十分な強度があること等を考慮して、粒径分布のよいクラッシャーラン等の砕石を用います。

3 路盤厚さ

　砕石路盤は、支持力が大きく、圧縮性が小さく、噴泥が生じにくい材料の単一層からなる構造とします。なお、路盤厚さは、路床の軟弱化に伴う噴泥防止のため 300 mm とします。

4 横断排水勾配

敷き均した材料は、降雨等により適切な含水比に変化を及ぼさないように、原則としてその日のうちに3%程度の横断排水勾配を付け、平滑に締固めを完了させます。

5 敷均し

敷均しは、モーターグレーダ等または人力により行い、一層の仕上り厚さが150 mm程度になるように敷き均します。材料は、運搬やまき出しにより粒度が片寄ることがないように十分混合して、均質な状態で使用します。材料の均質性に留意する必要があります。

6 締固め

締固めは、ローラで一通り軽く転圧したのち、再び整形して、形状が整ったらロードローラ、振動ローラ等にタイヤローラを併用して十分に締め固めます。締固め時の含水比は、最適含水またはそれ以下になるようにします。

7 施工管理

砕石路盤の施工管理においては、砕石路盤は雨水が路盤内に浸透する構造であり、路床、路盤の含水比の増加によって生じるおそれのあるめり込みや噴泥等を防ぐ必要があります。このため、締固め程度や仕上り精度等に十分留意して、路床面の仕上り精度、路盤の層厚、路盤の仕上り精度、路盤表面の横断排水勾配、締固め程度、施工管理試験のための測定位置について施工管理を行います。

用　語

スラグ
金属の製錬に際して、溶融した金属から分離したかす。鉱滓。

クラッシャーラン
岩石を破砕機（クラッシャー）で砕いたもの。

鉄道工事

Lesson
01

1 軌道の構造

1 軌道

　軌道とは、列車等を走らせるための通路で、施工基面上に敷設された、レール、マクラギ、道床等の総称であり、車両等の荷重をこれらの部品を介して路盤に伝え、荷重を分散させる役目を担っています。

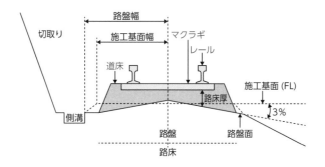

2 道床

　道床とは、列車の荷重をマクラギから路盤に伝えるもので、砂利や砕石などを必要な厚さに敷き込んだものです。

3 道床バラスト

　道床バラストは、マクラギに伝わる列車荷重を路盤に広く、かつ均等に分散させる役割を担います。道床バラストとして要求される条件は、材質が強固で粘りがあり、摩損や風化に対して強いこと、適当な粒形と粒度を持ち、列車の通過によって崩れにくく、突き固めその他の作業が容易であること、どこでも多量に得られて、価格が廉価であることです。

4 マクラギ

　マクラギは、レールを緊締して軌間を保ち、位置を定め、活荷重を広く道床に分散させるための十分な強度があり、軌道に座屈抵抗

力を与えることのほか、どこでも得られ、量産が可能で価格が廉価であり、保守が容易で耐用年数が長いものが適当です。

2　曲線区間の軌道の構造

1 カント

　カントとは、列車が曲線部を通過するときに生ずる遠心力により車両が外側に転倒することを防ぎ、乗り心地をよくするために、曲線内側のレールを基準として、曲線外側のレールを高くすることをいいます。

2 スラック

　鉄道車両が曲線部を走行するときに、車軸が固定構造となっているため、軌間を多少拡大して車両を通過しやすくします。この拡大量をスラックといい、外側のレールを基準とし、内側の軌間を拡大します。

　本線路での曲線半径は、できるだけ大きいほうが望ましく、また、直線から直接単曲線に入るとカントやスラックがいきなりつくことにもなり、安全安定走行ができないため、直線と単曲線の間には、徐々に曲線半径を変化させる緩和曲線を入れます。

ゴロ合わせで覚えよう！ ▶ スラックとカント

内野にいるスラッとした
（内側）　　　　（スラック）

背の高い監督を外野から見る
　　　（カント）　（外側）

スラックは外側のレールを基準に内側に向かって軌間を拡大すること。カントは外側のレールを高くすることである。

3 曲線の種類

　線路の曲線は、円曲線が最も合理的です。円曲線には、単心曲線・複心曲線・反向曲線の3種類があります。

単心曲線：曲率が一定の曲線
複心曲線：単心曲線の途中から別の半径の単心曲線に変わる曲線
反向曲線：一つの接線を共有し、互いに反対側に曲線の中心がある連続した2つの曲線、いわゆるS字カーブ

1-4　軌道保守工事

　列車の繰返し荷重により、レールは摩耗し、締結装置は緩み、バラストは互いにこすれあって細粒化するため、軌道に変位が生じます。このため、日常の点検と、変位箇所を元の状態に戻したり、修理・交換したりする保守作業が不可欠です。

1 軌道の変位

　各鉄道事業者の実施基準に規定された軌道整備基準を超えたずれを軌道狂いといい、一般的に、軌間変位・平面性変位・水準変位・高低変位・通り変位の5種類があります。

1 軌間変位

　軌間変位とは、左右レール間隔の変位であり、軌道の基本寸法に対する変位です。

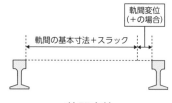

軌間変位

2 平面性変位

　平面性変位とは、軌道の平面に対するねじれの状態をいい、軌道の一定の距離を隔てた2点の水準変位の差で表します。緩和曲線部分では、カントの逓減によって必ず軌道はねじれた状態にあり、こ

の変位も考慮することが必要です。

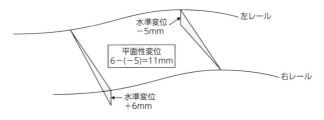

平面性変位

3 水準変位

　水準変位とは、左右レールの高さの差をいい、曲線部分でカントがある場合には、設定したカント量を加えたものを基準にした増減量を変位量としています。

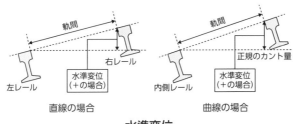

水準変位

4 高低変位

　高低変位とは、レール面頭頂部の長さ方向での凹凸をいい、長さ10 mの糸をレール頭頂部に張り、その中央部における糸とレールの垂直距離によって表します。

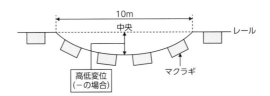

高低変位

5 通り変位

　通り変位とは、レール側面の長さ方向への凹凸をいい、長さ10mの糸をレール側面に張り、その中央部における糸とレールとの水平距離によって表します。

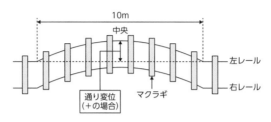

通り変位

---

1 道床つき固め

　道床つき固めの施工に先立ち、マクラギの締結装置の緩み等を点検し、締直し等を行います。また、マクラギの間隔および直角の不良なものは、あらかじめ整正しておきます。つき固めの施工に当たっては、マクラギの端部および中心部をつき固めないよう留意しなければなりません。

　道床つき固めは、原則としてタイタンパかマルチプルタイタンパによる機械作用を使用します。後作業としての道床バラストの締固めについてはコンパクター等により施工するのが通例です。

2 線路こう上

　線路こう上作業において、施工区間内で1回のこう上量が50mmを超えるときには、線路閉鎖を必要とします。また、短小間合で連続して同時に30mm以上のこう上を行う場合は、列車の徐行を行いながら施工します。

　線路こう上に伴い、道床バラストの補充を必要とする場合の道床つき固めは、新バラストのてん充後、水準および高低変位を検測しながら、全区域にわたって念入りに施工します。

1-5　営業線近接工事

　営業線または営業線に近接して施工する工事で、列車の運転保安や旅客公衆等に危害を及ぼすおそれのある場合に行う工事を営業線近接工事といいます。営業線近接工事は、JRの場合を例にとると、図に示すとおりになります。

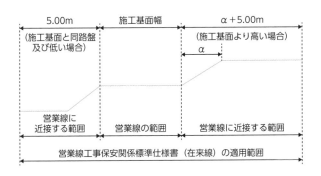

1　工事の管理体制

　鉄道工事における安全管理体制は、鉄道会社ごとに異なり、管理者の名称なども統一したものはないので、代表的なJRの例を図に示します。

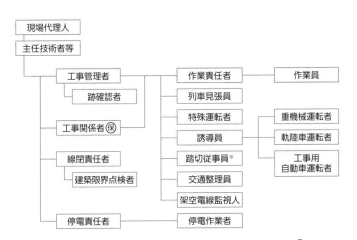

※踏切従事員とは，工事関係者㊿または踏切警備員をいう

1 工事管理者

　工事管理者は、工事現場ごとに専任の者を常時配置し、工事の内容および施工方法等、必要により複数配置しなければなりません。また、踏切保安装置使用停止、障害物検知装置使用停止を行う指定された工事には配置しなければなりません。工事管理者は、工事等終了後に作業区間内における作業員の退避状況、および建築限界内に使用器具等の支障がないことを確認します（仮置き場所の確認を含む）。

2 線閉責任者

　線閉責任者は、作業時間帯終了予定時刻の 10 分前までに線路閉鎖工事等を終了させた後、施設指令員にその旨を報告します。しかし、線路閉鎖工事等が作業時間帯において終了できないと判断した場合は、施設指令員にその旨を連絡し、その指示を受けます。

2 　列車見張員

　列車見張員および特殊列車見張員は、工事現場ごとに専任の者を配置し、必要に応じて複数配置しなければなりません。

列車見張員の役目
　・列車等の接近の予告および退避の合図
　・列車等の進来、通過の監視
　・工事管理者からの退避完了合図の確認
　・列車乗務員に対する退避完了の合図

列車見張員の役割と配置場所、人数を理解しよう！

　列車見張員の配置は、作業責任者および従事者に列車接近の合図が可能な範囲内で安全が確保できる場所とします。作業の現場においては、列車見通し距離を確保する配置とします。1 名の列車見張員では見通し

距離を確保できない場合は、待避余裕距離以内に防護見張員を、待避余裕距離より遠方に前方見張員を配置して、必要な列車見通し距離を確保し、列車見張員相互が連絡を取り合える配置とします。

　工事現場において、事故発生または発生のおそれのある場合は、直ちに列車防護の手配をとり、併発事故を未然に防止します。列車見張員は、常時携帯する信号炎管や携帯用特殊信号発光機を現示して列車を防護します。

　線路内の移動については、線路横断および線路横断に伴う施工基面上の横断の場合、立ち入り禁止柵等が設置されている場合、駅構内等の歩行通路が指定されている場合に限り、列車見張員等を省略できるとされています。

3　工事の保安対策

①重機械の使用を変更する場合は、必ず監督員等の承諾を受けて実施する。

②工事用重機械を使用する作業では、列車の接近時から通過までの間、近接線の建築限界内に支障物がないことを確認するとともに、列車の接近から通過するまでの間、作業を一時中止する。

③列車の振動、風圧等によって不安定、危険な状態になるおそれのある工事または乗務員に不安を与えるおそれのある工事は、列車の接近時から通過するまでの間、一時施工を中止する。

④工事施工計画の段階において施工場所の状況を綿密に調べ、事故の「予知と対策」を立てなければならない。工事の施工により支障となるおそれのある構造物については、工事管理者の立会いを受け、その防護方法を定める。

⑤ダンプ荷台やクレーンブームは、これを下げたことを確認してから走行する。

⑥工事現場にて事故発生または事故発生のおそれが生じた場合は、

・速やかに関係箇所に連絡し、その指示を受ける。

・直ちに列車防護の手配をとり、併発事故または事故を未然に防止する。

・要注意箇所に警備要員を配置する。

4 安全設備

①施工に先立ち、工事現場全般について安全設備、工事専用踏切および要注意箇所の施工法、保安要員の配置、必要により列車防護訓練の実施計画等について、具体的な事故防止対策を定め監督員に提出しなければならないとされている。

②指定された安全設備は、図面、強度計算書などを添えて、監督員に届け出て承諾を受けなければならない。

③工事の施工にあたっては、列車の運転保安および旅客公衆等の安全確保のため指定されたもののほか、簡易な安全設備を必要に応じて設けなければならない。

④作業表示標は、列車の運転士に工事施工箇所が前方に存在することを認知させるためのものである。仕様書において、作業表示標は、原則として列車進行方向左側の運転士の見やすい場所を選定して、退避余裕距離以上離れた位置で建築限界外に建植するとされている。

⑤営業線および旅客公衆等の通路に接近して材料および機械等を仮置く場合は、その場所、方法等について監督員等に届け出て、その指示によらなければならない。

⑥工事の施工により支障のおそれのある構造物については、監督員等の立会いを受け、その防護方法を定めなければならない。なお、既設の構造物または安全設備を一時的に撤去する場合は、その設置目的に適合した代替処置を講じなければならない。

用 語

列車見通し距離
列車接近の合図から、待避完了の合図までの時間を確保するために必要な、作業現場から列車までの距離。

退避余裕距離
緊急に列車接近の合図があった場合でも、作業員が待避する時間を確保するために必要な、作業現場から列車までの距離。

☑️ 頻出項目をチェック！

1 ☐ 鉄道の盛土施工の降雨対策として、毎日の盛土作業終了時に盛土表面に 3% 程度の横断勾配を設ける。

盛土の一層の仕上がり厚さは、30cm 程度を標準とする。

2 ☐ 路盤は、列車の走行安定を確保するため、軌道を支持し、路床の軟弱化防止、路床への荷重の分散伝達などの機能を有する。

また、路盤には、排水勾配を設けることで、道床内の水を速やかに排除する機能も有する。

3 ☐ 砕石路盤は、支持力が大きく、圧縮性が小さく、噴泥が生じにくい材料の単一層からなる構造とする。

砕石路盤の施工は、列車荷重に対する安定性を確保できるように、材料の均質性、所定の仕上り厚さ、締固め等に留意する。

4 ☐ カントとは、曲線内側のレールを基準として、曲線外側のレールを高くすることである。

カントの目的は、遠心力により車両が外側に転倒することを防ぎ、乗り心地をよくすることである。

5 ☐ 工事管理者は、工事現場ごとに専任の者を常時配置しなければならない。

また、工事の内容および施工方法等、必要により複数配置しなければならない。

6 ☐ 列車見張員の配置は、列車見通し距離を確保する配置とする。

1 名の列車見張員で見通し距離を確保できない場合は、待避余裕距離以内に防護見張員を、待避余裕距離より遠方に前方見張員を配置する。

7 ☐ 工事用重機械を使用する作業では、列車の接近から通過するまでの間、作業を一時中止する。

列車の振動、風圧等によって不安定、危険な状態になるおそれのある工事、または乗務員に不安を与えるおそれのある工事は、列車の接近から通過するまでの間、施工を一時中止する。

8 ☐ 工事の施工により支障のおそれのある<u>構造物</u>については、監督員の<u>立会い</u>を受け、その<u>防護方法</u>を定めなければならない。

<u>既設</u>の構造物または<u>安全設備</u>を一時的に撤去する場合は、その設置目的に適合した<u>代替処置</u>を講じなければならない。

❗ こんな選択肢は誤り！

盛土の施工は、降雨対策のため毎日の作業終了時に表面を~~水平にならす~~ようにする。

盛土の施工は、降雨対策のため毎日の作業終了時に表面に<u>3％程度の横断勾配を設ける</u>ようにする。

砕石路盤は、噴泥が生じにくい材料の~~多層~~の構造とし、圧縮性が~~大きい~~材料を使用する。

砕石路盤は、噴泥が生じにくい材料の<u>単一層</u>の構造とし、圧縮性が<u>小さい</u>材料を使用する。

スラックとは、曲線区間及び分岐器において車両の走行を容易にするために軌間を~~外方~~に拡大することをいう。

スラックとは、曲線区間及び分岐器において車両の走行を容易にするために軌間を<u>内側</u>に拡大することをいう。

列車の接近時から通過するまでの間、工事用重機械を使用する場合は、~~工事監理者の立会いのもと、慎重に作業する~~。

列車の接近時から通過するまでの間、工事用重機械を使用する場合は、<u>近接線の建築限界内に支障物がないことを確認するとともに、作業を中断する</u>。

シールド工法

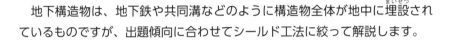

学習のポイント

一次

● シールド工法の密閉型工法の特徴を理解する。

● シールド機械の部位名称と機能を理解する。

　地下構造物は、地下鉄や共同溝などのように構造物全体が地中に埋設されているものですが、出題傾向に合わせてシールド工法に絞って解説します。

2-1　シールド工法の種類

　シールド工法は、地盤条件、立地条件、工事の安全性、周辺環境、経済性等を総合的に判断して、開削工法では困難な都市の下水道、地下鉄、道路工事などで多く採用されています。

　シールドは前面の構造によって、密閉型および開放型に大別されます。

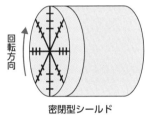

回転方向

密閉型シールド
（泥水加圧式・泥土圧式など）

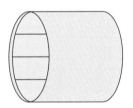

開放型シールド
（圧気シールド）

2-2 密閉型シールド

1 土圧式シールド

土圧式シールド工法は、カッターチャンバー内に掘削土砂を充満、加圧させたうえで、掘進量に見合う土量をスクリューコンベヤで連続排土させ、切羽土圧とカッターチャンバー内泥土圧の安定を図りながら掘進する工法です。

土圧式シールド工法は、掘削土を泥土化し、それに所定の圧力を与えて切羽の安定を図る工法で、掘削土を泥土化させるのに必要な添加材の注入装置を有するものが泥土圧式シールドです。

この工法は、一般的に粘性土地盤に適しています。

2 泥水式シールド

泥水式シールド工法は、泥水を循環させ、泥水によって切羽の安定を図りながらカッターヘッドにより掘削し、掘削土砂は泥水として流体輸送方式によって地上に搬出する工法です。地上に泥水処理施設が必要となりますが、周辺地盤への影響が少なく、河川下、海岸等の水圧の高いところでの使用にも適するなど、都市部で多く用いられています。

この工法は、大径の礫は除去あるいは破砕するなどにより、配管やポンプで閉塞が生じないように確実に処理しなければなりません。

シールドの各工法と対応土質を理解しよう！

2-3 シールド機械

シールド工法に使用される機械は、外部から作用する荷重に対して内部を保護する鋼殻部分と、その保護下にあって、前面の切羽部分で掘削を行い、後部で覆工し、推進できる機能を有する装置群からなります。構成は、切羽側からフード部、ガーダー部、テール部の3つに区分されます。

1 フード部

　密閉型シールドマシンは、フード部とガーダー部は隔壁で仕切られ、フード部はカッターヘッドで掘削された土砂の排土装置への移動路となります。この部分はカッターチャンバーともいいます。

2 ガーダー部

　ガーダー部内はカッターヘッド駆動装置、排土装置、シールドを推進させるジャッキ等の機器装置を格納する空間として利用されます。

3 テール部

　テール部ではテールシールを後端に配置して、止水機能をもたせます。また、エレクターを備え、セグメントを用いて覆工作業を行う空間として利用します。

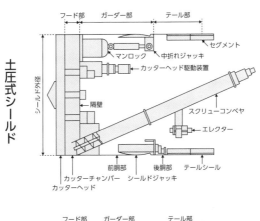

2-4　覆工

1　セグメントの組立

　シールドトンネル周辺地山の土圧と水圧を受け、トンネル内空を確保するための構造体を覆工といいます。覆工には、一次覆工と二次覆工があります。一般に、一次覆工には、鉄筋コンクリートや鉄鋼製のプレキャスト部材であるセグメントを用います。二次覆工は、一次覆工の内側に構築される構造体で、主に現場打ちのコンクリートが用いられています。

　シールドの外径は、セグメントリング外径、テールクリアランスおよびテールスキンプレート厚を考慮して決められ、セグメントの外径は、シールドで掘削される外径より小さいです。

2　裏込め注入

　セグメントを組み立てて、シールド推進後は、セグメントと地山との空隙に充填材を注入する裏込め注入工を速やかに行わなければなりません。裏込め注入工は、地山の緩みと沈下を防ぎ、セグメントからの漏水の防止、セグメントリングの早期安定やトンネルの蛇行防止に役立ちます。

2-5　立坑

　シールドトンネルを施工するには、シールド機械の投入と搬出、方向転換、組立と解体、掘進中の土砂の搬出、資機材の搬入と搬出等のための作業坑である立坑が一般に必要となります。立坑は、その機能、目的によって発進立坑、中開立坑、方向転換立坑および到達立坑に分類されます。

頻出項目をチェック！

1 ☐ **土圧式シールド工法は、**<u>粘性土地盤</u>**に適している。**

土圧式シールド工法とは、スクリューコンベヤで連続排土させながら<u>切羽土圧</u>とカッターチャンバー内<u>泥土圧</u>の安定を図りながら掘進するシールド工法である。

2 ☐ **泥水式シールド工法は、**<u>水圧の高い</u>**ところでの使用に適し、**<u>都市部</u>**で多く用いられている。**

泥水式シールド工法とは、循環させた<u>泥水</u>によって切羽の安定を図りながらカッターヘッドにより掘削し、掘削土砂は<u>泥水</u>として流体輸送方式によって地上に搬出するシールド工法である。

3 ☐ **シールド機械は、切羽側から**<u>フード</u>**部、**<u>ガーダー</u>**部、**<u>テール</u>**部の3つに区分される。**

ガーダー部は<u>機器装置を格納</u>する空間として、テール部はセグメントを用いて<u>覆工作業</u>を行う空間として利用する。

4 ☐ **一次覆工には、**<u>鉄筋コンクリート</u>**や**<u>鉄鋼製</u>**のプレキャスト部材であるセグメントを用いる。**

セグメントの外径は、シールドで掘削される外径より<u>小さい</u>。

 こんな選択肢は誤り！

土圧式シールド工法と泥水式シールド工法の切羽面の構造は、~~開放型~~シールドである。

土圧式シールド工法と泥水式シールド工法の切羽面の構造は、<u>密閉型</u>シールドである。

シールドの~~ガーダー~~部は、セグメントの組立て作業ができる。

シールドの<u>テール</u>部は、セグメントの組立て作業ができる。

軌道工事

鉄道・地下 1 鉄道線路の曲線に関する次の記述のうち，**適当でないもの**はどれか。

   (1) 線路の曲線は，円曲線が最も合理的で，円曲線には単心曲線・複心曲線・反向曲線の 3 種類がある。

   (2) スラックとは，曲線区間及び分岐器において車両の走行を容易にするために軌間を外方に拡大することをいう。

   (3) カントとは，車両が遠心力により外方に転倒することを防止するために外側レールを内側レールより高くすることをいう。

   (4) 本線路での曲線半径は，できるだけ大きいほうが望ましく，道路と同じように直線と曲線の間には緩和曲線を入れる。

答え (2)

スラックとは、曲線区間の外側の軌道を基準に、内側に軌間を拡大することです。

営業線接近工事

鉄道・地下 2 鉄道（在来線）の営業線内又はこれに近接して工事を施工する場合の保安対策に関する次の記述のうち，**適当でないもの**はどれか。

   (1) 1 名の列車見張員では見通し距離を確保できない場合は，見通し距離を確保できる位置に中継見張員を増員する。

   (2) 工事現場にて事故発生のおそれが生じた場合は，直ちに列車防護の手配をとるとともに関係箇所へ連絡する。

   (3) 工事用重機械を使用する作業では，営業線の列車が通過する際に，安全に十分注意を払いながら施工する。

   (4) 工事管理者は，工事現場ごとに専任の工事管理者を常時配置し，必要により複数配置しなければならない。

答え (3)

営業線の列車が通過する際には、作業を中断します。

シールド工法

鉄道・地下3 シールド工法に関する記述のうち，**適当でないもの**はどれか。

(1) シールド工法は，開削工法が困難な都市の下水道，地下鉄，道路工事などで多く用いられている。

(2) シールド工法に使用される機械は，フード部，ガーダー部，テール部からなる。

(3) 立坑は，一般にシールド機の掘削場所への搬入や土砂の搬出などのために必要となる。

(4) 土圧式シールド工法と泥水式シールド工法の切羽面の構造は，開放型シールドである。

答え (4)

土圧式シールド工法と泥水式シールド工法の切羽面の構造は、密閉型シールドです。

シールド工法

鉄道・地下4 シールド工法の施工に関する次の記述のうち，**適当でないもの**はどれか。

(1) シールドのテール部は，コンクリートや鋼材などで作ったセグメントを組み立てし，トンネル空間を確保する覆工作業を行う部分である。

(2) 土圧式シールドは，カッタで掘削時の切羽の安定を保持するため一般的には圧気工法が用いられる。

(3) セグメントを組み立てしてシールド推進後は，セグメントの外周に空隙が生じるため速やかにモルタルなどの裏込め材を注入する。

(4) 泥水式シールドは，泥水を循環させ切羽の安定を保つと同時に，カッタで切削された土砂を泥水とともに坑外まで流体輸送する。

答え (2)

土圧式シールドは、土圧により切羽の安定を図りながら掘進します。

Lesson 01

重要度 ★★★

上水道工事

一次

── 学習のポイント ──

● 配水管の種類と特徴を理解する。
● 管の切断方法について理解する。
● 管の布設の留意点について理解する。

1-1 配水管の施工

1 配水管の種類

1 ダクタイル鋳鉄管

ダクタイル鋳鉄管は、管体強度が大きく、じん性に富み、衝撃に強く、施工性もよいのですが、外面の塗装を損傷すると腐食しやすくなります。ダクタイル鋳鉄管に用いるメカニカル継手には、伸縮性や可とう性があるため、管が地盤の変動に追従できます。

2 鋼管

鋼管は、溶接継手により一体化することができ、地盤の変動に対しては長大なラインとして追従できます。鋼管には、電食、腐食に対する配慮が必要です。鋼管の据付けでは、管体保護のため、基礎に良質の砂を敷き均します。

3 硬質塩化ビニル管

硬質塩化ビニル管は、内面粗度が変化せず、耐食性に優れ、重量が軽く、施工性・加工性がよいのが特徴です。低温時には耐衝撃性が低下するので、取扱いに注意が必要です。

4 ステンレス鋼管

ステンレス鋼管は、耐食性に優れていて、ライニングや塗装を必要としませんが、異種金属と接続させる場合には絶縁処理を必要とします。

5 水道用ポリエチレン管

　水道用ポリエチレン管は、耐食性に優れ、重量が軽くて施工性がよいのが特徴ですが、熱、紫外線に弱いです。

2 上水道管路の布設

①鋳鉄管の切断は、切断機で切り口が管軸に対して直角になるように行う。なお、異形管は切断してはならない。

②管の切断にあたっては、所要の切管長および切断箇所を正確に定め、切断線を全周にわたって入れる。

③管の布設には、管体保護のため、基礎に良質な砂を敷き均す。

④管の布設には、管体検査を行い、損傷部の無いことを確認する。

⑤管を掘削箇所につり下す際に切ばりを一時的に撤去する場合は、必ず適切な補強を施し、安全を確認する。なお、つり荷の下に作業員を立ち入らせてはならない。

⑥管の布設は、原則として低所から高所に向けて行い、また、受口のある管は受口を高所に向けて配管する。

⑦ダクタイル鋳鉄管の据付けにあたっては、表示記号のうち、管径、年号の記号を上に向けて据え付ける。

⑧1日の布設作業完了後は、管内に土砂や湧水などが流入しないように木蓋などで管端部をふさぐ。

上水道管の切断、布設を理解しよう！

3 特殊な場所の布設

①急勾配の道路に管を布設する場合には、管体のずり下がり防止のために止水壁を設ける。

②傾斜地などの斜面部では、ほぼ等高線に沿って管を布設する場合には、法面保護、法面排水などに十分配慮する。

③軟弱地盤では、将来の沈下を防止するために、杭打ちなどの適切な沈

下抑制対策を行う。

④砂地盤で地下水位が高く、液状化の可能性が高いと判断される場所では、必要に応じて地盤改良を行う。

4 配水管埋設の基準

①公道に管を布設する場合、配水本管は道路の中央よりに布設し、配水支管はなるべく道路の片側寄りに布設する。

②配水本管の土被（ど　かぶ）りの標準を 1.2 m とし、工事実施上やむを得ない場合は 0.6 m を超えていること。

③配水管を新設で埋設する場合、他の埋設管との間に間隔がないと、維持管理が困難となる。事故発生防止のため、布設する際の間隔の最小距離を 30 cm 以上とする。

④道路に埋設する配水管には、物件の名称、管理者、埋設した年その他の保安上必要な事項を明示するテープを張り付けること。

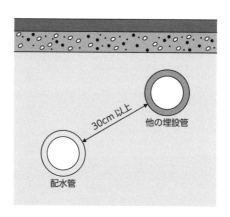

30cm 以上
他の埋設管
配水管

┌─────────────────────┐
　　☑ 頻出項目をチェック！
└─────────────────────┘

| 1 ☐ | ダクタイル鋳鉄管は、管体強度が大きく、じん性に富み、衝撃に強く施工性もよいが、外面の塗装を損傷すると腐食しやすくなる。 |

鋳鉄管の切断は、切断機で切り口が管軸に対して直角になるように行い、異形管は切断してはならない。

2 ☐ 鋼管には、電食、腐食に対する配慮が必要である。

鋼管の据付けでは、管体保護のため、基礎に良質の砂を敷き均す。

3 ☐ 硬質塩化ビニル管は、内面粗度が変化せず、耐食性に優れ、重量が軽く、施工性がよいが、低温時には耐衝撃性が低下する。

ステンレス鋼管は、耐食性に優れ、ライニングや塗装を必要としないが、異種金属と接続させる場合には絶縁処理を必要とする。

4 ☐ 管を掘削箇所につり下す際、つり荷の下に作業員を立ち入らせてはならない。

管を掘削箇所につり下す際に切ばりを一時的に撤去する場合は、必ず適切な補強を施し、安全を確認する。

5 ☐ 管の布設は、原則として低所から高所に向けて行う。

受口のある管は受口を高所に向けて配管する。

6 ☐ 急勾配の道路に管を布設する場合、管体のずり下がり防止のために止水壁を設ける。

傾斜地などの斜面部で、ほぼ等高線に沿って管を布設する場合には、法面保護、法面排水などに十分配慮する。

⚠ こんな選択肢は誤り！

鋼管は、管体強度が大きく、じん性に富み、衝撃に強く、外面を損傷しても~~も腐食しにくい~~。

ダクタイル鋳鉄管は、管体強度が大きく、じん性に富み、衝撃に強いが、外面を損傷すると腐食しやすい。

管の布設は、原則として高所から低所に向けて行う。

管の布設は、原則として低所から高所に向けて行う。

重要度 ★★★

下水道工事

―学習のポイント―

一次

● 管渠の接合の種類と特徴を理解する。

● 管渠の基礎工について理解する。

● 管渠の布設の留意点について理解する。

2-1 下水道管渠の施工

1 下水道管渠の接合の種類

1 水面接合

水面接合は、水理学計算により求めた上下流管渠の計画水位を一致させて接合する方式で、最も合理的な方法です。

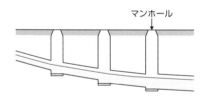
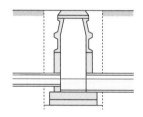

2 管頂接合

管頂接合は、流水は円滑となり水理学的には安全な方法ですが、管渠の埋設深さが増して建設費がかさみます。ポンプ排水の場合には、ポンプの揚程が増します。

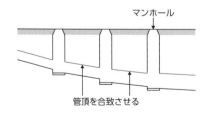
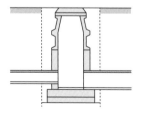

3 管底接合

　管底接合は、掘削深さを減じて工費を軽減でき、特にポンプ排水の場合には経済的に有利となります。しかし上流部において動水勾配線が管頂より上昇するおそれがあります。

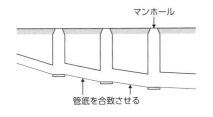
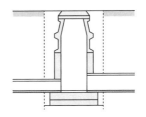

マンホール

管底を合致させる

管頂接合と管底接合の違いを理解しよう！

4 階段接合

　階段接合は、地表勾配が急な場合に、管渠内の流速の調整などのため、管底を階段状にする方式で、通常、大口径管渠または現場打ち管渠に設けます。

マンホール

5 管中心接合

　水面接合と管頂接合の中間的な接合であり、計画下水量に対応する水位の算出を必要としないので、水面接合に準用されることがあります。

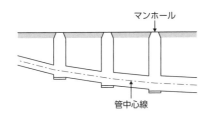
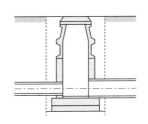

マンホール

管中心線

6 段差接合

段差接合は、地表勾配に応じて適当な間隔にマンホールを設けます。1箇所当たりの段差は 1.5 m 以内とします。なお、段差が 0.6 m 以上の場合は副管を設けます。

2 管渠接合の留意事項

①管渠が変化する場合または 2 本の管渠が合流する場合の接続方式は、原則として水面接合または管頂接合とする。

②2 本の管渠が合流する場合の中心交角は、道路幅員およびその他障害物の関係で、より大きくなる場合でも、原則として 60 度以下とすることが望ましい。

③曲線をもって合流する場合の曲線の半径は、内径の 5 倍以上をもって接合させることが望ましい。

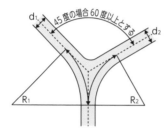
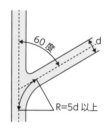

④地表面の勾配が急な場合には、管渠内の流速の調整と下流側の最小土被りを保つため、また、上流側の掘削深さを減ずるため、地表勾配に応じ、段差接合または階段接合とする。

3 下水道管渠の基礎工

1 砂基礎または砕石基礎

砂基礎は、比較的地盤が良好な場所に採用します。砂または砕石で管渠の下部を密着するように転圧して管渠を支持します。設置地盤が礫混じり土または岩盤の場合は、必ず砂基礎または砕石基礎を採用する必要があります。

2 コンクリート基礎または鉄筋コンクリート基礎

コンクリート基礎は、地盤が軟弱な場合や管渠に働く外圧が大きい場合に用います。

3 まくら木基礎

地盤がやや軟弱で、管渠の勾配を正確に保持する場合に用いられます。

4 はしご胴木基礎

はしご胴木基礎は、まくら木の下部に縦木を設置し、はしご状にした基礎で、地盤が軟弱な場合や上載荷重が不均質な場合に用います。

5 鳥居基礎

鳥居基礎は、極めて軟弱地盤で、ほとんど地耐力を期待できない場合に用いられます。はしご胴木の下部に杭で支える構造です。

砂基礎

砕石基礎

コンクリート基礎

鉄筋
コンクリート基礎

まくら木
まくら木基礎

縦木
はしご胴木基礎

杭
鳥居基礎

2-2　下水道管渠の布設

1　下水道管渠の施工手順

開削工法による下水道管渠の施工手順は以下のとおりです。

掘削→管基礎→管のつり下ろし→管布設→管接合→埋戻し

2　下水道管渠の土留め

①軽量鋼矢板は、普通土で深さが４ｍ程度までの掘削に採用されている。比較的軽量であるため取扱いが容易で、木矢板に比べ品質も一定しており反復性も高いが、鋼矢板に比べ断面係数が小さく、水密性が期待できないので、湧水の少ない小規模な掘削に採用されている。

②軟弱地盤で湧水がある場合などには、鋼矢板による土留め工を行う。この工法では、根入れを大きくすることにより、ヒービングやボイリングを防止することができ、水密性があることから、周辺地盤の地下水位の低下を防止することができる。

③湧水の浸入がある場合は、鋼矢板工法を用いる。親杭横矢板工法は、掘削が深く、土質が粘性土で比較的堅く、土留め自体に水密性を必要としない場合に用いられている。

④木矢板は、工事の規模が小さく、掘削深が比較的浅く、布設管が小口径であり、土質が良好で地下水位が低く、水密性を必要としない場合に用いる。

3　下水道管渠の耐震性

①マンホールと管渠との接続部のように、曲げが生じる部位や、液状化による変位（浮上がり・沈下・側方流動等）を受ける場合は、流下機能を極力保持させるため、屈曲が可能で柔軟な構造を採用する。

②地震による液状化のおそれがあり、埋戻し部だけの方策では対応できない場合は、周辺地盤をセメントや石灰で固化する地盤改良を行う。

③管渠本体については、常時の荷重のほかに地震による外力を含めた耐震構造を行い、管材各々の材質に応じ、断面崩壊等に至らない耐力以

内とする。

④既存管路施設の耐震対策は、布設替えが最も効果的だが、現実的には困難な場合が多く、耐震性を考慮した管渠更生工法を実施する。

4　下水道管渠の伏越し

①伏越しの構造は、障害物の両側に垂直な伏越し室を設け、これらを水平または下流に向かって下り勾配の伏越し管渠で結ぶものとする。

②伏越し室には、ゲートまたは角落しのほか、深さ 0.5 m 程度の泥だめを設ける。

③伏越し管渠は、一般に複数とし、護岸等の構造物の荷重や不同沈下の影響を受けないようにする。

④伏越し管渠内の流速は、土砂、汚泥等が堆積するのを水勢によって防止するために、管渠断面を縮小することにより、上流管渠内の流速の 20 ～ 30％増しとする。

用　語

揚程
ポンプが汲み上げる高さ。

角落し
角材を積み重ねた堰またはそれに類する施設。

伏越し
下水道の管渠が河川などを横切る場合、その下を通して逆サイフォン式に流下させる方法。

1 ☐ 水面接合は、上下流管渠の計画水位を一致させて接合する。

また、管頂接合は、流水は円滑となり水理学的には安全な方法だが、管渠の埋設深さが増し建設費がかさむ。

2 ☐ 管底接合は、特にポンプ排水の場合には経済的に有利となるが、上流部において動水勾配線が管頂より上昇する恐れがある。

また、階段接合は、地表勾配が急な場合に、管渠内の流速の調整のため、管底を階段状にする方式で、大口径管渠または現場打ち管渠に設ける。

3 ☐ 管渠が変化する場合や2本の管渠が合流する場合の接続方式は、水面接合または管頂接合とする。

2本の管渠が合流する場合の中心交角は原則として60度以下、曲線をもって合流する場合の曲線の半径は内径の5倍以上とする。

4 ☐ 設置地盤が礫混じり土または岩盤の場合は、必ず砂基礎または砕石基礎を採用する。

一方、地盤が軟弱な場合や上載荷重が不均質な場合にははしご胴木基礎を、極めて軟弱地盤で、ほとんど地耐力を期待でいない場合には鳥居基礎を用いる。

5 ☐ 軟弱地盤で湧水がある場合には、鋼矢板による土留め工を行う。

親杭横矢板工法は、掘削が深く、土質が粘性土で比較的堅く、水密性を必要としない場合に用いる。

6 ☐ 伏越し管渠内の流速は、上流管渠内の流速の20〜30%増しとする。

伏越し室には、ゲートまたは角落しのほか、深さ0.5m程度の泥だめを設ける。

こんな選択肢は誤り！

管底接合は、ポンプ排水の場合は揚程が~~大きく~~なり経済的に~~不利~~となる。

管底接合は、掘削深さを減じて工費を軽減でき、特にポンプ排水の場合は揚程が<u>低く</u>なり経済的に<u>有利</u>となる。

伏越し管渠内の流速は、断面を~~大きく~~し上流管渠内の流速より~~遅く~~する。

伏越し管渠内の流速は、土砂、汚泥等の堆積を水勢によって防止するために、断面を<u>小さく</u>し上流管渠内の流速より<u>速く</u>する。

演 習 問 題

上水道

上水・下水1 上水道の管布設工に関する次の記述のうち，**適当でないも**のはどれか。

(1) ダクタイル鋳鉄管の切断は，切断機で行うことを標準とする。
(2) 鋼管の据付けは，管体保護のため基礎に良質の砂を敷き均す。
(3) 管の切断は，管軸に対して直角に行う。
(4) 管の布設は，原則として高所から低所に向けて行う。

答え (4)
管の布設は、原則として低所から高所に向けて行います。

上水道

上水道管の据付けに関する次の記述のうち，**適当でないも
の**はどれか。

(1) 管の据付けは，施工に先立ち十分に管体検査を行い，亀裂その
    他の欠陥がないことを確認する。
(2) 管を掘削溝内につりおろす場合は，溝内のつり荷の下に作業員
    を配置し，正確な据付けを行う。
(3) 管のつりおろし時に土留の切ばりを一時的に取り外す必要があ
    る場合は，必ず適切な補強を施し安全を確認のうえ施工する。
(4) 鋼管の据付けは，管体保護のため基礎に良質の砂を敷き均す。

答え (2)

管のつり下ろしの場合、作業員をつり荷の下に立ち入らせてはいけませ
ん。

下水道

下水道管渠の接合方式に関する次の記述のうち，**適当でな
いもの**はどれか。

(1) 水面接合は，概ね計画水位を一致させて接合する方法である。
(2) 管底接合は，ポンプ排水の場合は揚程が大きくなり経済的に不
    利となる。
(3) 管頂接合は，下流ほど管渠の埋設深さが増し建設費がかさむ。
(4) 段差接合は，地表勾配が急な場合に用いられ適当な間隔にマン
    ホールを設ける。

答え (2)

管底接合では、掘削深さを減じて建設費を軽減でき、ポンプ排水となる
場合は有利となる。

第3章

法　規

Lesson
01

重要度 ★★☆

労働契約等

学習のポイント

一次

- 労働基準法の用語の定義を理解する。
- 労働契約に関する労働条件を理解する。
- 賃金の支払いの原則を理解する。

1-1 用語の定義

1 労働者

　労働者とは、職業の種類を問わず、事業または事務所に使用される者で、賃金を支払われる者をいいます。

2 使用者

　使用者とは、事業主または事業の経営担当者その他その事業の労働者に関する事項について、事業主のために行為をするすべての者をいいます。

3 賃金

　賃金とは、賃金、給料、手当、賞与その他名称の如何を問わず、労働の対償として使用者が労働者に支払うすべてのものをいいます。

4 平均賃金

　平均賃金とは、これを算定すべき事由の発生した日以前 3 ヶ月間にその労働者に対し支払われた賃金の総額を、その期間の総日数で除した金額をいいます。ただし、臨時に支払われた賃金、3 ヶ月を超える期間ごとに支払われる賃金は除きます。

　賞与は、賃金には含まれるけど、平均賃金の算定には含まれないぞ！

1-2　労働契約

1　労働契約の締結

労働基準法で定める基準に達しない労働条件を定める労働契約は、その部分については無効とします。この場合において、無効となった部分は、労働基準法で定める基準によります。

2　解雇の制限

使用者は、労働者が業務上負傷し、または疾病にかかり療養のために休業する期間およびその後 30 日間ならびに産前産後の女性が規定によって休業する期間およびその後 30 日間は、解雇してはなりません。

ただし、使用者が、打切補償を支払う場合または天災事変その他やむを得ない事由のために事業の継続が不可能となった場合においては、この限りではありません。

3　解雇の予告

使用者は、労働者を解雇しようとする場合においては、少なくとも 30 日前にその予告をしなければなりません。30 日前に予告をしない使用者は、30 日分以上の平均賃金を支払わなければなりません。

ただし、天災事変その他やむを得ない事由のために事業の継続が不可能となった場合または労働者の責に帰すべき事由に基づいて解雇する場合においては、この限りではありません。

1-3　賃金

1　賃金の支払い

①賃金は、通貨で、直接労働者に、その全額を支払わなければならない。
②賃金は、毎月 1 回以上、一定の期日を定めて支払わなければならない。

ただし、臨時に支払われる賃金、賞与その他これに準ずるものについては、この限りではない。

③労働組合、労働者の過半数を代表する者との書面による協定がある場合においては、賃金の一部を控除して支払うことができる。

④使用者は、労働者の同意を得た場合には、賃金の支払いについて、当該労働者が指定する銀行その他の金融機関に対する当該労働者の預金または貯金への振込みによることができる。

2 非常時払い

使用者は、労働者が出産、疾病、災害その他厚生労働省令で定める非常の場合の費用に充てるために請求する場合においては、支払期日前であっても、既往の労働に対する賃金を支払わなければなりません。

3 休業手当

使用者の責に帰すべき事由による休業の場合においては、使用者は、休業期間中当該労働者に、その平均賃金の 100 分の 60 以上の手当を支払わなければなりません。

4 出来高払制の保障給

出来高払制その他の請負制で使用する労働者については、使用者は、労働時間に応じ一定額の賃金の保障をしなければなりません。

5 最低賃金

使用者は、最低賃金の適用を受ける労働者に対し、その最低賃金額以上の賃金を支払わなければなりません。

1-4 労働時間、休憩、休暇および年次有給休暇

1 労働時間

①使用者は、労働者に、休憩時間を除き 1 週間について 40 時間を超えて、労働させてはならない。

②使用者は、1週間の各日については、労働者に、休憩時間を除き1日
について8時間を超えて、労働させてはならない。

2　災害等による臨時の必要がある場合の時間外労働等

　災害その他避けることのできない事由によって、臨時の必要がある場
合においては、使用者は、行政官庁の許可を受けて、その必要の限度に
おいて労働時間を延長し、または、休日に労働させることができます。

3　休憩

　使用者は、労働時間が6時間を超える場合においては少なくとも45
分、8時間を超える場合においては少なくとも1時間の休憩時間を労働
時間の途中に与えなければなりません。

　休憩時間は、労働者を代表する者等と協定がある場合を除き、一斉に
与えなければなりません。また、休憩時間を自由に利用させなければな
りません。

ゴロ合わせで覚えよう！　労働時間と休憩時間

記録を超えたら祝杯はしご
（6時間を超える）　　　　（45分）

やけっぱちなら1軒だけ
（8時間）　　　（1時間）

使用者は、労働時間が6時間を超える場合は少なくとも 45分、8時間を超える場合
は少なくとも 1時間 の休憩時間を与えなければならない。

4　休日

　使用者は、労働者に対して、毎週少なくとも1回の休日を与えなけれ
ばなりません。ただし、4週間を通じ4日以上の休日を与える使用者
については適用しません。

5　時間外および休日の労働

　使用者は、当該事業場に、労働者の過半数で組織する労働組合がある場合においてはその労働組合、労働者の過半数で組織する労働組合がない場合においては労働者の過半数を代表する者との書面による協定をし、これを行政官庁に届け出た場合においては、その協定で定めるところによって労働時間を延長し、または休日に労働させることができます。

　ただし、坑内労働その他厚生労働省令で定める健康上特に有害な業務の労働時間の延長は、1日について2時間を超えてはなりません。

6　年次有給休暇

　使用者は、その雇入れの日から起算して6ヶ月間継続勤務し、全労働日の8割以上出勤した労働者に対して、継続し、または分割した10労働日の有給休暇を与えなければなりません。

☑ 頻出項目をチェック！

1 ☐ 賃金とは、賃金、給料、手当、賞与その他名称の如何を問わず、労働の対償として使用者が労働者に支払うものすべてをいう。

平均賃金とは、算定すべき事由の発生した日以前3ヶ月間に労働者に対し支払われた賃金の総額を、総日数で除した金額である。

2 ☐ 非常時払いは、支払期日前であっても、既往の労働に対する賃金を支払わなければならない。

ここにいう非常時とは、出産、疾病、災害その他厚生労働省令で定める非常の場合をいう。

3 ☐ 労働時間については、休憩時間を除き1週間について40時間を超えて、労働させてはならない。

また使用者は、労働者に、1週間の各日については、休憩時間を除き1日について8時間を超えて、労働させてはならない。

重要度 ★★★

就労制限

学習のポイント

一次

- 未成年者の労働契約を理解する。
- 年少者の就労制限を理解する。
- 女性の就労制限を理解する。

2-1　年少者

　使用者は、児童が満15歳に達した日以後の最初の3月31日が終了するまで、これを使用してはなりません。また、使用者は、満18歳に満たない者について、その年齢を証明する戸籍証明書を事業場に備え付けなければなりません。

1　未成年者の労働契約

①親権者または後見人は、未成年者に代わって労働契約を締結してはならない。

②親権者もしくは後見人または行政官庁は、労働契約が未成年者に不利であると認める場合においては、将来に向かってこれを解除することができる。

③未成年者は、独立して賃金を請求することができる。親権者または後見人は、未成年者の賃金を代わって受け取ってはならない。

2　深夜業

　使用者は、満18歳に満たない者を午後10時から午前5時までの間において使用してはなりません。ただし、交替制によって使用する満16歳以上の男性については、この限りではありません。

3　危険有害業務の就業制限

　使用者は、満18歳に満たない者に、運転中の機械もしくは動力伝導

装置の危険な部分の掃除、注油、検査もしくは修繕をさせ、運転中の機械もしくは動力伝導装置にベルトもしくはロープの取付けもしくは取外しをさせ、動力によるクレーンの運転をさせ、その他厚生労働省令で定める危険な業務に就かせ、または厚生労働省令で定める重量物を取扱う業務に就かせてはなりません。

Lesson 02　就労制限

4　坑内労働の禁止

　使用者は、満 18 歳に満たない者を坑内で労働させてはなりません。

2-2　妊産婦等

1　坑内業務の就労制限

①妊娠中の女性および坑内で行われる業務に従事しない旨を使用者に申し出た産後 1 年を経過しない女性を坑内で行われるすべての業務に就かせてはならない。

②満 18 歳以上の女性を、坑内で行われる業務のうち、人力により行われる掘削の業務、その他の女性に有害な業務として厚生労働省令で定めるものに就かせてはならない。

2　危険有害業務の就業制限

　使用者は、妊娠中の女性および産後 1 年を経過しない女性（以下「妊産婦」といいます）を、重量物を取り扱う業務、有害ガスを発散する場所における業務その他妊産婦の妊娠、出産、哺育等に有害な業務に就かせてはなりません。

> 年少者と妊産婦の就業制限を覚えよう！

年少者・女性の就労制限

作業の内容	就業制限の内容			
	年少者	妊婦	産婦	その他の女性
1　重量物を取扱う作業〈労基法62条、年少者労働基準規則7条、女性労働基準規則2条〉	▲表の重量未満は取扱可	×	×	▲表の重量未満は取扱可
2　坑内の作業〈労基法63条、64条の2〉	×	×	×	▲注
3　クレーン、デリック、揚貨装置の運転（女性は5t以上のもの）	×	×	△	○
4　クレーン、デリック、揚貨装置の玉掛け作業（2人以上で行う補助作業は除く）	×	×	△	○
5　運転中の原動機、原動機から中間軸までの動力伝導装置の掃除、給油、検査、修理、またはベルトの掛換えの作業	×	×	△	○
6　最大積載荷重2t以上の人荷共用若しくは荷物用エレベーター、または高さ15m以上のコンクリート用エレベーターの運転	×	–	–	–
7　動力により駆動される巻上げ機（電気ホイスト、エアーホイストを除く）、運搬機、索道の運転	×	–	–	–
8　動力により駆動される土木建築用機械、船舶荷扱用機械の運転	×	×	△	○
9　動力により駆動される軌条運輸機関、乗合自動車、最大積載量2t以上の貨物自動車の運転	×	×	△	○
10　直径25cm以上の丸のこ盤、75cm以上の帯のこ盤の木材送給作業	×	×	△	○
11　操車場の構内における軌道車両の入換え、連結、解放の作業	×	×	△	○
12　岩石または鉱物の破砕機、粉砕機に材料を供給する作業	×	×	△	○
13　土砂が崩壊のおそれのある場所、深さ5m以上の地穴での作業	×	×	△	○
14　高さ5m以上で墜落の危害を受けるおそれのある場所での作業	×	×	△	○
15　足場の組立、解体、変更作業（地上、床上での補助作業は除く）	×	×	△	○
16　胸高直径が35cm以上の立木の伐採の作業	×	×	△	○
17　機械集材装置、運材索道等を用いて行う木材の搬出作業	×	×	△	○
18　火薬その他危険物を取扱う作業（爆発、発火、または引火のおそれのあるもの）	×	–	–	–
19　作業場所の気中の有害物質の平均濃度が管理濃度を超える屋内作業場でのすべての作業	×	×	×	×
20　多量の高熱物体の取扱い、又は著しく暑熱な場所での作業	×	×	△	○
21　多量の低温物体の取扱い、又は著しく寒冷な場所での作業	×	×	△	○
22　異常気圧下での作業	×	×	△	○
23　削岩機、鋲打機等身体に著しい振動を与える機械器具での作業	×	×	×	○
24　強烈な騒音を発する場所での作業	–	–	–	–
25　深夜労働	▲	△	△	○

重量物を取扱う作業の詳細：

年齢	断続作業の場合　男	断続作業の場合　女	継続作業の場合　男	継続作業の場合　女
満16歳未満	15kg以上	12kg以上	10kg以上	8kg以上
満16歳以上満18歳未満	30kg以上	25kg以上	20kg以上	15kg以上
満18歳以上	–	30kg以上	–	20kg以上

×……就業させてはならない作業
△……申し出た場合、就業させてはならない作業
○……就業させてもさしつかえない作業
▲……条件付きで就業可能な作業

妊婦……妊娠中の女性
産婦……産後1年以内の女性
年少者……満18歳未満の者
－……条文がないもの

上表で準拠条項を記していない作業は、「年少者労働基準規則」または「女性労働基準規則」に就業制限の規定がある
注）人力で行う掘削の業務等（女性則1条）は不可

✅ 頻出項目をチェック！

1 ☐ 使用者は、児童が<u>満15歳</u>に達した日以後の最初の<u>3月31日</u>が終了するまで、これを使用してはならない。

また、使用者は、満18歳に満たない者について、その年齢を証明する<u>戸籍証明書</u>を事業場に備え付けなければならない。

2 ☐ <u>親権者</u>または<u>後見人</u>は、未成年者に代わって労働契約を締結してはならない。

また<u>親権者</u>または<u>後見人</u>は、未成年者の賃金を代わって受け取ってはならない。

3 ☐ 使用者は、満18歳に満たない者を<u>午後10時</u>から<u>午前5時</u>までの間において使用してはならない。

ただし、<u>交替制</u>によって使用する<u>満16歳</u>以上の男性については、この限りではない。

4 ☐ 使用者は、満18歳に満たない者に、運転中の機械もしくは動力伝導装置の危険な部分の<u>掃除</u>、<u>注油</u>、<u>検査</u>もしくは<u>修繕</u>、<u>動力によるクレーン</u>の運転などの業務に就かせてはならない。

また、満18歳に満たない者を<u>坑内</u>で労働させてはならない。

こんな選択肢は誤り！

使用者は、未成年者の賃金を親権者又は後見人に ~~支払わなければならない~~。

親権者又は後見人は、未成年者の賃金を<u>代わって受け取ってはならない</u>。

使用者は、児童が ~~満16歳に達する日~~ までに、この者を使用してはならない。

使用者は、児童が<u>満15歳に達した日以後の最初の3月31日が終了する</u>まで、これを使用してはならない。

Lesson
03

重要度 ★★☆

災害補償

一次

学習のポイント

● 災害補償の規定を理解する。
● 補償を受ける権利を理解する。

3-1 災害補償

1 療養補償

労働者が業務上負傷し、または疾病にかかった場合においては、使用者は、その費用で必要な療養を行い、または必要な療養の費用を負担しなければなりません。

2 休業補償

労働者が前述の療養のため、労働することができないために賃金を受けない場合においては、使用者は、労働者の療養中、平均賃金の100分の60の休業補償を行わなければなりません。

3 障害補償

労働者が業務上負傷し、または疾病にかかり、治った場合において、その身体に障害が存するときは、使用者は、その障害の程度に応じて、平均賃金に所定の日数を乗じて得た金額の障害補償を行わなければなりません。

障害補償は、障害の程度に応じて補償されるよ。

4 休業補償および障害補償の例外

　労働者が重大な過失(かしつ)によって業務上負傷し、または疾病にかかり、かつ使用者がその過失について行政官庁の認定を受けた場合においては、休業補償または障害補償を行わなくてもよいとされています。

Lesson 03

災害補償

5 遺族補償

　労働者が業務上死亡した場合においては、使用者は、遺族に対して、平均賃金の 1,000 日分の遺族補償を行わなければなりません。

6 葬祭料

　労働者が業務上死亡した場合においては、使用者は、葬祭(そうさい)を行う者に対して、平均賃金の 60 日分の葬祭料を支払わなければなりません。

7 打切補償

　療養補償を受ける労働者が、療養開始後 3 年を経過しても負傷または疾病が治らない場合においては、使用者は、平均賃金の 1,200 日分の打切補償を行い、その後は労働基準法の規定による補償を行わなくてもよいとされています。

8 補償を受ける権利

　補償を受ける権利は、労働者の退職によって変更されることはありません。また、補償を受ける権利は、これを譲渡(じょうと)し、または差し押えてはなりません。

> 補償を受ける権利は、退職しても失われないぞ！

1 ☐ **労働者が業務上負傷し、または疾病にかかった場合においては、使用者は、療養補償により必要な療養を行い、または必要な療養の費用を負担しなければならない。**

労働者が重大な過失によって業務上負傷し、または疾病にかかり、かつ使用者がその過失について行政官庁の認定を受けた場合においては、休業補償または障害補償を行わなくてもよい。

⚠ こんな選択肢は誤り！

労働者が業務上負傷した場合における使用者からの補償を受ける権利は、労働者が退職した場合にその権利を失う。

労働者が業務上負傷した場合における使用者からの補償を受ける権利は、労働者の退職によって変更されることはない。

労働者が業務上の負傷による療養のために賃金を受けない場合においては、使用者は、労働者の療養中は負傷した時の賃金の全額を休業補償として支払わなければならない。

労働者が業務上の負傷による療養のために賃金を受けない場合においては、使用者は、労働者の療養中、平均賃金の 100 分の 60 の休業補償を行わなければならない。

🔲 用 語

過失
不注意によるあやまち。

譲渡
ゆずりわたすこと。

演 習 問 題

賃金の支払い

労基法1 賃金の支払いに関する次の記述のうち，労働基準法上，**誤って
いるもの**はどれか。

(1) 平均賃金とは，これを算定すべき事由の発生した日以前3箇月
間にその労働者に対し支払われた賃金の総額を，その期間の総
日数で除した金額をいう。

(2) 使用者は，労働者が出産，疾病，災害などの場合の費用に充て
るために請求する場合においては，支払期日前であっても，既
往の労働に対する賃金を支払わなければならない。

(3) 使用者は，未成年者の賃金を親権者又は後見人に支払わなけれ
ばならない。

(4) 出来高払制その他の請負制で使用する労働者については，使用
者は，労働時間に応じ一定額の賃金の保障をしなければならな
い。

答え (3)

未成年者の賃金は、独立して賃金を請求することができます。親権者ま
たは後見人は未成年者に代わって賃金を受け取ってはなりません。

就労制限

労基法2 年少者の就業に関する次の記述のうち，労働基準法上，**誤って
いるもの**はどれか。

(1) 使用者は，児童が満16歳に達する日までに，この者を使用して
はならない。

(2) 使用者は，交代制によって使用する満16歳以上の男性を除き，
満18歳に満たない者を午後10時から午前5時までの間におい
て使用してはならない。

(3) 使用者は，満18歳に満たない者を坑内で労働させてはならない。

(4) 使用者は，満18歳に満たない者について，その年齢を証明する

戸籍証明書を事業場に備え付けなければならない。

答え (1)

使用者は、児童が満 15 歳に達した日以後の最初の 3 月 31 日が終了するまで、これを使用してはなりません。

・・
災害補償
・・

労基法 3 労働基準法上，災害補償に関する次の記述のうち，**誤っているもの**はどれか。

(1) 労働者が業務上の負傷による療養のために賃金を受けない場合においては，使用者は，労働者の療養中は負傷した時の賃金の全額を休業補償として支払わなければならない。

(2) 労働者が業務上負傷した場合においては，使用者は，その費用で必要な療養を行い，又は必要な療養の費用を負担しなければならない。

(3) 労働者が業務上負傷した場合，使用者がその負傷が労働者の重大な過失によるものと行政官庁の認定を受けた場合，使用者は休業補償を行わなくてもよい。

(4) 療養補償を受ける労働者が，療養開始後 3 年を経過しても負傷がなおらない場合においては，使用者は，打切補償を行い，その後はこの法律の規定による補償を行わなくてもよい。

答え (1)

休業補償は平均賃金の 100 分の 60 を支払わなければなりません。

重要度 ★★★

安全衛生管理体制

── 学習のポイント ──

一次

- 安全衛生管理組織を理解する。
- 特別教育、作業主任者の選任が必要な作業を理解する。
- 届出が必要な作業を理解する。

1-1　一般企業の安全衛生管理組織

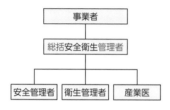

単一企業 100 人以上の事業場

単一企業 50 人以上の事業場

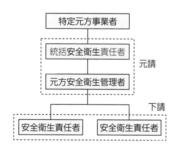

元請・下請合わせて
常時 50 人以上の事業場

安全衛生管理体制

1　総括安全衛生管理者

　事業者は、常時 100 人以上の労働者を使用する場合、事業場ごとに、総括安全衛生管理者を選任しなければなりません。

2　安全管理者

　事業者は、常時 50 人以上の労働者を使用する場合、資格を有する者のうちから、安全管理者を選任し、安全に係る技術的事項を管理させなければなりません。

3　衛生管理者

　事業者は、常時 50 人以上の労働者を使用する場合、資格を有する者のうちから、衛生管理者を選任し、衛生に係る技術的事項を管理させなければなりません。

4　産業医

　事業者は、常時 50 人以上の労働者を使用する場合、産業医を選任し、その者に労働者の健康管理その他の健康管理等を行わせなければなりません。

1-2　建設工事現場における安全衛生管理組織

1　統括安全衛生責任者

　特定元方事業者（建設業と造船業）は、元請と下請負人とを合わせて常時 50 人以上従事させる場合は、これらの労働者の作業が同一の場所において行われることによって生ずる労働災害を防止するため、統括安全衛生責任者を選任しなければなりません。

　なお、ずい道、橋梁の建設の仕事（作業場所が狭いこと等）または圧気工法による作業を行う仕事は常時 30 人以上の場合に必要となります。

2　元方安全衛生管理者

　統括安全衛生責任者を選任した事業者で、特定元方事業者は、資格を有する者のうちから、元方安全衛生管理者を選任し、その者に技術的事項を管理させなければなりません。

3　安全衛生責任者

　統括安全衛生責任者を選任すべき事業者以外の請負人（下請負人）で、当該仕事を自ら行うものは、安全衛生責任者を選任し、その者に統括安全衛生責任者との連絡その他の事項を行わせなければなりません。

> 安全衛生責任者は下請が選任するぞ！

1-3　安全衛生教育

　事業者は以下の場合、労働者に対して安全衛生教育を行わなければなりません。

①事業者は、労働者を雇い入れたときは、業務に関する安全または衛生のための教育を行わなければならない。労働者の作業内容を変更したときについても準用する。

②事業者は、危険または有害な業務に労働者をつかせるときは、当該業務に関する安全または衛生のための特別の教育（特別教育）を行わなければならない。

③事業者は、新たに職務につくこととなった職長その他の、作業中の労働者を直接指導または監督する者（作業主任者を除く）に対し、安全または衛生のための教育を行わなければならない。

特別教育を要する業務

・アーク溶接機を用いて行う金属の溶接、溶断等の業務
・最大荷重1トン未満のショベルローダまたはフォークローダの運転
・最大積載量が1トン未満の不整地運搬車の運転
・機体重量が3トン未満の掘削、整地の機械の運転
・作業床の高さが10メートル未満の高所作業車の運転
・つり上げ荷重が1トン未満の移動式クレーンの運転
・つり上げ荷重が1トン未満のクレーン、移動式クレーンまたはデリックの玉掛けの業務

　事業者は、都道府県労働局長の免許を受けた者または都道府県労働局長の登録を受けた者が行う技能講習を修了した者のうちから、作業の区分に応じて、作業主任者を選任しなければなりません。

作業主任者一覧表

作業主任者	資格区分	作業主任者を選任すべき作業
高圧室内作業主任者	免許	圧気工法により大気圧を超える気圧下の作業
ガス溶接作業主任者	免許	アセチレン溶接装置またはガス集合溶接装置を用いて行う金属の溶接、溶断、加熱業務
コンクリート破砕器作業主任者	技能講習	コンクリート破砕器を用いる破砕作業
地山の掘削作業主任者	技能講習	掘削面の高さ 2m 以上の地山の掘削の作業
土止め支保工作業主任者	技能講習	土止めの支保工の切ばり、腹起しの取付けまたは取外しの作業
ずい道等の掘削等作業主任者	技能講習	ずい道等の掘削、ずり積み、支保工組立（落盤、肌落防止用）、ロックボルト取付、コンクリート等吹付
ずい道等の覆工作業主任者	技能講習	ずい道等覆工（型わく支保工）組立、解体、移動、コンクリート打設
型枠支保工組立て等作業主任者	技能講習	型枠の組立て、解体の作業
足場の組立て等作業主任者	技能講習	つり足場、張出足場または高さが 5m 以上の足場の組立、解体、変更の作業（ゴンドラのつり足場は除く）
コンクリート造の工作物の解体等作業主任者	技能講習	高さ 5m 以上のコンクリート造工作物の解体、破壊
鋼橋架設等作業主任者	技能講習	橋梁の上部構造であって金属部材により構成されるものの架設、解体、変更（但し、高さ 5m 以上または橋梁支間 30m 以上に限る）
コンクリート橋架設等作業主任者	技能講習	橋梁の上部構造であってコンクリート造のものの架設または変更（但し、高さ 5m 以上または橋梁支間 30m 以上に限る）
酸素欠乏危険作業主任者	技能講習	酸素欠乏危険場所における作業

1-5　届出が必要な工事

1　労働基準監督署長への仕事の計画の届出

　建設工事のうち、次の仕事を開始しようとする事業者（仕事を自ら行う発注者または元請負人に限る）は、その仕事の開始の日の 14 日前までに、労働基準監督署長にその仕事の計画を届け出なければなりません。

①高さ 31 m を超える建築物または、工作物（橋梁を除く）の建設、改造、解体または破壊の仕事

②最大支間 50 m 以上の橋梁の建設、改造または解体の仕事

③最大支間 30 m 以上 50 m 未満の橋梁（人口の集積が著しい地域で交通の輻輳している箇所のもの）の上部構造の建設等の仕事

④ずい道等の建設等の仕事（ずい道の内部に労働者が立ち入らないものを除く）

⑤掘削の高さまたは深さが 10 m 以上となる地山の掘削の作業（掘削機械を用いる作業で、掘削面の下方に労働者が立ち入らないものを除く）

⑥圧気工法による作業を行う仕事

届出が必要な規模を覚えよう！

 頻出項目をチェック！

1　☐　作業主任者を選任すべき作業には、土止め支保工の切ばり、腹起しの取付け取外しの作業や、型枠支保工の組立て、解体の作業がある。

ブルドーザの掘削、押土の作業や、既製コンクリート杭の杭打ち作業、道路のアスファルト舗装の転圧作業には、作業主任者の選任を必要としない。

安全衛生管理体制

Lesson 01

2 ☐ **ずい道の内部に労働者が立ち入る、ずい道の建設の工事は、労働基準監督署長への計画の届出が必要である。**

また、掘削の高さまたは深さが 10m 以上の地山の掘削の作業も、計画の届出が必要となる。

3 ☐ **安全衛生責任者は、統括安全衛生責任者を選任すべき事業者以外の請負人（下請負人）が選任する。**

下請負人で、当該仕事を自ら行うものは、安全衛生責任者を選任し、その者に統括安全衛生責任者との連絡その他事項を行わせなければならない。

既製コンクリート杭の杭打ち作業は、作業主任者を選任すべき作業~~である~~。

既製コンクリート杭の杭打ち作業は、作業主任者を選任すべき作業ではない。

掘削の深さが 8m である地山の掘削の作業を行う仕事は、労働基準監督署長に工事開始の 14 日前までに計画の届出をする必要がある。

掘削の深さが 10m である地山の掘削の作業を行う仕事は、労働基準監督署長に工事開始の 14 日前までに計画の届出をする必要がある。

圧気工法
立坑・トンネル内の湧水を防ぐため、圧縮空気を送り込む工法。

ずい道
トンネル。

演 習 問 題

安全管理体制

安衛法 1 労働安全衛生法上，統括安全衛生責任者との連絡のために，関係請負人が**選任しなければならない者**はどれか。

(1) 作業主任者
(2) 安全衛生責任者
(3) 衛生管理者
(4) 安全管理者

答え (2)

関係請負人が選任しなければならないのは、安全衛生責任者です。

作業主任者

安衛法 2 労働安全衛生法上，作業主任者の選任を**必要としない作業**は次のうちどれか。

(1) 既製コンクリート杭の杭打ちの作業
(2) 圧気工法で行われる高圧室内の作業
(3) 型枠支保工の組立ての作業
(4) 土止め支保工の切ばり，腹起しの取付けの作業

答え (1)

既製コンクリート杭の杭打ち作業は、作業主任者の選任を必要としません。

Lesson 01

重要度 ★★★

建設業法

一次

学習のポイント

● 元請負人の義務を理解すること。
● 施工体制台帳、施工体系図の作成を理解する。
● 主任技術者と監理技術者の配置条件と役割を理解する。

1-1　建設工事の請負契約

1　不当に低い請負代金の禁止

　注文者は、自己の取引上の地位を不当に利用して、その注文した建設工事を施工するために通常必要と認められる原価に満たない金額を請負代金の額とする請負契約を締結してはなりません。

2　不当な使用資材等の購入強制の禁止

　注文者は、請負契約の締結後、自己の取引上の地位を不当に利用して、その注文した建設工事に使用する資材もしくは機械器具またはこれらの購入先を指定し、これらを請負人に購入させて、その利益を害してはなりません。

3　建設工事の見積り等

　建設業者は、建設工事の請負契約を締結するに際して、工事内容に応じ、工事の種別ごとに材料費、労務費その他の経費の内訳並びに工事の工程ごとの作業及びその準備に必要な日数を明らかにして、建設工事の見積りを行うよう努めなければなりません。

4　一括下請負の禁止

　建設業者は、その請け負った建設工事を、いかなる方法をもってするかを問わず、一括して他人に請け負わせてはなりません。また、建設業

を営む者は、建設業者から当該建設業者の請け負った建設工事を一括して請け負ってはなりません。建設工事が、公共工事、多数の者が利用する施設、共同住宅を新築する工事以外の建設工事である場合において、当該建設工事の元請負人があらかじめ発注者の書面による承諾を得たときは、これらの規定は適用しません。

Lesson 01

建設業法

公共工事と共同住宅の新築工事は、一切、一括下請負が禁止だぞ！

1-2 元請負人の義務

1 下請負人の意見の聴取

元請負人は、その請け負った建設工事を施工するために必要な工程の細目、作業方法その他元請負人において定めるべき事項を定めようとするときは、あらかじめ、下請負人の意見を聞かなければなりません。

2 下請代金の支払い

元請負人は、請負代金の出来形部分に対する支払いまたは工事完成後における支払いを受けたときは、当該支払いの対象となった建設工事を施工した下請負人に対して、当該元請負人が支払いを受けた金額の出来形に対する割合および当該下請負人が施工した出来形部分に相応する下請代金を、当該支払いを受けた日から1ヶ月以内で、かつ、できる限り短い期間内に支払わなければなりません。

元請負人は、前払金の支払いを受けたときは、下請負人に対して、資材の購入、労働者の募集その他建設工事の着手に必要な費用を前払金として支払うよう適切な配慮をしなければなりません。

3 検査および引渡し

元請負人は、下請負人からその請け負った建設工事が完成した旨の通

知を受けたときは、当該通知を受けた日から 20 日以内で、かつ、できる限り短い期間内に、その完成を確認するための検査を完了しなければなりません。

4　特定建設業者の下請代金の支払期日等

特定建設業者が注文者となった下請契約における下請代金の支払期日は、引渡しの申出の日から起算して 50 日以内で、かつ、できる限り短い期間を定めなければなりません。

5　下請負人に対する特定建設業者の指導等

発注者から直接建設工事を請け負った特定建設業者は、当該建設工事の下請負人が、その下請負に係る建設工事の施工に関し、建設業法の規定または建設工事の施工もしくは建設工事に従事する労働者の使用に関する法令の規定で、政令で定めるものに違反しないよう、当該下請負人の指導に努めなければなりません。

6　施工体制台帳および施工体系図の作成等

1 施工体制台帳の作成

特定建設業者は、発注者から直接建設工事を請け負った場合において、当該建設工事を施工するために締結した下請契約の請負代金

の総額が 4,500 万円（建築一式工事は 7,000 万円）以上になるときは、施工体制台帳を作成し、工事現場ごとに備え置かなければなりません。なお、発注者から請求があったときは、その発注者の閲覧に供しなければなりません。

2 施工体系図の作成

施工体系図は、下請負人ごとに、かつ、各下請負人の施工の分担関係が明らかとなるよう系統的に表示して作成しておかなければなりません。また、各下請負人の施工の分担関係を表示した施工体系図を、当該工事現場の見やすい場所に掲げなければなりません。

3 公共工事の施工体制台帳

公共工事においては、下請契約の総額に関係なく、下請契約を締結した場合は施工体制台帳を作成して、その写しを発注者に提出しなければなりません。また、工事現場の施工体制が施工体制台帳の記載に合致しているかどうかの点検を求められたときは、これを受けることを拒んではなりません。

公共工事では、写しを提出するよ。

1-3　施工技術の確保

1　**建設工事の担い手の育成および確保その他の施工技術の確保**

建設業者は、建設工事の担い手の育成および確保その他の施工技術の確保に努めなければなりません。

2　**主任技術者および監理技術者の設置等**

1 主任技術者・監理技術者の設置

建設業者は、その請け負った建設工事を施工するときは、建設工

事の施工の技術上の管理をつかさどる主任技術者を置かなければなりません。この規定は、原則として、元請、下請にかかわらず適用されます。

発注者から直接建設工事を請け負った特定建設業者は、当該建設工事を施工するために締結した下請契約の請負代金の総額が 4,500 万円（建築一式工事は 7,000 万円）以上になる場合においては、建設工事の施工の技術上の管理をつかさどる監理技術者を置かなければなりません。 監理技術者の配置は元請だけの規定であり、下請が監理技術者を配置することはありません。

また、主任技術者・監理技術者、専門技術者は現場代理人を兼ねることができるとされています。

2 専任を要する技術者の配置

公共性のある施設もしくは工作物または多数の者が利用する施設もしくは工作物に関する重要な建設工事で、工事 1 件の請負代金の額が 4,000 万円（建築一式工事は 8,000 万円）以上の場合は、主任技術者または監理技術者は、工事現場ごとに、原則として、専任の者でなければなりません。

専任の者でなければならない監理技術者は、監理技術者資格者証の交付を受けている者であって、国土交通大臣の登録を受けた講習を受講したもののうちから、これを選任しなければなりません。

公共工事における専任の監理技術者は、発注者から請求があったときは、監理技術者資格者証を提示しなければなりません。

3 主任技術者の資格要件

①許可を受けようとする建設業に係る建設工事に関し、高等学校を卒業した後 5 年以上または大学を卒業した後 3 年以上実務の経験を有する者で在学中に国土交通省令で定める学科を修めた者

②許可を受けようとする建設業に係る建設工事に関し 10 年以上実務の経験を有する者

③国土交通大臣が①②に掲げる者と同等以上の知識および技術または技能を有するものと認定した者

3　主任技術者および監理技術者の職務等

　主任技術者および監理技術者は、工事現場における建設工事を適正に実施するため、当該建設工事の施工計画書の作成、工程管理、品質管理その他の技術上の管理および当該建設工事の施工に従事する者の技術上の指導監督の職務を誠実に行わなければなりません。

　工事現場における建設工事の施工に従事する者は、主任技術者または監理技術者がその職務として行う指導に従わなければなりません。

下請負人との契約事務は、主任技術者・監理技術者の職務内容には含まれないぞ！

 頻出項目をチェック！

---

1 ☐ 元請負人は、<u>前払金</u>の支払いを受けたときは、下請負人に対して、資材の購入、労働者の募集その他建設工事の着手に必要な費用を<u>前払金</u>として支払うよう<u>適切な配慮</u>をしなければならない。

元請負人は、請負代金の支払いを受けたときは、下請負人に対して下請代金を、当該支払いを受けた日から<u>1ヶ月以内</u>で、かつ、<u>できる限り短い期間内</u>に支払わなければならない。

---

2 ☐ 建設業者は、その請け負った建設工事を施工するときは、原則として、建設工事の施工の技術上の管理をつかさどる<u>主任技術者</u>を置かなければならない。

発注者から直接建設工事を請け負った<u>特定建設業者</u>は、請負代金の総額が<u>4,500万円</u>（建築一式工事は<u>7,000万円</u>）<u>以上</u>になる場合においては、建設工事の施工の技術上の管理をつかさどる<u>監理技術者</u>を置かなければならない。

---

3 ☐ 主任技術者および監理技術者は、<u>施工計画書の作成</u>、<u>工程管理</u>、<u>品質管理等</u>、<u>技術上の管理</u>および工事の施工に従事する者の<u>技術上の指導監督</u>を行わなければならない。

主任技術者・監理技術者は、<u>現場代理人</u>を兼ねることができる。

発注者から直接建設工事を請け負った特定建設業者は、その下請負契約の請負代金の額が政令で定める金額以上になる場合、~~主任技術者~~を置かなければならない。

発注者から直接建設工事を請け負った特定建設業者は、その下請負契約の請負代金の額が政令で定める金額以上になる場合、<u>監理技術者</u>を置かなければならない。

主任技術者又は監理技術者の職務内容としては、工事現場における技術上の管理及び~~下請負人との契約事務~~が定められている。

主任技術者又は監理技術者の職務内容としては、工事現場における技術上の管理及び<u>当該建設工事の施工に従事する者の技術上の指導監督</u>が定められている。

演 習 問 題

建設業法全般

建設業法 1 建設業法に関する次の記述のうち，**誤っているもの**はどれか。

(1) 建設業者は，その請け負った建設工事を施工するときは，原則として，当該工事現場における建設工事の施工の技術上の管理をつかさどる主任技術者を置かなければならない。

(2) 元請負人は，請け負った建設工事を施工するために必要な工程の細目，作業方法を定めようとするときは，あらかじめ下請負人の意見を聞かなくてもよい。

(3) 発注者から直接建設工事を請け負った特定建設業者は，その下請契約の請負代金の額が政令で定める金額未満の場合においては，監理技術者を置かなくてもよい。

(4) 元請負人は，前払金の支払いを受けたときは，下請負人に対して，資材の購入など建設工事の着手に必要な費用を前払金として支

払うよう適切な配慮をしなければならない。

答え (2)

建設業法では、あらかじめ下請負人の意見を聞かなければならないと規定されています。

··
技術者の配置
··

建設業法 2 主任技術者又は監理技術者に関する次の記述のうち，建設業法上，**正しいもの**はどれか。

(1) 発注者から直接建設工事を請け負った特定建設業者は，その下請負契約の請負代金の額が政令で定める金額以上になる場合，主任技術者を置かなければならない。
(2) 主任技術者又は監理技術者の職務内容としては，工事現場における技術上の管理及び下請負人との契約事務が定められている。
(3) 下請負人となる建設業者は，監理技術者を置く必要はないが，原則として，主任技術者を置かなければならない。
(4) 建設業者は，国又は地方公共団体が発注する建設工事を請け負った場合，必ず監理技術者を置かなければならない。

答え (3)

(1) 下請負契約の請負代金の額が政令で定める金額以上になる場合、監理技術者を置かなければなりません。
(2) 主任技術者または監理技術者の職務には、下請との契約は含まれません。
(4) 監理技術者の配置基準には公共工事も適用されますが、下請負契約の請負代金の額が政令で定める金額以上になる場合です。

主任技術者

建設業法3 建設業法に定められている主任技術者に関する次の記述のうち，**誤っているもの**はどれか。

- (1) 主任技術者は，工事現場における建設工事の施工の技術上の管理をつかさどるものである。
- (2) 主任技術者は，現場代理人の職務を兼ねることができる。
- (3) 実務経験が10年以上ある者は，その経験のある業種に限って主任技術者となることができる。
- (4) 元請負人が主任技術者を置いた建設工事の下請負人は，主任技術者を置く必要はない。

答え (4)

元請負人が主任技術者を置いた場合でも、下請負人は主任技術者を置かなければなりません。

技術者の職務

建設業法4 建設工事を行うにあたって，主任技術者及び監理技術者の職務に関する次の記述のうち，**適当でないもの**はどれか。

- (1) 主任技術者及び監理技術者は，一般的な公共工事では現場代理人を兼ねることができない。
- (2) 主任技術者及び監理技術者は，工事の施工に従事する者の技術上の指導監督を行う。
- (3) 監理技術者は，工事の施工を行うすべての専門工事業者を適切に指導監督を行う。
- (4) 主任技術者及び監理技術者は，工事の施工計画の作成，工程管理，品質管理その他の技術上の管理を行う。

答え (1)

主任技術者及び監理技術者は、現場代理人を兼ねることができるとされています。

重要度 ★ ★ ★

道路関係法令

―― 学習のポイント ――

一次

● 道路管理者の区分を理解する。
● 道路占用物の種類と許可申請を理解する。
● 車両制限令の車両の大きさを理解する。

1-1　総則

1　道路の定義

「道路」とは、一般交通の用に供する道であり、トンネル、橋、渡船施設、道路用エレベーター等、道路と一体となってその効用を全うする施設または工作物および道路の附属物で、当該道路に附属して設けられているものを含むものとされています。

2　道路の附属物

「道路の附属物」とは、道路の構造の保全、安全かつ円滑な道路の交通の確保その他、道路の管理上必要な施設または工作物で、次に掲げるものをいいます。

①道路上のさくまたは駒止（ガードレールなど）
②道路上の並木または街灯で道路管理者の設けるもの
③道路標識、道路元標または里程標
④道路情報管理施設（道路標識等）
⑤道路に接する、道路の維持または修繕に用いる機械、器具または材料の常置場
⑥自動車駐車場または自転車駐車場で道路管理者が設けるもの
⑦道路管理者の設ける共同溝または電線共同溝

1 道路管理者

道路の種類によって、道路管理者は以下のとおりです。

道路の種類		道路管理者
高速道路		国土交通大臣
一般国道	指定区間	国土交通大臣
	指定区間外	都道府県 または政令指定市
都道府県道		都道府県 または政令指定市
市町村道		市町村

2 標識の設置

「案内標識」「警戒標識」のすべてと「規制標識」の一部は、道路法に基づき道路管理者が設置し、その他の「規制標識」と「指示標識」は、道路交通法に基づき都道府県公安委員会が設置します。

なお、「規制標識」「指示標識」には、道路管理者と都道府県公安委員会の双方が設置者であるものも含まれます。

3 道路台帳

道路管理者は、その管理する道路の台帳を作成し、これを保管しなければなりません。

4 道路構造令

道路構造令は、道路を新設し、または改築する場合における高速自動車国道および一般国道の構造の一般的技術的基準を定めるものです。

1-3 道路の占用

1 道路の占用の許可

道路に次のいずれかに掲げる工作物、物件または施設を設け、継続して道路を使用しようとする場合においては、道路管理者の許可を受けなければなりません。

①電柱、電線、変圧塔、郵便差出箱、公衆電話所、広告塔等

②水管、下水道管、ガス管等

③鉄道、軌道等

④歩廊、雪よけ等

⑤地下街、地下室、通路、浄化槽等

⑥露店、商品置場等

⑦その他、道路の構造または交通に支障を及ぼすおそれのある工作物、物件または施設

　工事現場において敷地に余裕がなくやむを得ず、板囲い、足場、資材を道路上に置く場合も道路の占用の許可が必要です。なお、道路情報提供装置などの道路附属物は道路の管理上必要な施設であり、道路の占用の許可は必要ありません。

2 道路の占用申請

　道路の占用（継続して道路を使用すること）の許可を受けようとする者は、以下の事項を記載した申請書を道路管理者に提出しなければなりません。

①道路の占用の目的、期間、場所

②工作物、物件または施設の構造

③工事実施の方法、時期

④道路の復旧方法

道路使用許可の場合は、警察署長の許可だよ。

1-4　道路の保全等

1　限度超過車両の通行の許可等

　道路管理者は、車両でその幅、重量、高さ、長さまたは最小回転半径が所定の最高限度を超えるものは、道路を通行させてはなりません。ただし、車両の構造または車両に積載する貨物が特殊であるためやむを得ないと認めるときは、通行経路、通行時間等について、道路の構造を保全し、または交通の危険を防止するため必要な条件を付して、通行を許可することができます。

2　車両制限令

　車両制限令は、道路の構造を保全し、または交通の危険を防止するため、道路との関係において必要とされる車両についての制限を定めたものです。

①幅　2.5 m

②車両の重量

　・総重量

　　高速自動車国道または道路管理者が指定した道路は　25 t

　　その他の道路を通行する車両にあっては　20 t

　・軸重　10 t

　・輪荷重　5 t

③高さ　3.8 m（道路管理者が指定した道路は 4.1 m）

④長さ　12 m

⑤最小回転半径　車両の最外側のわだちについて　12 m

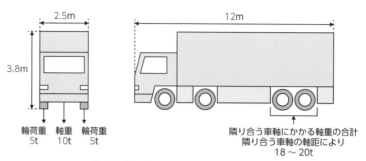

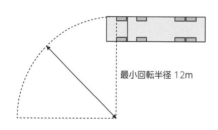

最小回転半径 12m

輪荷重を 10t とする誤った選択肢が頻出だぞ！

用　語

道路元標
道路の起終点を示す標識。

里程標
道路の起点からの距離を示す標識。

軸重
1 本の車軸にかかる重さ。

輪荷重
1 つの車輪にかかる重さ。

☑ 頻出項目をチェック！

1 ☐ 車両制限令において、車両の輪荷重の最高限度は <u>5</u>t、総荷重は <u>20</u>t と定められている。

車両の高さの最高限度は <u>3.8</u>m、長さは <u>12</u>m、幅は <u>2.5</u>m、最小回転半径は <u>12</u>m と定められている。

 こんな選択肢は誤り！

工事に要する費用は、道路の占用許可に関し、道路法上、道路管理者に提出すべき申請書に記載する事項に~~該当する~~。

工事に要する費用は、道路の占用許可に関し、道路法上、道路管理者に提出すべき申請書に記載する事項に<u>該当しない</u>。

車両の輪荷重の最高限度は、~~10t~~ である。

車両の輪荷重の最高限度は、<u>5t</u> である。

➤ 演習問題 ➤

道路占用

道路法 1 道路法上，道路に工作物又は施設を設け，継続して道路を使用する行為に関する次の記述のうち，占用の許可を**必要としないもの**はどれか。

(1) 当該道路の道路情報提供装置を設置する場合
(2) 電柱，電線，郵便差出箱，広告塔を設置する場合
(3) 水管，下水道管，ガス管を埋設する場合
(4) 高架の道路の路面下に事務所，店舗を設置する場合

答え (1)

道路情報提供装置は道路附属物であり、占用物に該当しません。

重要度 ★★★

河川法

学習のポイント

一次

● 河川法の総則全般、河川の区域を理解する。
● 河川管理者の占用許可が必要な事項を理解する。
● 河川管理者の許可が必要な行為を理解する。
● 工事における仮設物の許可について理解する。

1-1 総則

1 目的

　この法律は、河川について、洪水、津波、高潮等による災害の発生が防止され、河川が適正に利用され、流水の正常な機能が維持され、および河川環境の整備と保全がされるようにこれを総合的に管理することにより、国土の保全と開発に寄与し、もって公共の安全を保持し、かつ、公共の福祉を増進することを目的とします。

2 河川および河川管理施設

　河川法において「河川」とは、一級河川および二級河川をいい、これらの河川に係る河川管理施設を含むものとされています。
　この法律において「河川管理施設」とは、ダム、堰、水門、堤防、護岸、床止め、樹林帯、その他河川の流水によって生ずる公利を増進し、または公害を除却し、もしくは軽減する効用を有する施設をいいます。

1-2 河川の管理

1 河川の管理者

　河川の管理は、一級河川は国土交通大臣が行い、二級河川は都道府県知事が行います。また、準用河川は一級、二級河川以外の河川で市町村長が指定したもので、その管理は市町村長が行います。

普通河川は、一級、二級、準用河川以外の河川で、市町村長が条例に基づき管理するため、河川法の適用は受けません。

河川管理区分一覧表

河川の種類	管理者	管理区分
一級河川	国土交通大臣	河川法
二級河川	都道府県知事	
準用河川	市町村長	
普通河川	市町村長	市町村条例

2 河川区域

「河川区域」とは、次の各号に掲げる区域をいいます。

①河川の流水が継続して存する土地

②河川管理施設の敷地である土地の区域

③堤外の土地の区域のうち、①に掲げる区域と一体として管理を行う必要があるものとして河川管理者が指定した区域

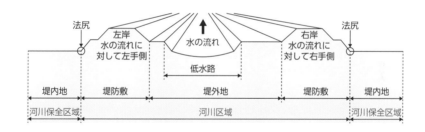

河川区域は、堤防の法尻から法尻までだよ！

3 堤外地と堤内地

堤外地とは、堤防に挟まれ流水のある区域をいい、堤内地は、堤防によって洪水から守られ、人々が生活する区域をいいます。

4　河川保全区域

河川管理者は、河岸または河川管理施設を保全するため必要があると認めるときは、河川区域に隣接する一定の区域を河川保全区域として指定することができます。河川保全区域の指定は、河川区域の境界から50 m以内です。河川保全区域には次のような行為の制限があります。

①河川保全区域における河川管理者の許可が必要な行為

　・土地の掘削、盛土または切土、その他土地の形状を変更する行為
　・コンクリート造等の堅固な工作物および水路等の水が浸透するおそれのある工作物を新築または改築する行為

②河川保全区域における河川管理者の許可を必要としない行為

　・耕うん（農耕）
　・地表から高さ3 m以内の盛土の行為
　・地表から深さ1 m以内の掘削または切土の行為
　・コンクリート造等の堅固な工作物および水路等の水が浸透するおそれのある工作物以外の工作物を新築または改築する行為
　・河川管理者が保全上の影響が少ないと認めて指定した行為

ただし、耕うん以外の行為で、河川管理施設の敷地から5 m以内の土地におけるものは許可を必要とします。

1-3　河川の使用および河川に関する規制

1　流水の占用の許可

河川の流水を占用しようとする者は、国土交通省令で定めるところにより、河川管理者の許可を受けなければなりません。ただし、現場練りコンクリートに用いる水をバケツで汲み上げる少量の河川水の使用のような場合は、許可を受ける必要はありません。

2　土地の占用の許可

河川区域内の土地を占用しようとする者は、国土交通省令で定めるところにより、河川管理者の許可を受けなければなりません。この規定は上空や地下にも及ぶため、送電線の横断や、地下に下水道のトンネル横

断やケーブルを埋設する工事でも、占用許可が必要です。

3　土石等の採取の許可

　河川区域内の土地において土石を採取しようとする者は、河川管理者の許可を受けなければなりません。河川区域内の土地において土石以外の河川の産出物で竹木（ちくぼく）、あし、かやその他これらに類するものを採取しようとする者も、許可を必要とします。

4　工作物の新築等の許可

　河川区域内の土地において工作物を新築し、改築し、または除却しようとする者は、国土交通省令で定めるところにより、河川管理者の許可を受けなければなりません。河川の河口附近の海面において河川の流水を貯留し、または停滞させるための工作物を新築し、改築し、または除却しようとする者も、同様です。
　この規定には、以下の特徴があります。
①官有地、民有地を問わず、河川区域内の一切の土地が対象となる。
②地表面だけでなく、上空や地下に設ける工作物にも適用される。
③新築だけでなく、改築や除却にも、また、一時的な仮設物にも適用される。
④特例として、河川工事をするための資機材運搬施設、河川区域内に設けざるを得ない足場、板囲い、標識等の工作物は、河川工事と一体をなすものとして許可は必要ない。必ずしも河川区域内に設ける必要のない現場事務所、資材倉庫などは、河川工事であっても許可を受ける必要がある。

5　土地の掘削等の許可

　河川区域内の土地において、土地の掘削、盛土もしくは切土その他土地の形状を変更する行為または竹木の栽植（さいしょく）もしくは伐採（ばっさい）をしようとする者は、国土交通省令で定めるところにより、河川管理者の許可を受けなければなりません。ただし、河川管理者から許可を受けて設置された取

水施設または排水施設の機能を維持するために行う、取水口または排水口の付近に積もった土砂等の排除、政令で定める軽易な行為については、許可が必要ありません。

Lesson
01

河川法

☑ 頻出項目をチェック！

1 ☐ 河川法において「河川」とは、一級河川及び二級河川をいい、これらの河川に係る河川管理施設を含むものである。

「河川管理施設」とは、ダム、堰、水門、堤防、護岸、床止め、樹林帯、その他河川の流水によって生ずる公利を増進し、または公害を除却し、もしくは軽減する効用を有する施設をいう。

2 ☐ 一級河川は国土交通大臣、二級河川は都道府県知事が管理する。

市町村長が指定した準用河川の管理は市町村長が行う。また、普通河川は、市町村長が条例に基づき管理するため、河川法の適用を受けない。

3 ☐ 河川の流水を占用しようとする者は、国土交通省令で定めるところにより、河川管理者の許可を受けなければならない。

現場練りコンクリートに用いる水をバケツで汲み上げる少量の河川水の使用のような場合は、許可を受ける必要はない。

4 ☐ 河川区域内の土地を占用しようとする者は、国土交通省令で定めるところにより、河川管理者の許可を受けなければならない。

河川区域内の土地占用に関する規定は上空や地下にも及ぶため、送電線の横断や、地下に下水道のトンネル横断やケーブルを埋設する工事でも、占用許可が必要である。

5 ☐ 河川区域内の土地において土石を採取しようとする者は、河川管理者の許可を受けなければならない。

河川区域内の土地において土石以外の河川の産出物で竹木、あし、かやその他これらに類するものを採取しようとする者も、許可を必要とする。

6 □ 河川区域内の土地において工作物を新築し、改築し、または除却しようとする者は、国土交通省令で定めるところにより、河川管理者の許可を受けなければならない。

この規定は、地表面だけでなく、上空や地下に設ける工作物にも適用され、また一時的な仮設物にも適用される。

7 □ 河川区域内の土地において、土地の掘削、盛土もしくは切土その他土地の形状を変更する行為または竹木の栽植もしくは伐採をしようとする者は、河川管理者の許可を受けなければならない。

河川区域内の土地における土地の掘削などにおいて、取水口または排水口の付近に積もった土砂等の排除、政令で定める軽易な行為については、許可が必要ない。

こんな選択肢は誤り！

河川区域内の土地において工事用材料置場を設置するときは、許可は必要ない。

河川区域内の土地において工事用材料置場を設置するときは、許可が必要である。

河川上空を横断する送電線は、河川管理者の占用許可は必要としない。

河川上空を横断する送電線は、河川管理者の占用許可を必要とする。

演習問題

河川法

河川法1 河川法に関する次の記述のうち，正しいものはどれか。

(1) 河川の管理は，1級河川は都道府県知事が行い，2級河川は市町村長が行う。

(2) 河川法の目的は，洪水防御と水利用の２つであり，河川環境の整備と保全はその目的に含まれない。

(3) 河川法上の河川には，ダム，堰，水門，床止め，堤防，護岸などの河川管理施設も含まれる。

(4) 河川区域には，堤防に挟まれた区域と堤内地側の河川保全区域が含まれる。

答え (3)

(1) 1級河川は国土交通大臣、2級河川は都道府県知事が管理します。

(2) 河川法の目的には、河川環境の整備と保全も含まれます。

(4) 河川区域には、河川保全区域は含まれません。

河川管理者の許可

河川法 2 河川法上，河川区域内で河川管理者の許可に関する次の記述のうち，**誤っているもの**はどれか。

(1) 河川の上空に送電線を新たに架設する場合は，許可が必要である。

(2) 河川区域内の土地においての竹林の植栽・伐採は，許可が必要でない。

(3) 河川区域内における下水処理場の排水口の付近に積もった土砂の排除は，許可が必要でない。

(4) 河川区域内の土地において土砂を採取しようとする者は，許可が必要である。

答え (2)

河川区域の土地の形状を変更する行為または竹木の栽植もしくは伐採しようとする場合は、河川管理者の許可が必要です。

重要度 ★ ★ ★

建築基準法

一次

学習のポイント

● 建築物には何が含まれるかを理解する。
● 用語の定義、道路の接道義務を理解する。
● 仮設建築物に適用・不適用の規定を理解する。

1-1 用語の定義

1 建築物

この法律において「建築物」とは、土地に定着する工作物のうち、屋根および柱もしくは壁を有するもの、これに附属する門や塀、観覧のための工作物または地下もしくは高架の工作物内に設ける事務所、店舗、興行場、倉庫その他これらに類する施設をいい、建築設備を含むものをいいます。

2 建築設備

「建築設備」とは、建築物に設ける電気、ガス、給水、排水、換気、暖房、冷房、消火、排煙もしくは汚物処理の設備または煙突、昇降機もしくは避雷針をいいます。

3 主要構造部

「主要構造部」とは、主に防火に必要な構造で、壁、柱、床、はり、屋根または階段をいい、建築物の構造上重要でない間仕切壁、間柱、付け柱、揚げ床、最下階の床、回り舞台の床、小ばり、ひさし、局部的な小階段、屋外階段その他これらに類する建築物の部分を除くものです。

1-2 単体規定

単体規定は、建築物および敷地の安全性、防火および避難、衛生など

に関する基準を定めたものです。

1 敷地の衛生および安全

建築物の敷地は、これに接する道の境より高くなければならず、建築物の地盤面は、これに接する周囲の土地より高くなければなりません。

2 構造耐力

建築物は、自重、積載荷重、積雪荷重、風圧、土圧および水圧ならびに地震その他の震動および衝撃に対して安全な構造のものでなければなりません。

3 居室の採光および換気

住宅、学校、病院、診療所、寄宿舎、下宿その他これらに類する建築物で政令で定めるものの居室には、採光のための窓その他の開口部を設けなければなりません。

> 構造耐力、採光、換気の規定は、仮設建築物にも適用されるよ！

1-3　集団規定

集団規定は、市街地における建築のルールを定めたもので、都市計画法に定める都市計画区域内の建築物または建築物の敷地に限って適用される規定です。

1 敷地等と道路との関係

道路とは、道路法等の各規定に該当する幅員4 m以上のものをいい、建築物の敷地は、原則として道路に2 m以上接しなければなりません。

2　容積率と建蔽率

①容積率は、建築物の延べ面積の敷地面積に対する割合
②建蔽率は、建築物の建築面積の敷地面積に対する割合
　なお、敷地面積は、敷地の水平投影面積によります。

1-4　仮設建築物に対する規制緩和

　非常災害があった場合において、応急仮設建築物や、工事を施工するために現場に設ける事務所、下小屋、材料置場その他これらに類する仮設建築物は、以下の基準には適用、不適用の項目があります。

1　建築基準法が適用されない基準

①建築確認申請手続き
②建築工事の完了検査
③建築物を新築または除却する場合の届出
④建築物の敷地の衛生および安全に関する規定
⑤建築物の敷地は道路に原則として 2 m 以上接すること
⑥延べ面積の敷地面積に対する割合（容積率）
⑦建築面積の敷地面積に対する割合（建蔽率）
⑧第 1 種低層住居専用地域等の建築物の高さ
⑨防火地域または準防火地域内の屋根の構造（延べ面積が 50 m^2 以内）

2　建築基準法が適用される基準

①建築士による一定規模以上の建築物の設計および工事監理
②建築物は、自重、積載荷重、積雪、風圧、地震等に対する安全な構造とすること
③事務室等の採光および換気のための窓の設置
④地階における住宅等の居室の防湿措置
⑤電気設備の安全および防火
⑥延べ面積が 50 m^2 を超える仮設建築物で、防火地域または準防火地域内の屋根の構造は次のいずれかによること

・不燃材料で造るか、またはふく。

・準耐火構造の屋根（屋外に面する部分を準不燃材料で造ったもの）。

・耐火構造の屋根（屋外に面する部分を準不燃材料で造ったもので、屋根勾配が30度以内のもの）の屋外面に断熱材および防水材を張ったもの。

Lesson
01

建築基準法

☑ 頻出項目をチェック！

---

1 ☐ **建築物とは、土地に定着する工作物のうち、屋根および柱もしくは壁を有するもの、これに附属する門や塀等をいい、建築設備を含むものである。**

建築設備とは、建築物に設ける電気、ガス、給水等の設備または煙突、昇降機もしくは避雷針をいう。

---

2 ☐ **主要構造部とは、主に防火に必要な構造で、壁、柱、床、はり、屋根または階段をいう。**

建築物の構造上重要でない間仕切壁、間柱、付け柱、揚げ床等の部分を除くものである。

---

3 ☐ **建築物の敷地は、原則として道路に原則として 2m 以上接しなければならない。**

道路とは、道路法等の各規定に該当する幅員 4m 以上のものをいう。

---

4 ☐ **容積率は、建築物の延べ面積の敷地面積に対する割合である。**

建蔽率は、建築物の建築面積の敷地面積に対する割合である。

---

5 ☐ **仮設建築物等には、建築基準法の建築確認申請手続き、建築物を新築または除却する場合の届出、容積率、建蔽率等の基準は適用されない。**

ただし、建築物を、自重、積載荷重、積雪、風圧、地震等に対して安全な構造とすることや、延べ面積が 50㎡ を超える仮設建築物の防火地域または準防火地域内の屋根の構造等の基準は適用される。

現場に設ける延べ面積50㎡を超える仮設建築物には、仮設建築物の延べ面積の敷地面積に対する割合（容積率）の規定が~~適用される~~。

現場に設ける延べ面積50㎡を超える仮設建築物には、仮設建築物の延べ面積の敷地面積に対する割合（容積率）の規定が<u>適用されない</u>。

仮設建築物を設ける敷地は、原則として公道に2m以上接しなければならないという規定が~~適用される~~。

仮設建築物を設ける敷地は、原則として公道に2m以上接しなければならないという規定が<u>適用されない</u>。

演 習 問 題

建築基準法全般

建基法1 建築基準法に関する次の記述のうち，**誤っているもの**はどれか。

(1) 建築物は，土地に定着する工作物のうち，屋根及び柱若しくは壁を有するものである。
(2) 建築物の主要構造部は，壁，柱，床，はり，屋根又は階段をいう。
(3) 容積率は，敷地面積の建築物の延べ面積に対する割合をいう。
(4) 建蔽率は，建築物の建築面積の敷地面積に対する割合をいう。

答え (3)

容積率は、建築物の延べ面積の敷地面積に対する割合です。

·····

仮設建築物

·····

建基法 2 建築基準法上，防火地域又は準防火地域内の現場に設ける延べ面積が 50 m^2 を超える仮設建築物に関する次の記述のうち，**誤っているもの**はどれか。

(1) 建築物の建築面積の敷地面積に対する割合（建蔽率）の規定が適用される。
(2) 建築物は，自重，積載荷重，風圧及び地震等に対して安全な構造としなければならない。
(3) 建築主は，建築物の工事完了にあたり，建築主事等への完了検査の申請は必要としない。
(4) 防火地域に設ける建築物の屋根の構造については，政令で定める基準が適用される。

答え (1)
仮設建築物には、建蔽率は適用除外となっています。

·····

仮設建築物

·····

建基法 3 建築基準法上，現場に設ける延べ面積が 50m^2 を超える仮設建築物に関する次の記述のうち，**正しいもの**はどれか。

(1) 工事着手前に，建築主事等へ確認の申請書を提出しなければならない。
(2) 準防火地域に設ける建築物の屋根の構造は，政令で定める技術的基準などに適合するものとする。
(3) 建築物の延べ面積の敷地面積に対する割合（容積率）の規定が適用されるものとする。
(4) 仮設建築物を除去する場合は，都道府県知事に届け出なければならない。

答え (2)
(1) 建築確認、(3) 容積率、(4) 除却の届出の規定は、仮設建築物には適用されません。

Lesson 01

重要度 ★☆☆

火薬類取締法

一次

学習のポイント

● 火薬類の運搬と貯蔵の基準を理解する。
● 火薬類の取扱いの基準を理解する。
● 火薬類取扱所、火工所の役割を理解する。

1-1 火薬類の貯蔵と運搬

1 貯蔵

　火薬類の貯蔵は、火薬庫においてしなければなりません。ただし、経済産業省令で定める数量以下の火薬類については、この限りではありません。

1 火薬庫

　火薬庫を設置し、移転しまたはその構造もしくは設備を変更しようとする者は、経済産業省令で定めるところにより、都道府県知事の許可を受けなければなりません。火薬庫は、経済産業大臣または都道府県知事が行う完成検査を受け、技術上の基準に適合していると認められた後でなければ、これを使用してはなりません。

2 貯蔵の区分

　火薬類は、火薬庫に貯蔵する場合において、一級火薬庫、二級火薬庫、三級火薬庫または水蓄火薬庫にあっては、異なった貯蔵火薬類の区分に属する火薬類を同一の火薬庫に貯蔵してはなりません。

3 貯蔵上の取扱い

　火薬庫内に入る場合には、あらかじめ定めた安全な履物を使用し、土足で出入りしてはなりません。また、火薬庫内に入る場合には、鉄類もしくはそれらを使用した器具または携帯電灯以外の灯火を持ち込んではなりません。

2 運搬

　火薬類を運搬しようとする場合は、出発地を管轄する都道府県公安委員会に届け出て、届出を証明する文書の交付を受けなければなりません。

　火薬類は、他の物と混包し、または火薬類でないようにみせかけて、これを所持し、運搬し、もしくは託送してはなりません。

1-2　火薬類の取扱い

1　取扱者の制限

　18歳未満の者は、火薬類の取扱いをしてはなりません。

2　火薬類の取扱い

　消費場所において火薬類を取り扱う場合には、次の規定を守らなければなりません。

①火薬類を収納する容器は、木その他電気不良導体で作った丈夫な構造のものとし、内面には鉄類を表さないこと。

②火薬類を存置し、または運搬するときは、火薬、爆薬、導爆線または制御発破用コードと火工品とは、それぞれ異なった容器に収納すること。

③火薬類を運搬するときは、衝撃等に対して安全な措置を講ずること。

④電気雷管を運搬する場合には、脚線が裸出しないような容器に収納して運搬すること。

⑤凍結したダイナマイト等は、爆発または発火のおそれがない適切な方法で融解すること。ただし、火気、ストーブ、蒸気管その他高熱源に接近させてはならない。

⑥固化したダイナマイト等は、もみほぐすこと。

⑦使用に適さない火薬類は、その旨を明記したうえで、火薬類取扱所もしくは火工所、火薬庫に返送すること。

⑧導火線は、導火線ばさみ等の適当な器具を使用して保安上適当な長さに切断し、工業雷管に電気導火線または導火線を取り付ける場合には、口締器を使用すること。

Lesson
01

火薬類取締法

⑨1日に消費場所に持ち込むことのできる火薬類の数量は、1日の消費見込量以下とし、消費場所に持ち込む火薬類は火薬類取扱所または火工所を経由させること。

⑩消費場所においては、やむを得ない場合を除き火薬類取扱所、火工所または発破場所以外の場所に火薬類を存置しないこと。

⑪1日の消費作業終了後は、やむを得ない場合を除き、消費場所に火薬類を残置させないで火薬庫または法令に規定する場所に貯蔵すること。

⑫消費場所においては、火薬類消費計画書に火薬類を取り扱う必要のある者として記載されている者が火薬類を取り扱う場合には、腕章（わんしょう）を付ける等他の者と容易に識別できる措置を講ずること。

⑬消費場所においては、前号に規定する措置をしている者以外の者は、火薬類を取り扱わないこと。

火薬類の取扱いの留意点を理解しよう！

3 火薬類取扱所

　消費場所においては、火薬類の管理および発破の準備をするために、火薬類取扱所を設けなければなりません。

4 火工所

　消費場所においては、薬包（やくほう）に工業雷管、電気雷管もしくは導火管付き雷管を取り付け、またはこれらを取り付けた薬包を取り扱う作業をするために、火工所を設けなければなりません。

①火工所は、通路、通路となる坑道、動力線、火薬類取扱所、他の火工所、火薬庫、火気を取り扱う場所、人の出入する建物等に対し安全で、かつ、湿気の少ない場所に設けること。

②火工所として建物を設ける場合には、適当な換気の措置を講じ、床面

にはできるだけ鉄類を表さず、その他の場合には、日光の直射および雨露を防ぎ、安全に作業ができるような措置を講ずること。

③火工所に火薬類を存置する場合には、見張人を常時配置すること。

④火工所の周囲には、適当な柵を設け、かつ、「火薬」、「立入禁止」、「火気厳禁」等と書いた警戒札を掲示すること。

⑤火工所以外の場所においては、薬包に工業雷管、電気雷管または導火管付き雷管を取り付ける作業を行わないこと。

⑥火工所には、薬包に工業雷管、電気雷管または導火管付き雷管を取り付けるために必要な火薬類以外の火薬類を持ち込まないこと。

火工所の基準を理解しよう！

5 消費と廃棄

　火薬類を爆発させ、または燃焼させようとする者は、都道府県知事の許可を受けなければなりません。また、火薬類を廃棄しようとする者は、経済産業省令で定めるところにより、都道府県知事の許可を受けなければなりません。

6 発破

　火薬類の発破を行う場合には、以下の事項を守らなければなりません。

①発破場所に携行する火薬類の数量は、当該作業に使用する消費見込量を超えないこと。

②発破場所においては、責任者を定め、火薬類の受渡し数量、消費残数量および発破孔または薬室に対する装填方法をその都度記録させること。

③装填が終了し、火薬類が残った場合には、直ちに始めの火薬類取扱所または火工所に返送すること。

④前回の発破孔を利用して、削岩し、または装填しないこと。

⑤火薬類を装填する場合には、発破孔に砂その他の発火性または引火性

のない込物（こめもの）を使用し、かつ、摩擦、衝撃、静電気等に対して安全な装填機または装填具を使用すること。

⑥発破に際しては、あらかじめ定めた危険区域への通路に見張人を配置し、その内部に関係人のほかは立ち入らないような措置を講じ、付近の者に発破する旨を警告し、危険がないことを確認した後でなければ点火しないこと。

⑦発破母線を敷設（ふせつ）する場合には、電線路その他の充電部または帯電するおそれが多いものから隔離すること。

7　不発

装填された火薬類が点火後爆発しないときまたはその確認が困難であるときは、当該作業者は、次の規定を守らなければなりません。

①ガス導管発破の場合には、ガス導管内の爆発性ガスを不活性ガスで完全に置換（ちかん）し、かつ、再点火ができないように措置を講ずること。

②電気雷管によった場合には、発破母線を点火器から取り外し、その端を短絡（たんらく）させておき、かつ、再点火ができないように措置を講ずること。

③前記①、②（半導体集積回路を組み込んだものを除く）の措置を講じた後5分以上、半導体集積回路を組み込んだ電気雷管によった場合には前記②の措置を講じた後10分以上、その他の場合には、点火後15分以上を経過した後でなければ、火薬類装填箇所に接近せず、かつ、他の作業者を接近させないこと。

8　発破終了後の措置

発破を終了したときは、当該作業者は、発破による有害ガスによる危険が除去された後、岩盤、コンクリート構造物等についての危険の有無を検査し、安全と認めた後（坑道式発破にあっては、発破後30分を経過して安全と認めた後）でなければ、何人も発破場所およびその付近に立入らせてはなりません。

頻出項目をチェック！

1 ☐ 火薬類を運搬しようとする場合は、<u>出発地</u>を管轄する<u>都道府県公安委員会</u>に届け出て、届出を証明する<u>文書の交付</u>を受けなければならない。

また、火薬類を存置し、または運搬するときは、<u>火薬</u>、<u>爆薬</u>、<u>導爆線</u>または<u>制御発破用コード</u>と<u>火工品</u>とは、それぞれ異なった容器に収納する。

2 ☐ 消費場所においては、火薬類消費計画書に火薬類を取り扱う必要のある者として記載された者は、<u>腕章</u>を付ける等他の者と容易に<u>識別</u>できる措置を講じなければならない。

消費場所においては、上記の措置をしている者以外の者は、火薬類を<u>取り扱ってはならない</u>。

3 ☐ 火薬類の発破を行う場合において、火薬類を装填する際には、発破孔に<u>発火性または引火性のない込物</u>を使用し、かつ、<u>摩擦</u>、<u>衝撃</u>、<u>静電気</u>等に対して安全な装填機または装填具を使用する。

装填が終了し、火薬類が残った場合には、<u>直ちに</u>始めの火薬類取扱所または火工所に<u>返送</u>する。

 こんな選択肢は誤り！

火薬類を運搬しようとする者は、原則として出発地を管轄する~~都道府県知事の許可~~を受けなければならない。

火薬類を運搬しようとする者は、出発地を管轄する<u>都道府県公安委員会に届け出て、届出を証明する文書の交付</u>を受けなければならない。

火薬類を運搬するときは、火薬と火工品とは、~~いかなる場合も同一の容器~~に収納すること。

火薬類を運搬するときは、火薬と火工品とは、<u>それぞれ異なった</u>容器に収納すること。

電気雷管を運搬する場合には、脚線が裸出しないよう~~背負袋に収納すれば、~~ ~~乾電池や動力線と一緒に携行すること~~ができる。

電気雷管を運搬する場合には、脚線が裸出しないような容器に収納し、乾電池その他電路の裸出している電気器具を携行してはならず、かつ、動力線その他漏電のおそれのあるものに接近してはならない。

演 習 問 題

....
火薬類の取扱い
....

火薬法 1 火薬類の取扱いに関する次の記述のうち，火薬類取締法上，**誤っているもの**はどれか。

(1) 消費場所で火薬類を取り扱う者は，腕章を付ける等他の者と容易に識別できる措置を講じなければならない。

(2) 火薬庫内に入る場合には，搬出入装置を有する火薬庫を除いて土足で入ることは禁止されている。

(3) 火薬類を装填する場合の込物は，砂その他の発火性又は引火性のないものを使用し，かつ，摩擦，衝撃，静電気等に対して安全な装填機，又は装填具を使用する。

(4) 工事現場に設置した2級火薬庫に火薬と導火管付き雷管を貯蔵する場合は，管理を一元化するために同一火薬庫に貯蔵しなければならない。

答え (4)

2級火薬庫には火薬と導火管付き雷管を同一の火薬庫に貯蔵してはなりません。

....
火薬類の取扱い
....

火薬法 2 火薬類の取扱いに関する次の記述のうち，火薬類取締法上，**誤っているもの**はどれか。

(1) 火薬類を運搬しようとする者は，原則として出発地を管轄する都道府県知事の許可を受けなければならない。

(2) 火薬庫を設置し，移転し又はその構造若しくは設備を変更しようとする者は，原則として都道府県知事の許可を受けなければならない。

(3) 火薬類を爆発させ，又は燃焼させようとする者は，原則として都道府県知事の許可を受けなければならない。

(4) 火薬類を廃棄しようとする者は，原則として都道府県知事の許可を受けなければならない。

答え (1)

火薬類を運搬しようとする者は、その旨を出発地を管轄する都道府県公安委員会に届け出て、運搬証明書の交付を受けなければならないとされています。

火工所

火薬法3 火薬類取扱所及び火工所に関する次の記述のうち，火薬類取締法上，**誤っているもの**はどれか。

(1) 火薬類取扱所に存置することのできる火薬類の数量は，1日の消費見込量以下である。

(2) 火薬類取扱所及び火工所の責任者は，火薬類の受払い及び消費残数量をその都度明確に帳簿に記録する。

(3) 火工所に火薬類を存置する場合には，必要に応じて見張人を配置する。

(4) 薬包に雷管を取り付ける作業は，火工所以外の場所で行ってはならない。

答え (3)

火工所に火薬類を存置する場合には、見張人を常時配置しなければなりません。

演習問題

Lesson 01

重要度 ★★★

騒音・振動規制法

一次 二次

学習のポイント

● 特定建設作業の対象作業を理解する。
● 特定建設作業の規制基準を理解する。
● 特定建設作業の届出の記載事項を理解する。

1-1 都道府県知事による地域の指定

1 地域の指定

　都道府県知事（市の区域内の地域については、市長）は、住居が集合している地域、病院または学校の周辺の地域その他の騒音を防止することにより住民の生活環境を保全する必要があると認める地域を、特定工場等において発生する騒音・振動および特定建設作業に伴って発生する騒音・振動について規制する地域として指定しなければなりません。

1-2 特定建設作業

1 騒音・振動に関する基準

　騒音・振動の対象工事は下表のとおりで、当該作業がその作業を開始した日に終わるものを除きます。

騒音規制法の対象
くい打機（もんけんを除く。）、くい抜機またはくい打くい抜機（圧入式くい打くい抜機を除く。）を使用する作業（くい打機をアースオーガーと併用する作業を除く。）
びょう打機を使用する作業
さく岩機を使用する作業（作業地点が連続的に移動する作業にあっては、1日における当該作業に係る2地点の最大距離が50mを超えない作業に限る。）（油圧ブレーカー（ジャンボブレーカー）は削岩機に含まれる。）
空気圧縮機（電動機以外の原動機を用いるものであって、その原動機の定格出力が15kW以上のものに限る。）を使用する作業（さく岩機の動力として使用する作業を除く。）

コンクリートプラント（混練機の混練容量が 0.45m³ 以上のものに限る。）またはアスファルトプラント（混練機の混練重量が 200kg 以上のものに限る。）を設けて行う作業（モルタルを製造するためにコンクリートプラントを設けて行う作業を除く。）

バックホウ（一定の限度を超える大きさの騒音を発生しないものとして環境大臣が指定するものを除き、原動機の定格出力が 80kW 以上のものに限る。）を使用する作業

トラクターショベル（一定の限度を超える大きさの騒音を発生しないものとして環境大臣が指定するものを除き、原動機の定格出力が 70kW 以上のものに限る。）を使用する作業

ブルドーザー（一定の限度を超える大きさの騒音を発生しないものとして環境大臣が指定するものを除き、原動機の定格出力が 40kW 以上のものに限る。）を使用する作業

振動規制法の対象
くい打機（もんけんおよび圧入式くい打機を除く。）、くい抜機（油圧式くい抜機を除く。）またはくい打くい抜機（圧入式くい打くい抜機を除く。）を使用する作業
鋼球を使用して建築物その他の工作物を破壊する作業
舗装版破砕機を使用する作業（作業地点が連続的に移動する作業にあっては、1 日における当該作業に係る 2 地点間の最大距離が 50m を超えない作業に限る。）
ブレーカー（手持式のものを除く。）を使用する作業（作業地点が連続的に移動する作業にあっては、1 日における当該作業に係る 2 点間の最大距離が 50m を超えない作業に限る。）（ブレーカーは油圧ブレーカー（ジャンボブレーカー）である。）

2　騒音・振動の規制値

項目	騒音規制	振動規制
騒音・振動の大きさ	85 dB	75 dB
	測定箇所は敷地境界線	
夜間または深夜作業の禁止時間帯	1 号区域：午後 7 時から翌日の午前 7 時まで 2 号区域：午後 10 時から翌日の午前 6 時まで	
1 日の作業時間の制限	1 号区域：1 日 10 時間を超えないこと 2 号区域：1 日 14 時間を超えないこと	
作業時間の制限	同一場所において連続 6 日間を超えないこと	
作業禁止日	日曜日その他の休日は作業禁止	

騒音・振動規制法

Lesson 01

3　特定建設作業の届出

　指定地域内において、特定建設作業を伴う建設工事を施工しようとする者は、特定建設作業の開始の日の 7 日前までに次の事項を市町村長に届け出なければなりません。

　届出の記載事項は以下のとおりです。

①施工者（元請負人）の氏名または名称、住所、法人にあっては代表者の氏名

②建設工事の目的に係る施設または工作物の種類

③特定建設作業の種類

④特定建設作業に使用される機械の名称、型式および仕様

⑤特定建設作業の場所、実施期間、開始および終了の時刻

⑥騒音または振動の防止方法

⑦発注者の氏名または名称および住所ならびに法人にあってはその代表者の氏名

⑧下請負人が特定建設作業を実施する場合は、当該下請負人の氏名または名称および住所ならびに法人にあってはその代表者の氏名

⑨届出をする者の現場責任者の氏名および連絡場所ならびに下請負人が特定建設作業を実施する場合は、当該下請負人の現場責任者の氏名および連絡場所

⑩添付資料として、工事工程表と作業場所の見取り図

ゴロ合わせで覚えよう！ 騒音・振動規制法における特定建設作業の届出

「騒音と振動やめて！」
（騒音・振動規制法）

「どけてなんとかならんかな」
（届出）　　　　　　　　（7日）

市長困り顔
（市町村長）

騒音・振動規制法により、特定建設作業の届出は作業開始7日前までに市町村長に行う。

4　緩和処置

　災害その他非常事態の発生により、特定建設作業を緊急に行う必要がある場合は、7日前までという規制が緩和され、施工者は、届出ができる状態になった時点でできるだけ速やかに市町村長に届出を行うこととされています。

1-3　雑則

1　報告および検査

　市町村長は、この法律の施行に必要な限度において、政令で定めるところにより、特定施設を設置する者もしくは特定建設作業を伴う建設工事を施工する者に対し、特定施設の状況、特定建設作業の状況その他必要な事項の報告を求め、またはその職員に、特定施設を設置する者の特定工場等もしくは特定建設作業を伴う建設工事を施工する者の建設工事の場所に立ち入り、特定施設その他の物件を検査させることができます。

2　騒音・振動の測定

　市町村長は、指定地域について、騒音・振動の大きさを測定しなければなりません。

3 改善勧告および改善命令

　市町村長は、指定地域内において行われる特定建設作業に伴って発生する騒音・振動が環境省令で定める基準に適合しないことによりその特定建設作業の場所の周辺の生活環境が著しく損なわれると認めるときは、当該建設工事を施工する者に対し、期限を定めて、その事態を除去するために必要な限度において、騒音・振動の防止の方法を改善し、または特定建設作業の作業時間を変更すべきことを勧告することができます。

頻出項目をチェック！

1 ☐ 舗装版破砕機を使用する作業は、振動規制法の特定建設作業の対象となるが、騒音規制法では対象とならない。

また、振動ローラによる締固め作業は、振動規制法の特定建設作業の対象とはならない。

2 ☐ 騒音の規制値は 85dB、振動の規制値は 75dB である。

いずれも、測定箇所は敷地境界線である。

3 ☐ 指定地域内において、特定建設作業を伴う建設工事を施工しようとする者は、特定建設作業の開始の日の 7 日前までに、市町村長に届け出なければならない。

建設工事の目的に係る施設または工作物の種類は、届出の記載事項である。

こんな選択肢は誤り！

建設工事の目的に係る施設又は工作物の種類は、特定建設作業の実施の届出事項には該当しない。

建設工事の目的に係る施設又は工作物の種類は、特定建設作業の実施の届出事項に該当する。

1日の移動距離が50mを超えない振動ローラによる路床と路盤の締固め作業は、特定建設作業の~~対象となる~~。

1日の移動距離が50mを超えない振動ローラによる路床と路盤の締固め作業は、特定建設作業の<u>対象とならない</u>。

騒音・振動規制法

演習問題

騒音規制法

騒音・振動 1 騒音規制法に定められている特定建設作業に関する次の記述のうち，**該当しないもの**はどれか。ただし，当該作業がその作業を開始した日に終わるものを除く。

(1) ディーゼルハンマを使用するくい打作業
(2) 混練容量2.0 m³の仮設コンクリートプラントを設けて行うコンクリート舗装作業
(3) 舗装版破砕機を使用して行う舗装打ち換え作業
(4) 定格出力20 kWのエンジンを原動力とする空気圧縮機を使用するモルタル吹付け作業

答え (3)

舗装版破砕機を使用して行う舗装打ち換え作業は、騒音規制の特定建設作業に該当しません。

振動規制法

騒音・振動 2 振動規制法上，特定建設作業の**対象とならない作業**は，次のうちどれか。ただし，当該作業がその作業を開始した日に終わるものを除く。

(1) 1日の移動距離が50 mを超えない振動ローラによる路床と路盤の締固め作業

(2) 鋼球を使用して工作物を破壊する作業
(3) 1日の移動距離が50 m を超えないジャイアントブレーカによる構造物の取り壊し作業
(4) ディーゼルハンマによる杭打ち作業

答え (1)

1日の移動距離が50 m を超えない振動ローラによる路床と路盤の締固め作業は、振動規制法の特定建設作業に該当しません。

. . . .

振動規制法

. . . .

騒音・振動3 振動規制法上，指定地域内において特定建設作業を施工しようとする者が行う，特定建設作業の実施に関する届出先として，**正しいもの**は次のうちどれか。

(1) 環境大臣
(2) 市町村長
(3) 都道府県知事
(4) 所轄警察署長

答え (2)

指定地域内において特定建設作業を施工しようとする者は、当該特定建設作業の開始の日の7日前までに、市町村長に届け出なければならないとされています。

舗装版破砕機を使用する作業は、騒音規制法の特定建設作業の対象ではないこと、特定建設作業の実施に関する届出先は市町村長であることを押さえておこう。

Lesson 01

重要度 ★★☆

港則法

一次

学習のポイント

● 入出港および停泊の規定を理解する。
● 航路および航法の規定を理解する。

1-1　目的

　この法律は、港内における船舶交通の安全および港内の整とんを図ることを目的とします。

1-2　入出港および停泊

1　入出港の届出

　船舶は、特定港に入港したとき、または特定港を出港しようとするときは、国土交通省令の定めるところにより、港長に届け出なければなりません。

ゴロ合わせで覚えよう！ 港長への届出と許可

「入稿したものを
（入港）

出張先に届けて」って。
（出港）　　（届出）

今日か？　詐欺かもしれない
（許可）　　（作業）

入稿したもの？

船舶が特定港に入港または出港しようとするときは、港長へ届出が必要。また特定港で作業を行うときは、港長の許可が必要。

2　びょう地

　特定港内に停泊する船舶は、国土交通省令の定めるところにより、各々そのトン数または積載物の種類に従い、当該特定港内の一定の区域内に

停泊しなければなりません。

3　修繕および係船

　特定港内においては、汽艇等以外の船舶を修繕し、または係船しようとする者は、その旨を港長に届け出なければなりません。

4　係留等の制限

　汽艇等およびいかだは、港内においては、みだりにこれを係船浮標もしくは他の船舶に係留し、または他の船舶の交通の妨げとなるおそれのある場所に停泊させ、もしくは停留させてはなりません。

1-3　航路および航法

1　航路

　汽艇等以外の船舶は、特定港に出入し、または特定港を通過するには、国土交通省令で定める航路によらなければなりません。ただし、海難を避けようとする場合その他やむを得ない事由のある場合は、この限りでありません。

　船舶は、航路内においては、次の場合を除いては、投びょうし、またはえい航している船舶を放してはなりません。

①海難を避けようとするとき
②運転の自由を失ったとき
③人命または急迫した危険のある船舶の救助に従事するとき
④港長の許可を受けて工事または作業に従事するとき

2　航法

①航路外から航路に入り、または航路から航路外に出ようとする船舶は、航路を航行する他の船舶の進路を避けなければならない。
②船舶は、航路内においては、並列して航行してはならない。
③船舶は、航路内において、他の船舶と行き会うときは、右側を航行し

なければならない。

④船舶は、航路内においては、他の船舶を追い越してはならない。

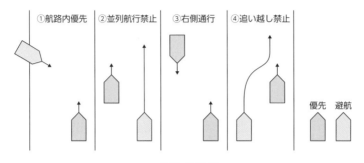

一般的な航法

⑤汽船が港の防波堤の入口または入口附近で他の汽船と出会うおそれの
あるときは、入航する汽船は、防波堤の外で出航する汽船の進路を避
けなければならない。

⑥船舶は、港内および港の境界附近においては、他の船舶に危険を及ぼ
さないような速力で航行しなければならない。

⑦帆船は、港内では、帆を減じ、または引き船を用いて航行しなければ
ならない。

⑧船舶は、港内においては、防波堤、ふとうその他の工作物の突端また
は停泊船舶を右げんに見て航行するときは、できるだけこれに近寄り、
左げんに見て航行するときは、できるだけこれに遠ざかって航行しな
ければならない。

⑨汽艇等は、港内においては、汽艇等以外の船舶の進路を避けなければ
ならない。

⑩総トン数が500 tを超えない範囲内において国土交通省令で定めるト
ン数以下である船舶であって汽艇等以外のもの（小型船）は、国土交
通省令で定める船舶交通が著しく混雑する特定港内においては、小型
船および汽艇等以外の船舶の進路を避けなければならない。

⑪小型船および汽艇等以外の船舶は、著しく混雑する特定港内を航行す
るときは、国土交通省令で定める様式の標識をマストに見やすいよう
に掲げなければならない。

3 水路の保全

　港内または港の境界外 1 万 m 以内の水面においては、みだりに、バラスト、廃油、石炭から、ごみその他これに類する廃物を捨ててはなりません。

4 灯火等

①船舶は、港内においては、みだりに汽笛（きてき）またはサイレンを吹き鳴らしてはならない。
②特定港内において使用すべき私設信号を定めようとする者は、港長の許可を受けなければならない。

1-4　雑則

1 工事等の許可

　特定港内または特定港の境界附近で工事または作業をしようとする者は、港長の許可を受けなければなりません。

2 灯火の制限

　港内または港の境界附近における船舶交通の妨げとなるおそれのある強力な灯火をみだりに使用してはなりません。

✅ 頻出項目をチェック！

| 1 ☐ | 航路外から航路に入り、または航路から航路外に出ようとする船舶は、航路を航行する他の船舶の進路を避けなければならない。 |

航路内において他の船舶と行き会うときは、右側を航行しなければならない。また航路内において、並列して航行してはならず、他の船舶を追い越してもならない。

2 ☐ 船舶は、港内においては、防波堤、ふとうその他の工作物の<u>突端</u>または<u>停泊船舶</u>を<u>右げん</u>に見て航行するときは、できるだけこれに<u>近寄って</u>航行しなければならない。

<u>左げん</u>に見て航行するときは、できるだけこれに<u>遠ざかって</u>航行しなければならない。

3 ☐ 特定港内または特定港の境界附近で<u>工事</u>または<u>作業</u>をしようとする者は、<u>港長の許可</u>を受けなければならない。

また、港内または港の境界附近における船舶交通の妨げとなるおそれのある<u>強力な灯火</u>をみだりに使用してはならない。

 こんな選択肢は誤り！

港内を航行する船舶が停泊船舶を~~右げん~~にみて航行するときは、できるだけ停泊船舶から遠ざかって航行しなければならない。

港内を航行する船舶が停泊船舶を<u>左げん</u>にみて航行するときは、できるだけ停泊船舶から遠ざかって航行しなければならない。

船舶は、航路内において、他の船舶と行き会うときは、~~左側~~を航行しなければならない。

船舶は、航路内において、他の船舶と行き会うときは、<u>右側</u>を航行しなければならない。

演習問題

....

港則法全般

....

港則法 1 港則法に関する次の記述のうち，**誤っているもの**はどれか。

(1) 特定港内に停泊する船舶は，各々そのトン数又は積載物の種類に従い，当該特定港内の一定の区域内に停泊しなければならない。

293

(2) 小型船は，船舶交通が著しく混雑する特定港内においては，小型船及び汽艇等以外の船舶の進路を避けなければならない。

(3) 汽船が，港の防波堤の入口で他の汽船と出会うおそれのあるときは，出航する汽船は防波堤の内で入航する汽船の進路を避けなければならない。

(4) 特定港内又は特定港の境界付近で工事又は作業をしようとする者は，港長の許可を受けなければならない。

答え (3)

入航する汽船は防波堤の外で出航する汽船の進路を避けなければならないと規定されています。

港内の航行

港則法 2 港則法上，港内の航行に関する次の記述のうち，**誤っているもの**はどれか。

(1) 船舶は，航路内においては原則として投びょうし，又はえい航している船舶を放してはならない。

(2) 汽艇等以外の船舶は，特定港に出入するには原則として定められた航路によらなければならない。

(3) 汽艇等以外の船舶は，港内のすべての水域において他の船舶を追い越してはならない。

(4) 船舶は，港内及び港の境界附近においては他の船舶に危険を及ぼさないような速力で航行しなければならない。

答え (3)

船舶は、航路内においては、他の船舶を追い越してはならないと規定されています。

いちばんわかりやすい！

2級土木施工管理技術検定 合格テキスト

第4章

共通工学

Lesson
01
重要度 ★★☆

測量

┌─ 学習のポイント ─
● 測量機器の特徴を理解する。
● トータルステーションの直線の延長を理解する。
● 水準測量の留意事項と計算を理解する。
└

1-1 測量機器の種類

測量に使用される機器は以下のとおりです。

1 自動レベル

　自動レベルは、高低差を調べる測量に用いられ、レベル内部の自動補正機能によりレベルを水平に保つ機能を有しています。

2 電子レベル

　電子レベルは、自動レベルと同様に高低差を調べる測量に使用され、標尺にバーコードパターンを採用し、レベルがそのパターンを認識して自動で高さを測定します。電子レベルによる高低差の測量は、他の測量機器に比べて最も精度が高いです。

レベル

3 セオドライト

　セオドライトは、水平角および鉛直角の測角のための機器で、1回の視準で正確な測角を行えますが、距離を測定することはできません。最近の主流は電子セオドライトで、水平角と鉛直角をデジタル表示します。

4 トータルステーション

　トータルステーションは、セオドライトに光波測距儀の機能を一体化

したもので、1回の観測で、水平角、鉛直角
および水平距離を同時に観測することができ
ます。

トータルステーション

ゴロ合わせで覚えよう！ ▶ トータルステーションの機能

「トータル駅」から
（トータルステーション）

角ばった　長距離列車に乗る
（角度測定機能）　（距離測定機能）

トータルステーションはセオドライトの角度測定機能と光波測距儀の距離測定機能の
両方を併せ持つ。

5　GNSS 測量（旧 GPS 測量）

　GNSS 測量は、4 個以上の GNSS 衛星から送信される衛星の位置や時
刻などの情報を 1 台のアンテナで受信する単独測位と、2 台以上の受信
機を使い、同時に 4 個以上の同じ GNSS 衛星を観測する相対測位があり、
観測点の位置を決定します。

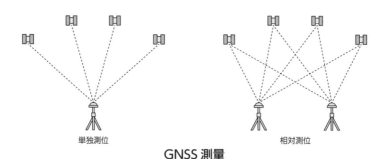

単独測位　　　　　　　　　　　　　　相対測位

GNSS 測量

1-2　トータルステーションの直線の延長

　トータルステーションによる観測では、望遠鏡正位の視準による観測と望遠鏡反位の視準による観測があります。望遠鏡正位の状態から反転することにより、望遠鏡の反位の状態となります。望遠鏡正位と反位の観測値を平均することにより、機器の製造上の欠陥や調整の不備による機器誤差を消去することができます。トータルステーションによって直線の延長を行う場合、望遠鏡正位と反位の観測を行ってその平均値を取ります。

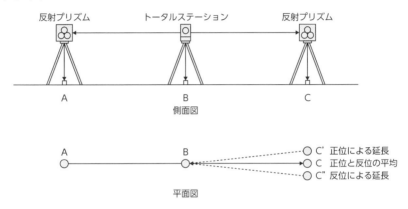

反射プリズム　　　トータルステーション　　　反射プリズム

A　　　　　　　B　　　　　　　C
側面図

A　　　　　　　B　　　　　　○ C' 正位による延長
　　　　　　　　　　　　　　○ C 正位と反位の平均
　　　　　　　　　　　　　　○ C" 反位による延長
平面図

正位と反位、反転を理解しよう！

1-3　水準測量

1　水準測量の観測

　水準測量は、レベルと標尺（スタッフ）を用いて2点間の高低差を求め、これを連続的に行うことにより、各地点の標高を測定する方法です。

①1級〜4級水準測量は1往復観測、簡易水準測量は片道とする。

②標尺は2本1組とし、往路と復路で標尺を交換する。

③レベルは、視準線誤差、気差・球差を除くため、レベルと標尺間の距離を、前視と後視の間隔がなるべく等しくなるようにする。

④標尺底面の摩耗や変形による誤差を消すため、レベルの据付回数を偶数
回とし、出発点に立てた標尺を到達点に立てることが必要である。

2 水準測量の計算

水準測量の観測データは野帳に記録して、各点の地盤高を計算します。

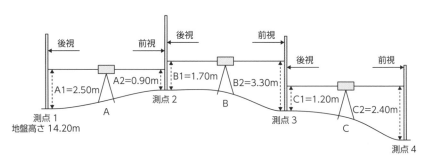

昇降式野帳計算例

| 測点 | 後視（m） | 前視（m） | 高低差 | | 地盤高 |
			昇（＋）	降（－）	
測点1	2.50				14.20
測点2	1.70	0.90	1.60		15.80
測点3	1.20	3.30		1.60	14.20
測点4		2.40		1.20	13.00

　各器械の据付点における、後視－前視の差がプラスの場合は昇りの状
態で、マイナスの場合は降下している状態です。

①器械を A に据えた場合 A1 － A2 ＝ 2.50 m － 0.90 m ＝ ＋ 1.60 m
　よって測点2の地盤高さは 14.20 m ＋ 1.60 m ＝ 15.80 m である。

②器械を B に据えた場合 B1 － B2 ＝ 1.70 m － 3.30 m ＝ － 1.60 m
　よって測点3の地盤高さは 15.80 m － 1.60 m ＝ 14.20 m である。

③器械を C に据えた場合 C1 － C2 ＝ 1.20 m － 2.40 m ＝ － 1.20 m
　よって測点4の地盤高さは 14.20 m － 1.20 m ＝ 13.00 m である。

水準測量の計算方法を理解しよう！

1 ☐ **トータルステーションによる観測では、望遠鏡正位の状態から反転することにより、望遠鏡の反位の状態となる。**

トータルステーションによって直線を延長する場合、望遠鏡正位と反位の観測を行ってその平均値を取る。

2 ☐ **水準測量の観測では、標尺は 2 本 1 組とし、往路と復路との標尺を交換する。また、標尺底面の摩耗や変形による誤差を消すため、レベルの据付回数を偶数回とし、出発に立てた標尺を到達点に立てることが必要である。**

後視－前視の差がプラスの場合は昇りの状態で、マイナスの場合は降下している状態である。

⚠ こんな選択肢は誤り！

公共測量における水準測量では、固定点間の測点数は~~奇数~~とする。

公共測量における水準測量では、固定点間の測点数は偶数とする。

演 習 問 題

....

測量機器

測量1 公共測量に使用される測量機器のうち，**最も精密な高低差の測量が可能なもの**は，次のうちどれか。

   (1) 電子レベル
   (2) セオドライト（トランシット）
   (3) GPS 測量機
   (4) トータルステーション

答え (1)

電子レベルは、他の測量機器に比べて最も精度が高い高低差の測量ができます。

水準測量

測量2 測点 No.2 の地盤高を求めるため，測点 No.1 を出発点として水準測量を行い下表の結果を得た。**No.2 の地盤高**は次のうちどれか。

番号	距離 (m)	後視 (m)	前視 (m)	高低差 (m) +	高低差 (m) −	備考
						測点 No.1…地盤高：5.000m
1	40	1.230	2.300			
2	40	1.500	1.600			
3	40	2.010	1.320			
4	20	1.510	1.630			測点 No.2

(1) 4.100m
(2) 4.400m
(3) 5.100m
(4) 5.600m

答え (2)

1 の高低差 = 1.230m − 2.300m = − 1.070m
1 の地盤高 = 5.000m − 1.070m = 3.930m
2 の高低差 = 1.500m − 1.600m = − 0.100m
2 の地盤高 = 3.930m − 0.100m = 3.830m
3 の高低差 = 2.010m − 1.320m = + 0.690m
3 の地盤高 = 3.830m + 0.690m = 4.520m
4 の高低差 = 1.510m − 1.630m = − 0.120m
4 の地盤高 = 4.520m − 0.120m = 4.400m

Lesson
01

重要度 ★★☆

公共工事標準請負契約約款

学習のポイント

一次

● 受注者と発注者の権限について理解する。
● 材料の取扱いについて理解する。
● 条件変更の該当事項について理解する。

1-1 公共工事標準請負契約約款の規定

発注者と受注者は、各々の対等な立場における合意に基づいて、公正な請負契約を締結し、信義に従って誠実にこれを履行するものとします。

1 設計図書

発注者および受注者は、この約款に基づき、設計図書（別冊の図面、仕様書、現場説明書および現場説明に対する質問回答書をいう）に従い、日本国の法令を遵守し、この契約を履行しなければなりません。

2 自主施工の原則

仮設、施工方法その他工事目的物を完成するために必要な一切の手段については、この約款および設計図書に特別の定めがある場合を除き、受注者がその責任において定めます。

3 一括下請負の禁止

受注者は、工事の全部もしくはその主たる部分または他の部分から独立してその機能を発揮する工作物の工事を一括して第三者に委任し、または請け負わせてはなりません。

公共工事では、一括下請負は一切禁止だよ！

4 現場代理人

　現場代理人は、契約の履行に関し、工事現場に常駐し、その運営、取締りを行うほか、請負代金額の変更、請負代金の請求および受領、契約の解除に係る権限を除き、契約に基づく受注者の一切の権限を行使することができます。

　現場代理人、監理技術者等（監理技術者、監理技術者補佐または主任技術者をいう）および専門技術者は、これを兼ねることができます。

> 専門技術者は、施工体制台帳での配置だよ！

5 工事材料

①工事材料の品質については、設計図書に定めるところによる。設計図書にその品質が明示されていない場合にあっては、中等の品質を有するものとする。

②受注者は、設計図書において監督員の検査を受けて使用すべきものと指定された工事材料については、当該検査に合格したものを使用しなければならない。この場合において、検査に直接要する費用は、受注者の負担とする。

③受注者は、工事現場内に搬入した工事材料を監督員の承諾を受けないで工事現場外に搬出してはならない。

6 支給材料

　受注者は、設計図書に定めるところにより、工事の完成、設計図書の変更等によって不用となった支給材料または貸与品を発注者に返還しなければなりません。

7 工事用地

　発注者は、工事用地その他設計図書において定められた工事の施工上

必要な用地を受注者が工事の施工上必要とする日までに確保しなければなりません。

8 条件変更

　受注者は、工事の施工に当たり、次の各号のいずれかに該当する事実を発見したときは、その旨を直ちに監督員に通知し、その確認を請求しなければなりません。

①図面、仕様書、現場説明書および現場説明に対する質問回答書が一致しないこと

②設計図書に誤謬または脱漏があること

③設計図書の表示が明確でないこと

④工事現場の形状、地質、湧水等の状態、施工上の制約等設計図書に示された自然的または人為的な施工条件と実際の工事現場が一致しないこと

⑤設計図書で明示されていない施工条件について予期することのできない特別な状態が生じたこと

変更の条件を理解しよう！

9 工事の中止

　発注者は、必要があると認めるときは、工事の中止内容を受注者に通知して、工事の全部または一部の施工を一時中止させることができます。

10 工期の延長

①受注者は、天候の不良、関連工事の調整への協力その他受注者の責に帰すことができない事由により工期内に工事を完成することができないときは、その理由を明示した書面により、発注者に工期の延長変更を請求することができる。

②発注者は、特別の理由により工期を短縮する必要があるときは、工期の短縮変更を受注者に請求することができる。

③工期の変更については、発注者と受注者で協議して定める。

11 検査

発注者は、工事の完成検査において、必要があると認められるときは、その理由を受注者に通知して、工事目的物を最小限度破壊して検査することができます。

この場合において、検査または復旧に直接要する費用は、受注者の負担とします。

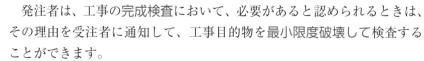

頻出項目をチェック！

1 ☐ **設計図書とは、図面、仕様書、現場説明書および現場説明に対する質問回答書をいう。**

受注者は、工事の施工に当たり、設計図書の表示が明確でないこと等を発見したときは、その旨を直ちに監督員に通知し、その確認を請求しなければならない。

2 ☐ **工事材料の品質は、設計図書に明示されていない場合、中等の品質を有するものとする。**

受注者は、契約書および設計図書に特別の定めがない場合には、仮設、施工方法その他工事目的物を完成するために必要な一切の手段について、自らの責任において定める。

3 ☐ **受注者は、工事現場内に搬入した工事材料を監督員の承諾を受けないで工事現場外に搬出してはならない。**

また、受注者は、工事の完成、設計図書の変更等によって不用となった支給材料または貸与品を発注者に返還しなければならない。

公共工事標準請負契約款

Lesson 01

4 ☐ 受注者は、天候の不良等、受注者の責に帰すことができない事由により工期内に工事を完成することができないときは、発注者に工期の延長変更を請求することができる。

発注者は、特別の理由により工期を短縮する必要があるときは、工期の短縮変更を受注者に請求することができる。

5 ☐ 発注者は、工事の完成検査において、必要があると認められるときは、その理由を受注者に通知して、工事目的物を最小限度破壊して検査することができる。

この場合において、検査または復旧に直接要する費用は、受注者の負担とする。

⚠ こんな選択肢は誤り！

受注者は、必要に応じて工事の全部を一括して第三者に請け負わせることができる。

受注者は、工事の全部もしくはその主たる部分または他の部分から独立してその機能を発揮する工事を一括して第三者に請け負わせてはならない。

工期の変更については、原則として発注者と受注者の協議は行わずに発注者が定め、受注者に通知する。

工期の変更については、原則として発注者と受注者の協議によって定める。

発注者は、工事の完成検査において、工事目的物を最小限度破壊して検査することができ、その検査又は復旧に直接要する費用は発注者の負担とする。

発注者は、工事の完成検査において、工事目的物を最小限度破壊して検査することができ、その検査又は復旧に直接要する費用は受注者の負担とする。

演 習 問 題

....

公共工事標準請負契約約款

....

契約1 公共工事標準請負契約約款に関する次の記述のうち，**誤っているもの**はどれか。

(1) 現場代理人，主任技術者及び専門技術者は，これを兼ねることができる。

(2) 設計図書とは，図面，仕様書，現場説明書及び現場説明に対する質問回答書をいう。

(3) 発注者は，工事の完成検査において，工事目的物を最小限度破壊して検査することができ，その検査又は復旧に直接要する費用は発注者の負担とする。

(4) 受注者は，工事現場内に搬入した工事材料を監督員の承諾を受けないで工事現場外に搬出してはならない。

答え (3)

検査または復旧に直接要する費用は、受注者の負担となります。

 用 語

専門技術者

一式工事のうちの専門工事を元請業者が自ら施工する場合に、その専門工事について主任技術者の資格を有する者として施工体制台帳に記載される者。

監督員

発注者の代理人で、工事が設計図書に従って施工されているかを監督する者。

Lesson 01

重要度 ★★☆

設計図の読み方

学習のポイント

一次

● 横断面図記号や構造断面を理解する。

● 鉄筋図の部位と記号の意味を理解する。

● 各章の断面図、構造図等を理解する。

1-1　横断面図の読み方

　道路土工の横断面図の読み方は、以下の通りです。

①測点番号：No.125 または STA.125

②現況地盤高：G.H.=100.130

③計画高：F.H.=101.232

④切土面積：C.A.=9.3

⑤盛土面積：B.A.=22.5

⑥基準高：D.L.=100.000

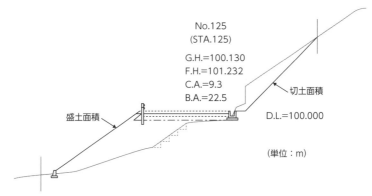

No.125
(STA.125)

G.H.=100.130
F.H.=101.232
C.A.=9.3
B.A.=22.5

切土面積

盛土面積

D.L.=100.000

（単位：m）

1-2　鉄筋図の読み方

　逆 T 擁壁の設計では、壁部は底版に固定されているため、土圧を受けると、上部が外側にたわもうとする応力が加わります。その場合、内側の鉄筋は伸びる方向になりますので、引張鉄筋といい、外側の鉄筋は縮もうとするので、圧縮鉄筋となります。

1　鉄筋記号の読み方

$\text{W}_1\text{D29}$

① W1：鉄筋番号

② D29：D は異形鉄筋（数値は鉄筋径）

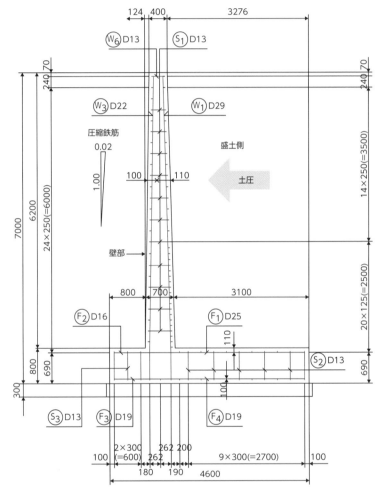

逆 T 型擁壁の断面配筋図（単位：mm）

鉄筋図の部品の組合せを理解しよう！

一般的な橋台の部材名称と寸法値は以下の通りです。

①車道幅員：7.0 m　横断勾配 2.0 %
②地覆：幅 0.6 m　高さ 0.2 m
③パラペット：厚さ 0.5 m　高さ 1.166 m　長さ 8.2 m
④壁部：厚さ 1.3 m　高さ 5.9 m　長さ 8.2 m
⑤フーチング（底版）：高さ 0.9 m　幅 6.0 m　長さ 8.2 m
⑥均しコンクリート：厚さ 0.1 m

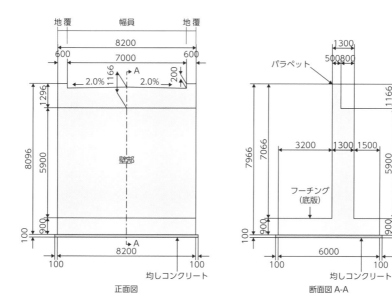

橋台構造一般図（単位：mm）

 正面図と断面図の組合せを読み取ろう！

Lesson 03 ネットワーク式工程表

重要度 ★★★

一次

学習のポイント

● ネットワークの作成の記号、ルールを理解する。
● ネットワークの計算方法を理解する。
● バーチャート工程表の作成方法を理解する。

3-1 ネットワーク式工程表の基本

1 アクティビティ（作業）の表示

① 各作業の分岐を、○（イベント）で示し、整数（イベント番号）を書き込み、作業の開始と終了の接点を表す。同じ番号が２つ以上あってはならない。

② 作業は矢印（アロー）で表し、作業の進行方向を示す。矢印の長さは所要時間（日数）には無関係である。

③ 矢印の上に作業名を記入し、下に所要時間（ディレーション）を表す。

アクティビティ（作業）の表示例

---

2 ダミー（擬似作業）

　同一イベントから始まり同一イベントで終わる作業は、２つ以上あってはならず、作業を区別して判断できるように、ダミー（擬似作業）で作業相互の関係の先行作業と後続作業を示します。ダミーはネットワーク図中の作業の中で、破線で表し所要日数０日の擬似作業です。

1-4　溶接記号

隅肉溶接の記号

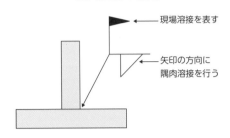

現場溶接を表す

矢印の方向に
隅肉溶接を行う

　JIS の溶接記号のうち、一般的な開先溶接と隅肉溶接の記号と実形を
以下に示します。

K 形開先溶接（完全溶込溶接）

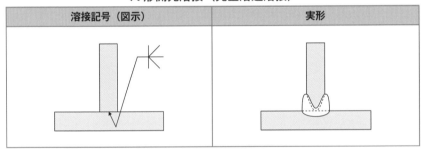

溶接記号（図示）	実形

片側隅肉溶接

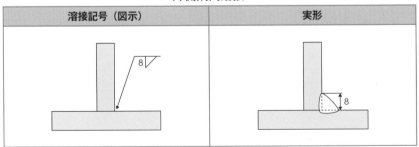

溶接記号（図示）	実形

横断面図

設計 下図は，道路の横断面図を示したものである。図の㋑～㋥で，**現地盤高を示しているもの**はどれか。

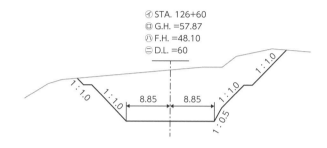

㋑ STA. 126+60
㋺ G.H. =57.87
㋩ F.H. =48.10
㋥ D.L. =60

(1) ㋑

(2) ㋺

(3) ㋩

(4) ㋥

答え (2)

この図面は横断図であり、道路中心線上の基準線（D.L.）が設定されており、測点番号（STA.）の現況地盤高（G.H.）と計画高（F.H.）が表示されています。

ゴロ合わせで覚えよう！ 現況地盤高と計画高

グラウンドG
(G.H.)

F フォーメーションの
(F.H.)

現況計画
(現況地盤高・計画高)

現況地盤高を表す記号は <u>G.H.</u>、計画高を表す記号は <u>F.H.</u> である。

第5章

施工管理法

Lesson 01

重要度 ★★☆

施工計画

学習のポイント

一次

● 施工計画立案の手順、基本事項と検討事項を理解する。
● 事前調査項目の現場条件を理解する。
● 仮設備計画の指定仮設と任意仮設を理解する。

1-1 施工計画の手順

施工計画を作成する基本的な手順は、以下のとおりです。

事前調査 ➡ 基本計画 ➡ 詳細計画 ➡ 管理計画

1 事前調査

仕様書に記載されている目的構造物の要求品質、現場条件などの施工条件を把握し、工事数量を確認します。

2 基本計画

使用機械の選定を含む施工順序と施工方法を検討し、基本計画を決定します。

3 詳細計画

①詳細計画：機械の選定、人員配置、作業量、作業順序の詳細計画を決定。
②環境保全計画：法規に基づく規制基準に適合するように計画する。
③工程計画：工事全体を包括した工種別詳細工程の立案。
④仮設備計画：仮設備の設計、仮設備の配置計画を検討して決定。
⑤調達計画：労務、資材、機械などの調達、使用計画を立てる。
⑥実行予算：実行予算を作成する。

4 管理計画

　上記の諸計画を確実に実施するために、現場組織と配置計画、資金計画、現場管理（品質、安全衛生、環境保全、工程、実行予算）のための諸計画を作成します。

1-2 施工計画作成の基本事項

①発注者の要求品質を確保するとともに、安全を最優先にした施工計画とすること。

②施工計画の決定にあたっては、従来の経験のみで満足せず、常に改良を試み、新しい工法、新しい技術に積極的に取り組む心構えを持つこと。

③過去の実績や経験だけでなく、新しい理論や新工法を総合的に検討して、現場に最も合致した施工計画を大局的に判断すること。

④施工計画の検討にあたっては、関係する現場技術者に限定せず、できるだけ会社内の他組織の協力も得て、全社的な高度の技術水準を活用すること。

⑤手持資材や労働力および機械類の確保状況などによっては、発注者が設定した工程が必ずしも最適工程になるとは限らないので、契約工期内で経済的な工程を検討すること。

⑥施工計画を決定する場合は、1つの計画のみでなく、いくつかの代案を作り、経済性、施工性、安全性などの長所短所を比較検討して、最も適した計画を採用すること。

⑦施工計画は、十分な予備調査によって慎重に立案するだけでなく、工事中においても常に計画と対比し、計画とずれが生じた場合には適切な是正措置をとる。

⑧施工計画は、実際の工事を進めるうえで基本となるため、発注者側と協議して、その意図を理解したうえで計画をたてることが必要である。

施工計画作成の基本事項を理解しよう！

　施工計画を作成するためには、事前調査を行い、目的構造物の設計図書（契約書、設計図面および仕様書など）に精通するとともに、契約条件や現場条件を十分に理解する必要があります。施工計画を作成するための契約条件と現場条件に関する事前調査で確認の必要な事項は、次の表のとおりです。

契約条件と現場条件

契約条件	現場条件
(1) 契約内容の確認 　①事業損失、不可抗力による損害に対する取扱方法 　②工事中止に基づく損害に対する取扱方法 　③資材、労務費の変動に基づく変更の取扱方法 　④工事代金の支払い条件 　⑤かし担保の範囲等 　⑥数量の増減による変更の取扱方法 (2) 設計図書の確認 　①図面と現場との相違点および数量の違算の有無 　②図面、仕様書、施工管理基準などによる規格値や基準値 　③現場説明事項の内容 (3) その他の確認 　①監督職員の指示、承諾、協議事項の範囲 　②当該工事に影響する附帯工事、関連工事 　③工事が施工される都道府県、市町村の各種条例とその内容	①地形・地質・土質・地下水（設計図書との照合も含む） ②施工に関係のある水文気象データ ③施工方法、仮設方法・規模、施工機械の選択方法 ④動力源、工業用水の入手方法 ⑤材料の供給源と価格および運搬路 ⑥労務の供給、労務環境、賃金の状況 ⑦工事によって支障を生じる問題点 ⑧用地買収の進捗状況 ⑨隣接工事の状況 ⑩騒音、振動などに関する環境保全基準、各種指導要綱の内容 ⑪文化財および地下埋設物の有無 ⑫建設副産物の処理方法・処理条件など ⑬その他

現場条件を覚えよう！

1-4 基本計画

設計図書と事前調査を基に施工方法と施工手順を決定します。

1 重点工種

施工方法と施工手順の決定にあたっては、次に示す工種について、特に重点的に検討します。

①数量、工費が大きい工種
②高度の技術を要求される工種
③安全面での危険度の高い工種
④環境に影響を及ぼすことが予測される工種

2 施工手順の検討の留意事項

①全体工期、全体工費に及ぼす影響の大きい工種を優先して考える。
②工事施工上の制約条件（環境、立地、部分工期）を考慮して機械、資材、労働力など効率的な活用を図る（作業の平準化）。
③全体のバランスを考え、作業の過度な集中を避ける。
④繰返し作業を増やすことにより習熟を図り、効率を高める。

1-5 施工体制台帳の整備

1 施工体制台帳の作成

特定建設業者は、発注者から直接建設工事を請け負った場合において、当該建設工事を施工するために締結した下請契約の請負代金の総額が4,500万円（建築一式工事は7,000万円）以上になるときは、施工体制台帳を作成し、工事現場ごとに備え置かなければなりません。なお、発注者から請求があったときは、その発注者の閲覧に供しなければなりません。

これは、民間工事の規定だよ！

Lesson 01 施工計画

2 施工体系図

　施工体系図は、下請負人ごとに、かつ、各下請負人の施工の分担関係が明らかとなるよう系統的に表示して作成しておかなければなりません。また、施工体系図を当該工事現場の見やすい場所に掲げなければなりません。

ゴロ合わせで覚えよう！ 施工体系図の保存

セコっ！体育会系
（施工体系図）

にだけ一礼
（10年間）

施工体系図は、当該建設工事の目的物の引渡しをしたときから 10 年間は保存しなければならない。

3 公共工事の施工体制台帳

　公共工事においては、下請契約の総額に関係なく、下請契約を締結した場合は施工体制台帳を作成して、その写しを発注者に提出しなければなりません。また、工事現場の施工体制が施工体制台帳の記載に合致しているかどうかの点検を求められたときは、これを受けることを拒んではなりません。

公共工事では、写しの提出だよ！

1-6　仮設備計画

1 指定仮設と任意仮設

　仮設備には、発注者が仕様書に規定する指定仮設と、施工者の判断に

任せられる任意仮設があります。

1 指定仮設

　指定仮設は、土留め、仮締切りなどの重要な仮設備で、発注者が設計仕様、数量、設計図面、施工方法、配置などを指定するものであり、構造や仕様が変更になった場合には、発注者の承諾を得て、契約変更（設計変更）の対象になります。

2 任意仮設

　任意仮設は、その構造について条件は明示されず、経費は一式計上され、どのようにするかは請負者の技術力などで合理的な仮設備を計画します。そのため、契約変更の対象にはなりません。

2　仮設計画の留意点

①仮設は、その使用目的、使用期間に応じて作業中の衝撃、振動を十分考慮に入れた設計を用いて強度計算を行い、仮設の重要度に応じた値を採用し、労働安全衛生規則などの基準に合致しなければならない。
②仮設に使用する材料は、一般の市販品を使用し、可能な限り規格を統一することにより、入手、設置等の省力化や他工事への転用ができるように計画する。
③仮設構造物は、使用期間が短い場合は安全率を多少割り引くことができるが、使用期間が長期にわたるものや、重要度の大きい場合は、相応の安全率を採る必要がある。

1-7　原価管理計画

1　原価管理の目的

　原価管理とは、最も経済的な施工計画を立て、これに伴って実行予算を作成して、工事の進捗とともに、実行予算と実際に発生した実施原価とを比較して、差異の原因を分析・検討し、実行予算を確保するための原価の引下げの処置を講じるなど、工事を経済的に施工できるように費用を予測し、管理することです。

2　品質、工程と原価の相互関係

　三大管理である「品質管理」「工程管理」「原価管理」は「より良く」「より早く」「より安く」であり、それらの状態により相互に関係が深く、この三大管理の相関関係は以下のとおりです。

1 工程と原価の関係

　一般に、施工速度を速めると原価は安くなり、さらに施工速度を速めると突貫工事になり、原価は高くなります。

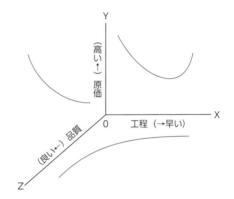

工程・原価・品質の関係

2 品質と原価の関係

　一般に品質の低いものは安くでき、品質を良くするにしたがって原価も高くなります。

3 品質と工程の関係

　品質の良いものを施工しようとすると工程は遅くなり、品質を下げると工程は早くなります。

工程と原価の関係を理解しよう！

Lesson
01

✅ 頻出項目をチェック！

1 ☐ 事前調査では、仕様書に記載されている目的構造物の要求品質、現場条件などの施工条件を把握し、工事数量を確認する。

事前調査ではまた、近隣環境の把握のため、現場用地の状況、近接構造物、地下埋設物などの調査を行う。

2 ☐ 施工計画では、発注者が設定した工程が必ずしも最適工程となるとは限らないので、契約工期内で経済的な工程を検討する。

施工計画を決定する場合は、1つの計画のみでなく、いくつかの代案を作り、経済性、施工性、安全性などを比較検討して、最も適した計画を採用する。

3 ☐ 指定仮設は、構造や仕様が変更になった場合には、発注者の承諾を得て、契約変更の対象となる。

一方、任意仮設は、契約変更の対象とならない。

4 ☐ 仮設に使用する材料は、一般の市販品を使用し、可能な限り規格を統一する。

仮設構造物は、使用期間が短い場合は安全率を多少割り引くことができる。

❗ こんな選択肢は誤り！

指定仮設及び任意仮設は、~~どちらの仮設も~~契約変更の対象にならない。

指定仮設は、構造や仕様が変更になった場合には、契約変更の対象となる。

任意仮設は、~~全て変更の対象となる直接工事と同様の扱いとなる~~。

任意仮設は、契約変更の対象とならない。

施工計画

施工計画の立案

施工計画 1 施工計画作成の留意事項に関する次の記述のうち，**適当でないもの**はどれか。

(1) 発注者の要求品質を確保するとともに，安全を最優先にした施工計画とする。

(2) 発注者から示された工程が最適であり，その工程で施工計画を立てることが大切である。

(3) 簡単な工事でも必ず適正な施工計画を立てて見積りをすることが大切である。

(4) 計画は1つのみでなく，代替案を考えて比較検討し最良の計画を採用することに努める。

答え (2)

発注者が設定した工程が必ずしも最適工程になるとは限らないので、契約工期内で経済的な工程を検討します。

仮設工事

施工計画 2 工事の仮設に関する次の記述のうち，**適当でないもの**はどれか。

(1) 仮設の材料は，一般の市販品を使用し，可能な限り規格を統一する。

(2) 任意仮設は，規模や構造などを請負者に任せられた仮設である。

(3) 仮設は，その使用目的や期間に応じて，構造計算を行い，労働安全衛生規則などの基準に合致しなければならない。

(4) 指定仮設及び任意仮設は，どちらの仮設も契約変更の対象にならない。

答え (4)

指定仮設は契約変更の対象ですが、任意仮設は契約変更の対象ではありません。

事前調査

基礎的能力 施工計画作成のための事前調査に関する下記の文章中の　　　の（イ）～（ニ）に当てはまる語句の組合せとして，**適当なもの**は次のうちどれか。

- （イ） の把握のため，地域特性，地質，地下水，気象等の調査を行う。
- （ロ） の把握のため，現場周辺の状況，近隣構造物，地下埋設物等の調査を行う。
- （ハ） の把握のため，調達の可能性，適合性，調達先等の調査を行う。また，（ニ） の把握のため，道路の状況，運賃及び手数料，現場搬入路等の調査を行う。

	（イ）	（ロ）	（ハ）	（ニ）
(1)	近隣環境	自然条件	資機材	輸送
(2)	自然条件	近隣環境	資機材	輸送
(3)	近隣環境	自然条件	輸送	資機材
(4)	自然条件	近隣環境	輸送	資機材

答え (2)

- 自然条件の把握のため、地域特性、地質、地下水、気象等の調査を行う。
- 近隣環境の把握のため、現場周辺の状況、近隣構造物、地下埋設物等の調査を行う。
- 資機材の把握のため、調達の可能性、適合性、調達先等の調査を行う。また、輸送の把握のため、道路の状況、運賃及び手数料、現場搬入路等の調査を行う。

施工管理法では、「基礎的な能力」問題として、建設機械の作業能力なども出題されるよ。

重要度 ★★★

建設機械

── 学習のポイント ──

● 建設機械の選定基準を理解する。

● ブルドーザの作業、選定の留意事項を理解する。

一次

1-1 建設機械の検討

1 コーン指数による建設機械の選定

　建設機械が軟弱な土の上を走行するときに、機械の重量により強度不足やこね返しにより走行不能になることがあります。この走行性をトラフィカビリティーといい、施工箇所のトラフィカビリティーを基に、効率的、経済的に検討して建設機械を選定します。

土工機械のコーン指数

建設機械の種類	コーン指数 q_c (kN/m^2)	接地圧 (kPa)
超湿地ブルドーザ	200 以上	15 〜 23
湿地ブルドーザ	300 以上	22 〜 43
普通ブルドーザ（15t 級）	500 以上	50 〜 60
普通ブルドーザ（21t 級）	700 以上	60 〜 100
スクレープドーザ	600 以上 （超湿地形は 400 以上）	41 〜 56 （27）
被けん引式スクレーパ（小型）	700 以上	130 〜 140
自走式スクレーパ（小型）	1,000 以上	400 〜 450
ダンプトラック	1,200 以上	350 〜 550

2 運搬可能距離による建設機械の選定

　建設機械の種類によって運搬可能な距離があり、効率性、経済性を検討して運搬機械を選定します。

土工機械と運搬距離

建設機械の種類	距離
ブルドーザ	60 m 以下
スクレープドーザ	40 ～ 250 m
被けん引式スクレーパ	60 ～ 400 m
自走式スクレーパ	200 ～ 1,200 m
ショベル系掘削機械、ダンプトラック	100 m 以上

1-2　建設機械の選定の留意事項

①組み合わせた一連の作業の作業能力は、組み合わせた建設機械の中で最小の作業能力の建設機械によって決定される。建設機械の規格と台数をバランスよく組み合わせ、作業能力を高めることによって施工単価が安くなるように決定する。

②ダンプトラックの作業効率は、交通渋滞や信号などによる運搬路の沿道条件や、運搬路のトラフィカビリティー、舗装などの路面条件、昼夜の交通混雑状況などで変わる。

③ブルドーザの作業効率は、現場における土質により変化し、砂（0.4 ～ 0.7）、普通土（0.35 ～ 0.6）、岩塊・玉石（0.2 ～ 0.35）の順に小さくなる。

④軟岩や硬い土の掘削に使用するブルドーザに爪を取り付けた装置をリッパといい、リッパを地盤に食い込ませて前進することで、掻き起しによる掘削を行う。この時のリッパによる作業性をリッパビリティーという。リッパビリティーは弾性波探査試験で目安とされる。

リッパドーザ

⑤伐開、除根、積込み、運搬を一連の作業で行う場合、ブルドーザに土工板（排土板）の代わりにレーキを取り付けたレーキドーザで伐開を

行い、トラクタショベルでダンプトラックに積み込み、運搬を行う。

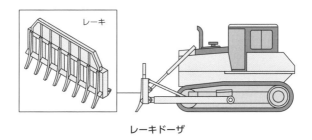

レーキドーザ

⑥建設機械の作業に影響を与える要因としては、次のようなものがある。
　・気温や降雨等の気象条件
　・地形や作業場の広さ
　・土質の種類や状態
　・工事の規模や作業の連続性
　・工事の段取り
　・交通条件
　・建設機械の管理状態
　・オペレータの技量

✓ 頻出項目をチェック！

1 ☐ **建設機械が軟弱な土の上を走行するときの走行性を<u>トラフィカビリティー</u>といい、一般にコーン指数で示される。**

湿地ブルドーザのコーン指数は、<u>300</u> kN/㎡ 以上、ダンプトラックのコーン指数は、<u>1,200</u> kN/㎡ 以上である。

2 ☐ **ブルドーザの運搬距離は、<u>60</u>m 以下である。**

ブルドーザの作業効率は、普通土、砂、岩塊・玉石の順に<u>小さく</u>なる。

建設機械の作業能力

学習のポイント

- 建設機械の性能表示を理解する。
- サイクルタイムの計算方法を理解する。

一次

2-1　建設機械の性能表示

建設機械の性能表示は次のとおりです。

機械名称	性能表示方法
パワーショベル（ローダ）	バケット容量（m³）
バックホウ	
クラムシェル	バケット容量（m³）
ブルドーザ	質量（t）
モーターグレーダ	ブレードの長さ（m）
振動ローラ	質量（t）
クレーン	定格総荷重（t）・作業半径（m）
フィニッシャ	舗装幅（m）

2-2　土工機械の作業量の計算

1　ダンプトラックの作業時間当たりの運搬量

　ダンプトラックを用いて土砂を運搬する場合、時間当たりの作業量（地山土量）は、次の計算で求められます。

時間当たりの作業量　$Q = \dfrac{q \times f \times E \times 60}{Cm} = （\mathrm{m}^3/\mathrm{h}）$

q ：1回の積載量（m³）
E ：作業効率
Cm：サイクルタイム（分）

f　：土量換算係数

60　：時間当たりの分数

ここで、土量換算係数 f は、ダンプトラックの荷台のほぐし土を地山数量に換算するための係数 $1/L$ です。

計算例

土質は粘性土で土量変化率 $L=1.20$、$C=0.9$
よって $f = 1/L=1/1.2$
1回の積載量 $q = 5.0\ \mathrm{m}^3$、作業効率 $E=0.9$、
サイクルタイム $Cm = 25.0$ 分

時間当たりの作業量：

$$Q = \frac{q \times f \times E \times 60}{Cm} = \frac{5.0 \times (1/1.2) \times 0.9 \times 60}{25} = 9\ \mathrm{m}^3/\mathrm{h}$$

2　バックホウの作業時間当たりの掘削量

バックホウを用いて地山を掘削する場合、時間当たりの作業量（地山土量）は、次の計算式で求められます。

時間当たりの作業量　$Q = \dfrac{q \times K \times f \times E \times 3{,}600}{Cm} = (\mathrm{m}^3/\mathrm{h})$

　q　：バケットの平積み容量

　K　：バケット係数

　f　：土量換算係数

　E　：作業効率

Cm　：サイクルタイム（秒）

3,600：時間当たりの秒数

　ここで、土量換算係数 f は、バックホウのバケットのほぐし土を地山数量に換算するための係数 $1/L$ です。

計算例

平積み容量 $q = 0.4\mathrm{m}^3$ のバックホウを用いる場合

土質は粘性土で土量変化率 $L{=}1.20$、$C{=}0.9$

よって $f = 1/L{=}1/1.2$

バケット係数 $K = 0.6$、作業効率 $E = 0.5$、

サイクルタイム $Cm = 30$ 秒

時間当たりの作業量：

$$Q = \frac{q \times K \times f \times \mathrm{E} \times 3{,}600}{Cm}$$

$$= \frac{0.4 \times 0.6 \times (1/1.2) \times 0.5 \times 3{,}600}{30} = 12 \ \mathrm{m}^3/\mathrm{h}$$

演 習 問 題

建設機械の作業

機械 1 建設機械の作業に関する次の記述のうち，**適当でないもの**はどれか。

(1) ダンプトラックの作業効率は，運搬路の沿道条件，路面条件，昼夜の別で変わる。

(2) ブルドーザの作業効率は，砂の方が岩塊・玉石より小さい。

(3) トラフィカビリティーとは，建設機械が土の上を走行する良否の程度をいう。

(4) リッパビリティーとは，軟岩やかたい土をリッパによって作業できる程度をいう。

答え (2)

ブルドーザの作業効率は，砂の方が岩塊・玉石より大きくなります。

Lesson
01

重要度 ★★★

工程管理の手順

━ **学習のポイント** ━

一次

● 工程管理の手順を理解する。
● 採算速度による工程速度を理解する。

1-1 工程管理の一般事項

工程管理の手順は「計画（P）」→「実施（D）」→「検討（C）」→「処置（A）」の順になります。

①計画（Plan）：工程計画を作成する。
②実施（Do）：計画に基づいて工事を実施する。
③検討（Check）：計画と実施を比較検討する。
④処置（Action）：計画とのズレを是正処置するか、当初計画を見直す。

工程管理では、計画工程と実施工程を比較検討し、その間に差が生じた場合は原因を追求し、

労務・機械・資材および作業日数など、あらゆる方面から検討します。作業能率を高めるためには、実施工程の進行状況を常に全作業員に周知徹底させるように努めます。

1-2 施工速度

1 工程と原価

一般に、施工速度を速めると原価は安くなり、さらに施工速度を速めると突貫工事になり、原価は高くなります。工事工程では右図のように採算限度の範囲内で、工期を満足し、最も効率的かつ経済的となるように計画することが必要です。

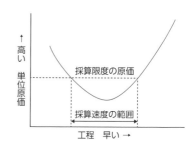

2 施工出来高と工事総原価

工事総原価（y）は、固定原価（F）と、変動原価（vx）の合計であり、変動原価は施工出来高（x）に比例して増加します。工事総原価と出来高が等しくなる点を損益分岐点（P）といい、施工出来高が損益分岐点より下がると損失であり、上がると利益になります。損益分岐点の施工出来高以上に上げると

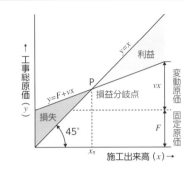

きの工程速度を採算速度といい、工程管理では、実施工程が計画工程よりもやや上回るように、工程速度を管理します。

固定原価：現場事務所経費、職員の給与、期間の損料等、施工量に
　　　　　関係ない原価
変動原価：材料費、労務費、機械運転経費などの施工量に比例する
　　　　　原価

原価を確保する施工速度を理解しよう！

1-3 工程表の作成

1 工程表の作成手順

①工種分類にもとづき、基本管理項目である部分工事について施工順序を決める。

②各工種別工事項目の適切な施工期間を決める。

③全工事が工期内に完了するように、工種別工程の相互調整を行う。

④全工期を通じて、労務、資材、機械の必要数を均し、過度の集中や待ち時間が発生しないように工程を調整する。

⑤以上の結果をもとに、全体の工程表を作成する。

2 バーチャート工程表の作成

バーチャート工程表を作成する問題はしばしば第二次検定で出題されます。設問の内容から工程作成の手順に従い、工程表を作成します。

例 題

下図のような置換土の上にコンクリート重力式擁壁を築造する場合、施工手順に基づき横線式工程表（バーチャート）を作成し、その所要日数を求め解答欄に記入しなさい。

ただし、各工種の作業日数は下記の条件とする。

養生工7日、コンクリート打込み工1日、基礎砕石工3日、床掘工7日、置換工6日、型枠組立工3日、型枠取外し工1日、埋戻し工3日とする。

なお、床掘工と置換工は2日、置換工と基礎砕石工は1日の重複作業で行うものとする。

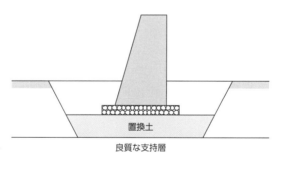

置換土

良質な支持層

①指定工種分類にもとづき、施工順序を決めると以下のとおりになる。
「床掘工」→「置換工」→「基礎砕石工」→「型枠組立工」→「コンクリート打込み工」→「養生工」→「型枠取外し」→「埋戻し工」
②所定の施工期間を施工順序に割り振る。
③指定されている工種別工程の相互調整を行う。
床掘工と置換工は2日、置換工と基礎砕石工は1日の重複作業を割り付ける。
「床掘工」→（2日間重複）→「置換工」→（1日間重複）→「基礎砕石工」

→「型枠組立工」→「コンクリート打込み工」→「養生工」→「型枠取外し工」→「埋戻し工」

④以上の結果をもとに、全体の工程表を作成する。

手順	工種	作業工程

作業工程の目盛り：0　5　10　15　20　25　30

手順	工種
①	床掘工
②	置換工
③	基礎砕石工
④	型枠組立工
⑤	コンクリート打込み工
⑥	養生工
⑦	型枠取外し工
⑧	埋戻し工

2日間重複

1日間重複

Lesson 01 工程管理の手順

重複作業の工種と日程の割り付けに注意しよう！

頻出項目をチェック！

1 ☐ 工事総原価と出来高が等しくなる点を<u>損益分岐点</u>という。

損益分岐点の施工出来高以上に上げるときの工程速度を<u>採算速度</u>といい、工程管理では、実施工程が計画工程よりも<u>やや上回る</u>ように、工程速度を管理する。

 こんな選択肢は誤り！

工程管理では、実施工程が計画工程よりもやや~~下回る~~ように管理する。

工程管理では、実施工程が計画工程よりもやや<u>上</u>回るように管理する。

Lesson 02

重要度 ★★★

各種工程表

学習のポイント ─────

一次 二次

● 各種工程表の縦軸と横軸の配置項目、形状を理解する。
● 各種工程表の管理項目の判明、不明を理解する

2-1 工程表の分類

工程表には、工事の各作業を管理する工程表と、工事の進捗度合いや出来高を管理する工程表があります。

2-2 各種工程表

1 横線式工程表

1 バーチャート工程表

縦軸に部分工事をとり、横軸にその工事に必要な日数を棒線で記入した図表で、作成が簡単で各工事の工期がわかりやすいので、総合工程表として

工種	○月	○月	○月	備考
A工種	▬▬▬			
B工種		▬▬▬		
C工種			▬▬▬	

工期 →

一般に使用されます。各作業の所要日数および作業間の関連がわかりますが、各作業による全体工程への影響が不明です。

2 ガントチャート工程表

縦軸に部分工事をとり、横軸に各工種の作業完了時点を100%とした達成率をとるので、各作業の進捗度合いはよくわかりますが、作業の所要日数や工期に影響する作業は不明です。

工種	50%		100%	備考
A 工種				
B 工種				
C 工種				

達成度 →

バーチャートとガントチャートの横軸の違いを理解しよう！

2　斜線式工程表

縦軸に日数（工期）をとり、横軸に区間（距離）をとって表すものです。トンネル工事のように工事区間が線状に長く、工事の進行方向が一定の、工種が比較的少ない工事によく用いられます。

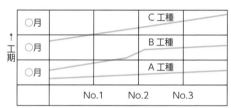

距離 →

3　グラフ式工程表

縦軸に出来高比率（%）をとり、横軸に日数（工期）をとって、工種ごとの工程を斜線で表した図表で、予定と実績との差を直視的に比較するのに便利です。

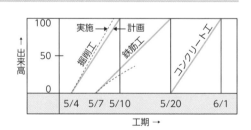

工期 →

4　ネットワーク式工程表

　ネットワーク式工程表は、丸印と矢線
の結びつきのネットワーク表示により、
工事内容を系統立てて明確にし、作業相
互の関連や順序、数多い作業から、どれ
が全体工程に影響をするかを知ることが
できるため、工事の進度管理が的確に判断できます。

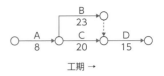

工期 →

ネットワーク式工程表では、すべての管理項目が判明する
よ！

5　曲線式工程表

1 出来高累計曲線

　出来高累計曲線は、縦軸に出来高比率（％）、横軸に日数（工期）
をとって工事全体の出来高比率の累計を曲線で表した図表です。出
来高累計曲線はＳ型のカーブとなるため、Ｓカーブと呼んでいます。

2 工程管理曲線（バナナ曲線）

　縦軸に出来高比率（％）をとり、横軸に日数（工期）をとって、
あらかじめ予定工程を計画し、実施工程がその上方限界および下方
限界の許容範囲内に収まるように管理する工程表です。2つの曲線
がバナナの形をしていることからバナナ曲線と呼ばれています。

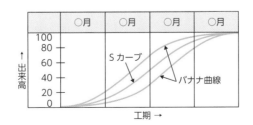

曲線式工程表では、出来高以外は不明だよ！

2-3 各種工程表の比較

各種工程表の比較

項目	バーチャート	ガントチャート	ネットワーク	曲線式
作業の手順	漠然	不明	判明	不明
作業に必要な所要日数	判明	不明	判明	不明
作業の進行度合い	漠然	判明	判明	判明
工期に影響する作業	不明	不明	判明	不明
図表の作成	容易	容易	難しい	やや難しい

ゴロ合わせで覚えよう！ ▶ 工程図表の種類

玩具店のばあちゃん、
（ガント）　　（バーチャート）

ネットにワクワクしすぎて
（ネットワーク）

背中が曲がる
（曲線）

施工管理での工程図表には、<u>ガントチャート工程表</u>、<u>バーチャート工程表</u>、<u>ネットワーク式工程表</u>、<u>曲線式工程表</u>の4種類がある。

1 ☐ バーチャート工程表は、縦軸に部分工事をとり、横軸にその工事に必要な日数を棒線で記入した図表である。

バーチャート工程表では、各作業の所要日数および作業間の関連がわかるが、各作業による全体工程への影響が不明である。

2 ☐ ガントチャート工程表は、縦軸に部分工事をとり、横軸に各工種の作業完了時点を100％とした達成率をとった図表である。

ガントチャート工程表では、各作業の進捗度合いはよくわかるが、作業の所要日数や工期に影響する作業は不明である。

3 ☐ 斜線式工程表は、縦軸に日数（工期）をとり、横軸に区間（距離）をとった図表である。

斜線式工程表は、トンネル工事のように工事区間が線状に長く、工事の進行方向が一定の、工種が比較的少ない工事によく用いられる。

4 ☐ グラフ式工程表は、縦軸に出来高比率をとり、横軸に日数（工期）をとって、工種ごとの工程を斜線で表した図表である。

グラフ式工程表は、予定と実績との差を直視的に比較するのに便利である。

5 ☐ ネットワーク式工程表は、丸印と矢線の結びつきのネットワーク表示により、工事内容を系統立てて明確にした図表である。

ネットワーク式工程表では、作業相互の関連や順序、数多い作業からどれが全体工程に影響をするかを知ることができ、工事の進度管理が的確に判断できる。

6 ☐ 出来高累計曲線は、縦軸に出来高比率、横軸に日数（工期）をとって、工事全体の出来高比率の累計を曲線で表した図表である。

工程管理曲線（バナナ曲線）は、縦軸に出来高比率をとり、横軸に日数（工期）をとって、あらかじめ予定工程を計画し、実施工程がその上方限界および下方限界の許容範囲内に収まるように管理する工程表である。

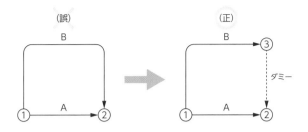

3-2　ネットワークの計算

1　最早開始時刻（EST）の計算

　最早開始時刻とは、ある1つの作業について、先行作業が終了次第、最も早く作業を開始できる時刻（日）をいいます。ただし、先行作業が複数ある場合は、その作業のうち最も時間がかかる作業が終わらないと次の作業が開始できないので、最も遅く終わる時刻を最早開始時刻とします。最早開始時刻の計算で求めた所要日数が工期となります。

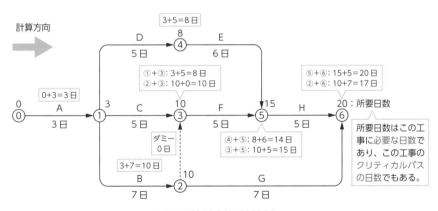

最早開始時刻の計算例

最早開始時刻は、イベントに複数の作業が終了する箇所で比較して、遅い方を選ぶぞ！

2　最遅完了時刻（LFT）の計算

　最遅完了時刻とは、工期内に完成するために、各結合点における各作業が遅くとも完了していなければならない時刻（日）をいいます。ただし、各結合点に複数の作業が終了してくる場合は、作業開始時刻を遅らせないように最も小さい時刻（日数）を最遅完了時刻とします。計算は、最早開始時刻で求めた所要日数を基に、終点側から逆計算します。

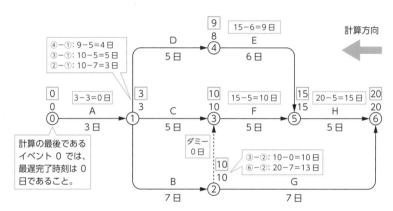

最遅完了時刻の計算例

最遅完了時刻は、イベントから複数の作業が始まる箇所で比較して、早い方を選ぶぞ！

3　余裕（フロート）の計算

　ネットワーク式工程表の各作業には、余裕があるものと、まったく余裕がないものがあります。余裕日数の計算には自由余裕日数（FF：フリーフロート）、干渉余裕日数（IF：インターフェアリングフロート）、総余裕日数（TF：トータルフロート）があり、以下のとおりです。

1 自由余裕日数（FF）

　各作業を最早開始時刻で始め、次の作業を最早開始時刻で始めるときの余裕日数

　FF ＝次の作業の最早開始時刻－（最早開始時刻＋作業日数）

2 総余裕日数（TF）

　各作業を最早開始時刻で始めて、その作業を最遅完了時刻で終わらせるときの余裕日数

　TF ＝その作業の最遅完了時刻－（最早完了時刻＋作業日数）

3 干渉余裕日数（IF）

　総余裕日数から自由余裕日数を引いた日数

　IF = TF － FF

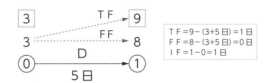

余裕の計算例

4　クリティカルパスの計算

　クリティカルパスは、各経路（パス）の中で最も長い日数を要する最長経路で、余裕がまったくない経路です。

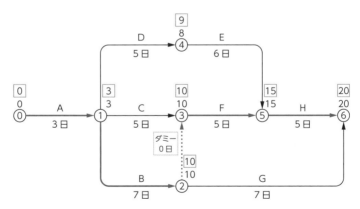

クリティカルパスの表示例

　最早開始時刻と最遅完了時刻が同じになっているルートが、クリティカルパスだよ！

前ページに示した工程表の各経路の作業日数は以下のとおりです。

パス1：⓪→①→②→⑥＝3＋7＋7＝17日

パス2：⓪→①→②→③→⑤→⑥＝3＋7＋0＋5＋5
　　　　＝20日（クリティカルパス）

パス3：⓪→①→③→⑤→⑥＝3＋5＋5＋5＝18日

パス4：⓪→①→④→⑤→⑥＝3＋5＋6＋5＝19日

☑ 頻出項目をチェック！

1 ☐ **最早開始時刻とは、ある1つの作業について、先行作業が終了次第、最も早く作業を開始できる時刻（日）をいう。**

先行作業が複数ある場合は、先行する作業が最も遅く終わる時刻を最早開始時刻とする。最早開始時刻の計算で求めた所要日数が工期となる。

2 ☐ **最遅完了時刻とは、工期内に完成するために、各結合点における各作業が遅くとも完了していなければならない時刻（日）をいう。**

ただし、各結合点に複数の作業が終了してくる場合は、作業開始時刻を遅らせないように最も小さい時刻（日数）を最遅完了時刻とする。計算は、最早開始時刻で求めた所要日数を基に、終点側から逆計算する。

⚠ こんな選択肢は誤り！

ネットワーク式工程表では、結合点番号（イベント番号）は、同じ番号が2つあってもよい。

ネットワーク式工程表では、結合点番号（イベント番号）は、同じ番号が2つあってはならない。

ネットワーク式工程表では、擬似作業（ダミー）は、破線で表し、所要時間をもつ場合もある。

ネットワーク式工程表では、擬似作業（ダミー）は、破線で表し、所要時間をもたない。

Lesson 03

ネットワーク式工程表

....

各種工程表

....

工程管理1 工程表の種類と特徴に関する次の記述のうち，**適当でないも
の**はどれか。

(1) ネットワーク式工程表は，ネットワーク表示により工事内容が
系統だてて明確になり，作業相互の関連や順序，施工時期など
が的確に判断できるようにした図表である。

(2) グラフ式工程表は，縦軸に出来高又は工事作業量比率をとり，
横軸に日数をとり工種ごとの工程を斜線で表した図表である。

(3) 出来高累計曲線は，縦軸に出来高比率，横軸に工期をとって工
事全体の出来高比率の累計を曲線で表した図表である。

(4) ガントチャートは，縦軸に出来高比率，横軸に時間経過比率を
とり実施工程の上方限界と下方限界を表した図表である。

答え (4)

ガントチャートは、縦軸に工種、横軸に達成率をとり、進捗管理に使用
します。設問の説明は工程管理曲線（バナナ曲線）の説明です。

....

各種工程表

....

工程管理2 下記の説明文に**該当する工程表**は，次のうちどれか。

「縦軸に部分工事をとり，横軸にその工事に必要な日数を棒線で記入
した図表で，作成が簡単で各工事の工期がわかりやすいので，総合工程
表として一般に使用される。」

(1) 曲線式工程表（グラフ式工程表）
(2) 曲線式工程表（出来高累計曲線）
(3) 横線式工程表（ガントチャート）
(4) 横線式工程表（バーチャート）

答え (4)

その他の工程表については、前問の記述及び解説を参照してください。

ネットワーク式工程表

基礎的能力 下図のネットワーク式工程表について記載している下記の文章中の　　　の（イ）～（ニ）に当てはまる語句の組合せとして，**正しいもの**は次のうちどれか。

ただし，図中のイベント間のA～Gは作業内容，数字は作業日数を表す。

演習問題

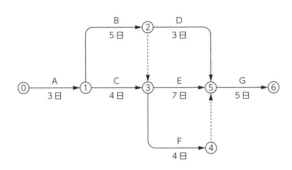

・　(イ)　及び　(ロ)　は，クリティカルパス上の作業である。

・作業Fが　(ハ)　遅延しても，全体の工期に影響はない。

・この工程全体の工期は，　(ニ)　である。

	(イ)	(ロ)	(ハ)	(ニ)
(1)	作業C	作業D	3日	19日間
(2)	作業B	作業E	3日	20日間
(3)	作業B	作業D	4日	19日間
(4)	作業C	作業E	4日	20日間

答え (2)

・作業B及び作業Eは、クリティカルパス上の作業である。

・作業Fが3日遅延しても、全体の工期に影響はない。

・この工程全体の工期は、20日である。

重要度 ★★☆

建設工事の安全管理

学習のポイント

一次

● 現場の安全活動を理解する。
● 作業主任者の職務、特定元方事業者の講ずべき事項を理解する。

1-1 現場の安全活動

1 安全朝礼

　安全朝礼は、毎日、作業開始前に作業所内の広場等で作業所の全員が参加し、体操、点呼、連絡事項を行うもので、仕事をする時間へと気持ちを切り替えるうえで極めて有効なものです。また、この朝礼で作業者の健康状態についても確認することが重要です。

2 KYT（危険予知訓練）

　危険予知訓練は、作業や職場にひそむ危険性や有害性等の危険要因を発見し解決する能力を高める手法であり、ローマ字のKYTは、危険のK、予知のY、訓練（トレーニング）のTをとったものです。

3 リスクアセスメント

　リスクアセスメントとは、事業場にある危険性や有害性の特定、リスクの見積り、優先度の設定、リスク低減措置の決定の一連の手順をいい、事業者が、その結果に基づいて適切な労働災害防止対策を講じることです。

4 4S運動

　4S運動とは、「整理、整頓、清潔、清掃」の重要性を認識させ、これらを徹底させる啓発運動です。これによって職場の安全と作業者の健康を守り、そして生産性を向上させます。

5 指差し呼称

指差し呼称とは、その名称と状態を声に出して確認することで、作業者の錯覚、誤判断、誤操作などを防止し、作業の安全性を高めるものです。

6 ヒヤリ・ハット

ヒヤリ・ハットとは、重大な災害や事故には至らなかったものの、仕事をしていて、もう少しで事故が発生するところだったという、このヒヤリとした、あるいはハットしたことを取り上げ、災害防止に結びつけることが目的で始まった活動で、ヒヤリとしたりハットした事例を報告するものです。

1-2 安全衛生管理組織

1 作業主任者の職務

事業者は、都道府県労働局長の免許を受けた者または都道府県労働局長の登録を受けた者が行う技能講習を修了した者のうちから、作業の区分に応じて、作業主任者を選任しなければなりません。作業主任者の職務は以下のとおりです。

①材料の欠点の有無を点検し、不良品を取り除くこと。

②器具、工具、要求性能墜落制止用器具および保護帽の機能を点検し、不良品を取り除くこと。

③作業の方法および労働者の配置を決定し、作業の進行状況を監視すること。

④要求性能墜落制止用器具および保護帽の使用状況を監視すること。

2 特定元方事業者の講ずべき事項

労働安全衛生法により、特定元方事業者は、その労働者および関係請負人の労働者の作業が同一の場所において行われることによって生ずる労働災害を防止するため、次の措置を講じなければなりません。

①協議組織の設置および運営を行うこと。

②作業間の連絡および調整を行うこと。

③作業場所を巡視すること（1日1回以上）。

④関係請負人が行う労働者の安全または衛生のための教育に対する指導および援助を行うこと。

⑤仕事の工程に関する計画および作業場所における機械、設備等の配置に関する計画の作成と指導を行うこと。

 特定元方事業者の講ずべき事項を覚えよう！

ゴロ合わせで覚えよう！ 元方事業者の指導

元親方は
（元方事業者）

反省しないし、どうしよう
（違反しないよう）（指導しなければならない）

元方事業者は、関係請負人およびその労働者が当該仕事に関し、法令の規定に違反しないよう、指導を行う。

☑ 頻出項目をチェック！

1 ☐ 事業者は、都道府県労働局長の免許を受けた者または都道府県労働局長の登録を受けた者が行う技能講習を修了した者のうちから、作業の区分に応じて、作業主任者を選任しなければならない。

作業主任者の職務は、材料の欠点の有無を点検し、不良品を取り除くこと、器具、工具、要求性能墜落制止用器具および保護帽の機能を点検し、不良品を取り除くことである。

2 ☐ 作業の<u>方法</u>および労働者の<u>配置</u>を決定し、作業の<u>進行状況を監視</u>することは、作業主任者の職務である。

また、要求性能墜落制止用器具および保護帽の<u>使用状況を監視</u>することも、作業主任者の職務である。

3 ☐ 特定元方事業者は、その労働者及び関係請負人の労働者の作業が同一の場所において行われることによって生じる労働災害を防止するために、<u>協議組織</u>を設置しなければならない。

一次下請け、二次下請けなどの関係請負人ごとに、協議組織を<u>設置させる</u>のではない。

 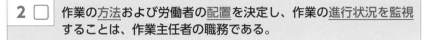 こんな選択肢は誤り！

ヒヤリ・ハット報告制度は、~~職場の小単位の組織で、各人が仕事の範囲、段取り、作業の安全のポイント~~を報告するものである。

ヒヤリ・ハット報告制度は、<u>仕事をしていてヒヤリとしたりハットした事例</u>を報告するものである。

強風、大雨等の悪天候が予想されるときの作業について当該作業を中止することは、~~作業主任者の職務~~である。

強風、大雨等の悪天候が予想されるときの作業について当該作業を中止することは、<u>事業者の責務</u>である。

特定元方事業者の作業場所の巡視は~~毎週作業開始日に~~行う。

特定元方事業者の作業場所の巡視は<u>毎作業日に少なくとも1回</u>行う。

Lesson
01

建設工事の安全管理

Lesson
02
重要度 ★★☆

足場・型枠支保工の安全管理

学習のポイント

一次 二次

- 足場の組立、解体時の留意点、規定を理解する。
- 飛来災害防止の規定を理解する。
- 型枠支保工の組立、解体時の留意点を理解する。
- 各種型枠支保工の規定を理解する。

2-1 足場の安全

1 足場の設置計画の届出

事業者は、つり足場、張出し足場、およびそれ以外の足場にあっては高さ 10 m 以上の構造となる足場で、組立から解体までの期間が 60 日以上となる場合は、あらかじめ、その設置計画を工事の開始日の 30 日前までに、所轄の労働基準監督署に届け出なければなりません。

2 作業床

高さ 2 m 以上で作業を行う場合、次の規定による作業床を設けなければなりません。なお、作業床を設けることが困難なときは、防網を張り、労働者に要求性能墜落制止用器具を使用させる等、墜落による労働者の危険を防止するための措置を講じなければなりません。

作業床の規定は、以下のとおりです。
①作業床の幅は 40 cm 以上とする。
②床材間の隙間は 3 cm 以下とする。
③床材と建地の隙間は 12 cm 未満とする。

作業床の幅 40cm 以上、隙間 3cm 以下は、足場でも同じだよ！

④床材は、転位し、または脱落しないように２以上の支持物に取り付けること。

⑤作業のため物体が落下することにより、労働者に危険を及ぼすおそれのあるときは、高さ 10 cm 以上の幅木、メッシュシートもしくは防網等を設けること。

⑥高さ 85 cm 以上の手すりと中<ruby>中<rt>なか</rt></ruby>さんを設けること。

Lesson 02

足場・型枠支保工の安全管理

ゴロ合わせで覚えよう！ ▶ 高さ 2m 以上における墜落防止措置

お兄ちゃんは、
（2m以上）

カッコイイ といいなあ。
（囲い）

でも黒帯の暴れん坊もいいなあ…
　　　　　　　（防網）

高さが 2m 以上の作業で講じる主な措置は、①囲い等の設置、②防網を張るなどの墜落防止措置である。

ゴロ合わせで覚えよう！ ▶ 作業床の床材の幅

作業は　予鈴がなるまで。
（作業床）　（40cm）

皆さん
（3cm）

スッキリ片付けしましょう
（隙間）

作業床の床材の幅は 40cm 以上とし、つり足場の場合を除き床材間の隙間は 3cm 以下とする。

3　足場の組立、解体時の措置

　事業者は、つり足場、張出し足場または高さが 2 m 以上の構造の足場の組立、解体または変更の作業を行うときは、次の措置を講じなければなりません。

①組立、解体または変更の時期、範囲および順序を当該作業に従事する

労働者に周知させること。

②組立、解体または変更の作業を行う区域内には、関係労働者以外の労働者の立入りを禁止すること。

③強風、大雨、大雪等の悪天候のため、作業の実施について危険が予想されるときは、作業を中止すること。

④足場材の緊結^{きんけつ}、取外し、受渡し等の作業にあっては、墜落による労働者の危険を防止するため、次の措置を講ずること。

　イ）幅40cm以上の作業床を設けること。

　ロ）要求性能墜落制止用器具を安全に取り付けるための設備等を設け、かつ、労働者に要求性能墜落制止用器具を使用させる措置を講ずること。

⑤材料、器具、工具等を上げ、または下ろすときは、つり綱、つり袋等を労働者に使用させること。

組立、解体時の措置を覚えよう！

4　足場の点検

　事業者は、足場（つり足場を除く）における作業を行うときは、点検者を指名して、その日の作業を開始する前に、作業を行う箇所に設けた足場用墜落防止設備の取外しおよび脱落の有無について点検させ、異常を認めたときは、直ちに補修しなければなりません。

　また、次の事項に該当する場合は、足場における作業を行うときは、点検者を指名して、開始前に点検させ、異常を認めたときは、直ちに補修しなければなりません。

①強風、大雨、大雪等の悪天候のとき。

②中震以上の地震のとき。

③足場の組立、一部解体もしくは変更の後。

④つり足場における作業を行うとき。

2-2 各種足場の規定

1 鋼管による本足場（単管足場）

①足場の脚部には、足場の滑動または沈下を防止するため、ベース金物を使用し、かつ敷板、敷角を用い、根がらみを設ける。

②鋼管の接続部または交差部は、適合した付属金物を使用して確実に接続し、緊結すること。

③交差筋かいを入れ、補強すること（45°程度で、2方向）。

④建地の間隔は、けた方向 1.85 m 以下、はり間方向 1.5 m 以下とする。

⑤地上第1の布は、地上2m以下の位置に設けること。

⑥建地の最後部から測って 31 m を超える部分の建地は、鋼管を2本組とすること。

⑦壁つなぎの間隔は、垂直方向5m以下、水平方向5.5 m以下とする。

⑧建地間の積載重量は 400 kg を限度とする。

⑨作業床の足場板は3点支持の場合でも、腕木等に原則として固定すること。

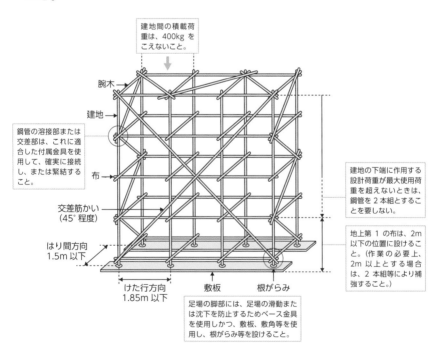

建地間の積載荷重は、400kgをこえないこと。

腕木

建地

鋼管の溶接部または交差部は、これに適合した付属金具を使用して、確実に接続し、または緊結すること。

布

交差筋かい（45°程度）

はり間方向 1.5m 以下

けた行方向 1.85m 以下

敷板

根がらみ

建地の下端に作用する設計荷重が最大使用荷重を超えないときは、鋼管を2本組とすることを要しない。

地上第1の布は、2m以下の位置に設けること。（作業の必要上、2m以上とする場合は、2本組等により補強すること。）

足場の脚部には、足場の滑動または沈下を防止するためベース金具を使用しかつ、敷板、敷角等を使用し、根がらみ等を設けること。

2 枠組足場

①はり枠および持送り枠は、水平筋かいその他で横揺れを防ぐ措置を講じること。

②高さ20mを超える場合は、主枠の高さは2m以下、主枠の間隔は1.85m以下とする。

③壁つなぎの間隔は、垂直方向9m以下、水平方向8m以下とする。

④最上層および5層以内ごとに水平材を設けること。

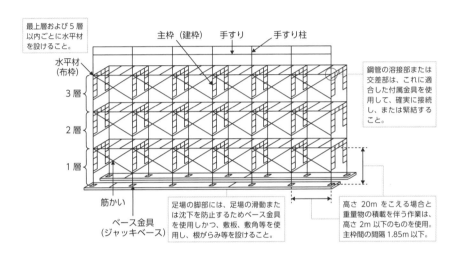

最上層および5層
以内ごとに水平材
を設けること。

主枠（建枠）　手すり　手すり柱

水平材
（布枠）

3層

2層

1層

筋かい

ベース金具
（ジャッキベース）

鋼管の溶接部または
交差部は、これに適
合した付属金具を使
用して、確実に接続
し、または緊結する
こと。

足場の脚部には、足場の滑動または沈下を防止するためベース金具を使用しかつ、敷板、敷角等を使用し、根がらみ等を設けること。

高さ20mをこえる場合と
重量物の積載を伴う作業は、
高さ2m以下のものを使用。
主枠間の間隔1.85m以下。

3 つり足場

①作業床の幅は40cm以上とし、隙間はないようにする。

②つり足場の上で、脚立、はしご等を用いて作業してはならない。

③つりワイヤーロープは以下のものは使用してはなりません。

・ワイヤーロープは、1よりの間で素線の数が10％以上切断しているもの。

・直径の減少が、公称径の7％を超えるもの。

・キンクしたもの。

・著しく形くずれまたは腐食があるもの。

キンク

④つり鎖は、以下のものは使用しないこと。

・鎖の伸びが、製造時の5％を超えたもの。

②勾配が 15°を超える場合には、踏さん等の滑り止めを設けること。

③高さ 85 cm 以上の丈夫な手すりおよび中さんを設けること。

④高さ 8 m 以上の登りさん橋には、7 m 以内ごとに踊場を設けること。

⑤機械間または他の設備との間に設ける通路については、幅 80 cm 以上としなければならない。

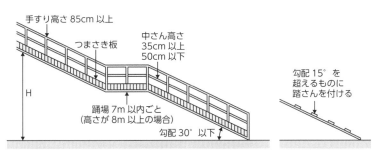

架設通路（スロープ）

5　昇降設備

　事業者は、高さ 1.5 m を超える作業箇所には、作業員が安全に昇降できる昇降設備を設置しなければなりません。

6　はしご道・移動はしご

①幅は 30 cm 以上とする。

②移動はしごの踏さんは、25 cm 以上35 cm 以下の等間隔であること。

③移動はしごは、原則として継いで用いてはならない。やむを得ず継いで用いる場合は 9 m 以下とする。

④はしごの上端は、床から 60 cm 以上突き出させること。

⑤坑内のはしご道で、長さが 10 m 以上のものは 5 m 以内ごとの踏だなを設けること。

移動はしご

7 飛来災害の防止

1 高所からの物体投下による危険の防止

　3 m以上の高所から物体を投下するときは、適当な投下設備を設け、監視人を置く等、労働者の危険を防止しなければなりません。

2 物体の飛来による危険の防止

　作業のため物体が飛来することにより労働者に危険を及ぼすおそれのあるときは、飛来防止の設備を設け、労働者に保護具を使用させる等、当該危険を防止するための措置を講じなければなりません。

2-3　型枠支保工の規定

1 設置計画の届出

　事業者は、支柱の高さが3.5 m以上である型枠支保工にあっては、あらかじめ、その計画を工事の開始日の 30 日前までに、所轄の労働基準監督署に届け出なければなりません。

2 型枠支保工の組立・解体

①コンクリートの打設による、支保工の沈下を防止する措置を講ずること。

②支柱の脚部の滑動を防止すること。

③支柱の継手は、突合せ継手または差込み継手とすること。

④接続部および交差部は、ボルト、クランプなどの金具を用いて緊結すること。

⑤事業者は、型枠支保工の組立または解体を行う区域には、関係作業員以外の作業員の立入りを禁止すること。

⑥事業者は、強風、大雨、大雪等の悪天候のため作業の実施について危険が予想されるときには、労働者を従事させないこと。

⑦材料、機器または工具を上げるまたは下ろすときには、つり綱、つり袋を使用させること。

⑧事業者は、コンクリート打込み作業を行う場合は、型枠支保工に異常

足場・型枠支保工の安全管理

Lesson 02

が認められた際の作業中止のための措置を、あらかじめ講じておくこと。

3　鋼管支柱の使用

①高さ 2 m 以内ごとに 2 方向の水平つなぎを設けること。

②はりまたは大引きを上端に載せる場合には、鋼製の端板を取り付け、固定すること。

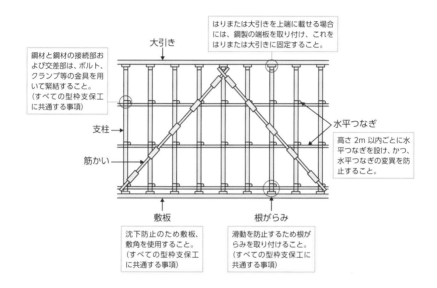

鋼材と鋼材の接続部および交差部は、ボルト、クランプ等の金具を用いて緊結すること。
（すべての型枠支保工に共通する事項）

大引き

はりまたは大引きを上端に載せる場合には、鋼製の端板を取り付け、これをはりまたは大引きに固定すること。

支柱→

筋かい→

水平つなぎ

高さ 2m 以内ごとに水平つなぎを設け、かつ、水平つなぎの変異を防止すること。

敷板

根がらみ

沈下防止のため敷板、敷角を使用すること。
（すべての型枠支保工に共通する事項）

滑動を防止するため根がらみを取り付けること。
（すべての型枠支保工に共通する事項）

4　パイプサポートの使用

①パイプサポートは 3 本以上継いではならない。

②パイプサポートを継いで用いる場合には、4 個以上のボルトまたは専用の金具を用いること。

③高さ 3.5 m を超える場合には、高さ 2 m 以内ごとに 2 方向に水平つなぎを設け、かつ、水平つなぎの変位を防止すること。

パイプサポートの使用について理解しよう！

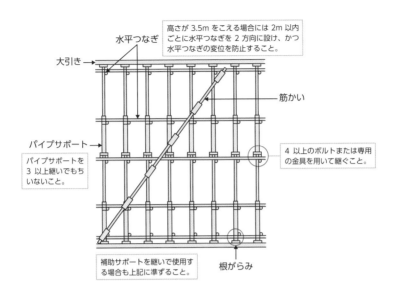

5　鋼管枠の使用

①鋼管枠と鋼管枠との間に、交差筋かいを設けること。

②最上層および5層以内ごとの箇所に、水平つなぎを設けること。

③布枠（ぬのわく）は5枠以内ごとの箇所に設けること。

④はりまたは大引きを上端に載せる場合には、鋼製の端板（はたいた）を取り付け、固定すること。

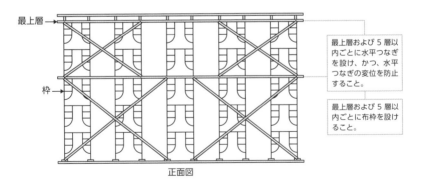

正面図

1 ☐ 強風、大雨、大雪等の悪天候のため作業の実施について危険が予想されるときには、型枠支保工の組立・解体作業を中止する。

また、コンクリート打込み作業を行う場合は、型枠支保工に異常が認められた際の作業中止のための措置を、あらかじめ講じておく。

こんな選択肢は誤り！

高さ2m以上の足場は、床材が転倒し脱落しないよう ~~一つ~~以上の支持物に取り付ける。

高さ2m以上の足場は、床材が転倒し脱落しないよう 2つ以上の支持物に取り付ける。

作業床の足場板が3点支持の場合には、腕木等に緊結材料で固定~~しなくてもよい~~。

作業床の足場板が3点支持の場合でも、腕木等に緊結材料で固定する。

強風等悪天候のため作業に危険が予想される時に、型枠支保工の解体作業を行う場合は、~~作業主任者の指示に従い慎重に作業を行わせる~~こと。

強風等悪天候のため作業に危険が予想される時に、型枠支保工の解体作業を行う場合は、作業を中止すること。

物体が飛来・落下することにより労働者に危険を及ぼすおそれのあるときは、労働者に保護具を~~使用させることにより飛来防止の設備を省略できる~~。

物体が飛来・落下することにより労働者に危険を及ぼすおそれのあるときは、労働者に保護具を使用させても飛来防止の設備を設けなければならない。

重要度 ★★☆

土工工事・土止め支保工の安全管理

学習のポイント

一次 二次

● 人力掘削時の勾配規定を理解する。
● 明り掘削作業時の留意事項、規定を理解する。
● 土止め支保工の部材名称を理解する。
● 土止め支保工の組立、点検、掘削時の規定を理解する。

3-1 土工工事（明り掘削）

1 事前調査

　事業者は、地山の掘削の作業を行う場合において、地山の崩壊、埋設物等の損壊等により労働者に危険を及ぼすおそれのあるときは、あらかじめ、次の事項を適当な方法により調査し、適応する掘削の時期および順序を定めて、当該定めにより作業を行わなければなりません。

① 地質および地層の状況
② き裂、含水、湧水、凍結の有無と状況
③ 埋設物の有無

2 人力掘削時の留意事項

① 事業者は、手掘りにより地山の掘削作業を行うときは、掘削面の勾配を、次ページの表に示す地山の種類および掘削高さに応じ、右欄の値以下とする。ただし、特に地質が悪い地山では、さらに緩やかな勾配とすること。

② すかし掘りは、絶対にしないこと。

③ 2名以上で同時に掘削作業を行うときは、相互に十分な間隔を保つこと。

④ 浮石を割ったり起こしたりするときは、石の安定と転がる方向をよく見定めて作業すること。

⑤ つるはしやシャベル等は、てこに使わないこと。

⑥掘削した土砂は、埋め戻す時まで土止め壁、法肩から１ｍ以上離れた所に積み上げるように計画する。やむを得ず掘り出した土砂等を掘削部の上部もしくは法肩付近に仮置きする場合には、掘削面の崩落や土砂等の落下が生じないよう留意すること。

⑦湧水のある場合は、これを処理してから行うこと。

掘削面の高さと勾配

地山の種類	掘削面の高さ	掘削面の勾配
岩盤または堅い粘土からなる地山	5m 未満	90 度以下
	5m 以上	75 度以下
その他の地山	2m 未満	90 度以下
	2m 以上 5m 未満	75 度以下
	5m 以上	60 度以下
砂からなる地山	掘削面の勾配 35 度以下とし、または高さ 5m 未満とする	
発破等で崩壊しやすい状態になっている地山	掘削面の勾配を 45 度以下とし、または高さを 2m 未満とする	

人力掘削時の留意事項を理解しよう！

3　掘削時の規定

1 作業主任者

　掘削面の高さが２ｍ以上となる地山の掘削（ずい道および立坑以外の坑の掘削を除く）作業については、地山の掘削作業主任者を選任し、作業を直接指揮させなければなりません。

2 点検

　明り掘削の作業を行うときは、点検者を指名して、作業箇所およびその周辺の地山について、その日の作業を開始する前、大雨の後

および中震以上の地震の後、浮石およびき裂の有無および状態ならびに含水、湧水および凍結の状態の変化を点検させなければなりません。

また、発破を行った後、当該発破を行った箇所およびその周辺の浮石およびき裂の有無および状態を点検させなければなりません。

3 地山の崩壊等による危険防止

明り掘削の作業を行う場合において、地山の崩壊または土石の落下により労働者に危険を及ぼすおそれのあるときは、あらかじめ、土止め支保工を設け、防護網を張り、労働者の立入りを禁止する等、当該危険を防止するための措置を講じなければなりません。

4 埋設物等による危険の防止

事業者は、埋設物、ブロック塀、擁壁等の建設物に近接して掘削する場合においては、これらを補強し、移設する等の危険防止措置を講じた後、作業に入らせなければなりません。

掘削作業で露出したガス導管の損壊による危険のおそれがあるときは、つり防護、受け防護、ガス導管の移設等の危険防止措置を講じた後、作業に入らせなければなりません。

ガス導管の防護の作業については、当該作業を指揮する者を指名して、その者の直接の指揮のもとに当該作業を行わせなければなりません。

> 埋設物がある箇所の留意事項を理解しよう！

5 掘削機械等の使用禁止

事業者は、掘削機械、積込み機械、運搬機械の使用により、ガス導管、地中電線路、その他地下に存する工作物の損壊による危険のおそれがあるときは、これらの機械を使用してはなりません。

土工工事・土止め支保工の安全管理

Lesson 03

6 誘導者の配置

　明り掘削の作業を行う場合において、運搬機械等が労働者の作業箇所に後進して接近するとき、または転落するおそれのあるときは、誘導者を配置し、その者にこれらの機械を誘導させなければなりません。

7 照度の確保

　明り掘削の作業を行う場所については、当該作業を安全に行うため作業面にあまり強い影を作らないように必要な照度を保持しなければなりません。

4　地下埋設物の事前確認

①埋設物が予想される場所で土木工事を施工しようとするときは、施工に先立ち、埋設物管理者等が保管する台帳に基づいて試掘等を行い、その埋設物の種類、位置（平面・深さ）、規格、構造等を原則として目視により確認しなければならない。

②掘削影響範囲に埋設物があることがわかった場合は、その埋設物の管理者および関係機関と協議し、関係法令等に従い、保安上の必要な措置、防護方法、立会の必要性、緊急時の通報先および方法、保安上の措置の実施区分等を決定すること。

③試掘によって埋設物を確認した場合には、その位置等を道路管理者および埋設物の管理者に報告すること。

④埋設物の予想される位置を 2 m 程度まで試掘を行い、埋設物が確認されたときは、布掘りまたつぼ掘りを行ってこれを露出させなければならない。

3-2　土止め支保工

　掘削する場合は、その箇所の土質に見合った勾配で掘削できる場合を除き、一般には、掘削の深さが 2 m 以上となる時には、土止め支保工を設置しなければなりません。なお、市街地や掘削幅が狭い箇所では、掘削の深さが 1.5 m を超える場合において、土止め支保工を設けなけ

ればなりません。

1 土止め支保工部材の取付け時の留意点

①事業者は、土止め支保工の取付けまたは取外しの作業については、地山の掘削および土止め支保工作業主任者技能講習を修了した者のうちから、土止め支保工作業主任者を選任しなければならない。

②切ばりおよび腹起しは、脱落を防止するため、矢板、杭等に確実に取り付けること。

③圧縮材（火打ちを除く）の継手は、突合せ継手とすること。

④切ばりまたは火打ちの接続部、および切ばりと切ばりとの交さ部は、当て板を当ててボルトにより緊結し、溶接により接合する等の方法により堅固なものとすること。

⑤中間杭を備えた土止め支保工にあっては、切ばりを当該中間支持柱に確実に取り付けること。

⑥切ばりを建築物の柱等部材以外の物により支持する場合にあっては、当該支持物は、これにかかる荷重に耐えうるものとすること。

⑦切ばり等の設置作業を行う箇所には、関係労働者以外の労働者が立ち入ることを禁止すること。

⑧材料、器具または工具を上げ、または下ろすときは、つり綱、つり袋等を労働者に使用させること。

土止め支保工は、労働安全衛生法関連の用語だよ。

2 点検

　事業者は、土止め支保工を設けたときは、以下の時期に点検し、異常を認めたときは、直ちに、補強し、または補修しなければなりません。

①設置後7日を超えない期間

②中震以上の地震の後

③大雨等により地山が急激に軟弱化するおそれのある事態が生じた後

3　掘削時の安全管理

① 掘削作業は、できるだけ
向き合った土止め鋼矢板
に土圧が同じようにかか
るよう、左右対称に掘削
作業を行う。

② 土止め支保工は、施工計
画に沿って所定の部材の
取付けが完了しないうち
は、次の段階の掘削を行
わないこと。

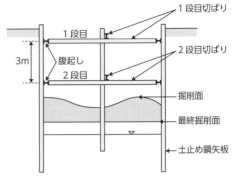

土止め支保工の組立

③ 土止め工を施してある間
は、点検員を配置して定期的に点検を行い、土止め用部材の変形、緊
結部のゆるみ、地下水位や周辺地盤の変化等の異常が発見された場合
は、直ちに作業員全員を必ず避難させるとともに、事故防止対策に万
全を期したのちでなければ、次の段階の施工は行わないこと。

④ 必要に応じて測定計器を使用し、土止め工に作用する土圧、変位を測
定すること。

⑤ 新たな施工段階に進む前には、必要部材が定められた位置に安全に取
り付けられていることを確認した後に作業を開始すること。作業中は、
指名された点検者が常時点検を行い、異常を認めた時は直ちに作業員
全員を避難させ、責任者に連絡し、必要な措置を講じること。

⑥ 切ばり等の材料、器具または工具の上げ下ろし時は、つり綱、つり袋
等を使用すること。

⑦ 掘削の深さが2メートル以上の開口部等で墜落により労働者に危険を
及ぼすおそれのある箇所には、囲い等を設けること。

開口部にカラーコーンを設置するという、誤った選択肢に
気をつけよう！

頻出項目をチェック！

1 ☐ 一般に、掘削の深さが <u>2m 以上</u>となる時には、<u>土止め支保工</u>を設置しなければならない。

<u>開口部</u>等で墜落により労働者に危険を及ぼすおそれのある箇所には、<u>囲い</u>等を設けなければならない。

 こんな選択肢は誤り！

手掘りにより岩盤又は堅い粘土からなる地山の掘削の作業において、掘削面の高さを 5m 未満で行う場合に応じた掘削面のこう配の基準は、~~80~~ 度以下である。

手掘りにより岩盤又は堅い粘土からなる地山の掘削の作業において、掘削面の高さを 5m 未満で行う場合に応じた掘削面のこう配の基準は、<u>90</u> 度以下である。

掘削した溝の開口部には、防護網の準備ができるまで転落しないように~~カラーコーンを 2m~~ ごとに設置する。

掘削した溝の開口部には、防護網の準備ができるまで転落しないように<u>囲い等</u>を設置する。

 用 語

すかし掘り
切り立った面の下方に横穴を掘ること。

明り掘削
露天で掘る作業。

Lesson 03

土工工事・土止め支保工の安全管理

建設機械の安全管理

学習のポイント

一次 二次

● 車両系建設機械の構造を理解する。
● 車両系建設機械の作業規定を理解する。
● 移動式クレーンの運転資格の区分を理解する。
● 移動式クレーンの作業規定を理解する。

4-1　車両系建設機械

1　構造

①前照灯を備えなければならない。

②落石のおそれがある場所では、堅固なヘッドガードを備えなければならない。

2　車両系建設機械の作業規定

1 作業計画

　車両系建設機械を用いて作業を行うときは、あらかじめ、地形や地質の調査により知り得たところに適応する作業計画を定め、関係労働者に周知します。

2 制限速度

　最高速度が毎時10km超の建設機械を用いて作業を行うときは、あらかじめ、適正な制限速度を定め、それにより作業を行わなければなりません。また、制限速度を超えて車両系建設機械を運転してはなりません。

3 転落等の防止等

　路肩、傾斜地等で建設機械作業を行うときは、建設機械の転倒または転落による労働者の危険を防止するため、当該運行経路につい

て路肩の崩壊の防止等の必要な措置を講じなければなりません。 この場合、誘導者を配置し、その者に当該車両系建設機械を誘導させなければなりません。

　また、転倒や転落により運転者に危険が生ずるおそれのある場所では、転倒時保護構造を有し、かつ、シートベルトを備えた機種以外を使用しないように努めなければなりません。

Lesson 04

建設機械の安全管理

4 接触の防止

　車両系建設機械に接触することにより労働者に危険が生ずるおそれのある箇所には、原則として労働者を立ち入らせてはなりません。

5 合図

　事業者は、車両系建設機械の運転について誘導者を置くときは、一定の合図を定め、誘導者に当該合図を行わせなければなりません。

6 運転位置から離れる場合の措置

　事業者は、車両系建設機械の運転者が運転位置から離れるときは、バケット、ジッパー等の作業装置を地上に下ろし、原動機を止め、かつ、走行ブレーキをかける等の車両系建設機械の逸走（いっそう）を防止する措置を講じなければなりません。

運転位置から離れる場合の措置を覚えよう！

7 車両系建設機械の移送

　車両系建設機械の移送のための積卸しは、平たんで堅固な場所において行わなければなりません。

8 とう乗の制限

　車両系建設機械を用いて作業を行うときに、乗車席以外の箇所に労働者を乗せてはなりません。

9 主たる用途以外の使用の制限

　荷のつり上げ、クラムシェルによる労働者の昇降等、当該車両系建設機械の主たる用途以外の用途に使用してはなりません。

10 定期自主検査

　車両系建設機械については、1年以内ごとに1回、定期に、年次点検項目について自主検査を行わなければなりません。

　また、1月以内ごとに1回、定期に、月次点検項目について自主検査を行わなければなりません。

3　バックホウ作業の留意点

①地表面より高い部分を掘削する場合、一般にブームの高さぐらいまでの掘削がよく、それ以上高いと土砂が崩れ落ちる危険がある。安全に作業できる一般的な掘削高さは、土質によっても異なるが、ブームの長さまでとすること。

②地山を足元まで掘削する場合、路肩が崩壊する危険があり、退避を考えるとクローラ（履帯）の横向き掘削は危険である。機械のクローラの側面は、掘削面と直角となるように配置すること。

③地表面より低い部分を掘削する場合、最大掘削深さでの作業は足元まで掘削するすかし掘りの危険がある。安全に作業できる掘削深さは、視界や路肩の崩壊を考慮して最大掘削深さより余裕を持たせること。

④溝掘削をする場合は、機械による溝底の整形は、一度掘削した箇所へ再び機械が跨がないように、機械を後退させる前に行うこと。

バックホウ作業の留意点を理解しよう！

4-2　移動式クレーン

1　移動式クレーンの資格

①つり上げ荷重 1t 未満の移動式クレーンは特別の教育
②つり上げ荷重 1t 以上 5t 未満の場合は、小型移動式クレーン運転技能
　講習の修了者
③つり上げ荷重が 5t 以上の場合は移動式クレーンの免許取得者

2　定格荷重と定格総荷重

　定格荷重とは、つり上げ最大荷重から、それぞれフック、グラブバケット等のつり具の重量に相当する荷重を控除した荷重をいいます。また、定格総荷重とは、定格荷重につり具の重量を加えた値をいいます。

3　移動式クレーンによる作業時の規定

1 作業の方法等の決定等

　移動式クレーンを用いて作業を行うときは、移動式クレーンの転倒等による労働者の危険を防止するため、あらかじめ、当該作業に係る場所の広さ、地形および地質の状態、運搬しようとする荷の重量、使用する移動式クレーンの種類および能力等を考慮しなければなりません。

2 過負荷の制限

　移動式クレーンにその定格荷重を超える荷重をかけて使用してはなりません。

3 傾斜角の制限

　移動式クレーン明細書に記載されているジブの傾斜角の範囲を超えて使用してはなりません。

4 アウトリガーの位置

　アウトリガーを使用する移動式クレーンを用いて作業を行うとき

Lesson
04

建設機械の安全管理

371

は、当該アウトリガーを当該鉄板等の上で当該移動式クレーンが転倒するおそれのない位置に設置しなければなりません。

5 アウトリガー等の張り出し

アウトリガーを有する移動式クレーンまたは拡幅式のクローラを有する移動式クレーンを用いて作業を行うときは、当該アウトリガーまたはクローラを最大限に張り出さなければなりません。

6 運転の合図

事業者は、移動式クレーンを用いて作業を行うときは、移動式クレーンの運転について一定の合図を定め、合図を行う者を指名して、その者に合図を行わせなければなりません。

7 搭乗の制限

移動式クレーンにより、労働者を運搬し、または労働者をつり上げて作業させてはなりません。ただし、作業の性質上やむを得ない場合または安全な作業の遂行上必要な場合は、移動式クレーンのつり具に専用のとう乗設備を設けて労働者を乗せることができます。

8 立入禁止

事業者は、移動式クレーンに係る作業を行うときは、当該移動式クレーンの上部旋回体と接触することにより労働者に危険が生ずるおそれのある箇所に労働者を立ち入らせてはなりません。

また、玉掛けをした荷がつり上げられているときは、荷の下に労働者を立ち入らせてはなりません。

9 強風時の作業中止

事業者は、強風のため、移動式クレーンに係る作業の実施について危険が予想されるときは、当該作業を中止しなければなりません。

10 運転位置からの離脱の禁止

移動式クレーンの運転者を、荷をつったままで、運転位置から離

れさせてはなりません。

頻出項目をチェック！

1 ☐ 車両系建設機械を用いて作業を行うときは、あらかじめ、地形や地質の調査により知り得たところに適応する作業計画を定め、関係労働者に周知する。

また、事業者は、車両系建設機械の運転について誘導者を置くときは、一定の合図を定め、誘導者に当該合図を行わせなければならない。

建設機械の安全管理

2 ☐ 車両系建設機械に接触することにより労働者に危険が生ずるおそれのある箇所には、原則として労働者を立ち入らせてはならない。

車両系建設機械の運転者が運転位置から離れるときは、バケット、ジッパー等の作業装置を地上に下ろし、原動機を止め、かつ、走行ブレーキをかける等、車両系建設機械の逸走を防止する措置を講じなければならない。

3 ☐ 移動式クレーンに係る作業を行う場合、玉掛けをした荷がつり上げられているときは、荷の下に労働者を立ち入らせてはならない。

また、強風のため、移動式クレーンに係る作業の実施について危険が予想されるときは、当該作業を中止しなければならない。

⚠ こんな選択肢は誤り！

車両系建設機械の運転時に誘導者を置くときは、運転者の見える位置に複数の誘導者を置き、~~それぞれの判断により合図を行わせなければならない。~~

車両系建設機械の運転時に誘導者を置くときは、一定の合図を定め、誘導者に当該合図を行わせなければならない。

クレーンの定格総荷重とは、定格荷重に~~安全率を考慮し、つり上げ荷重の許容値を割増しした~~ものをいう。

クレーンの定格総荷重とは、定格荷重につり具の重量を加えた値をいう。

重要度 ★★★

公衆災害、その他の安全管理

学習のポイント

一次

● 道路上での作業における作業場の規定を理解する。
● 道路上での作業における交通対策を理解する。
● 熱中症対策を理解する。

5-1 公衆災害防止

1 作業場

1 作業場の区分

　土木工事を施工するに当たって作業し、材料を集積し、または機械類を置く等工事のために使用する区域を周囲から明確に区分し、公衆が誤って作業場に立ち入ることのないよう、固定さく等を設置しなければなりません。

2 さくの規格、寸法

　固定さくの高さは 1.2 m 以上とし、移動さくは、高さ 0.8 m 以上 1 m 以下、長さ 1 m 以上 1.5 m 以下とします。

3 さくの彩色

　固定さくの袴部分および移動さくの横板部分は、黄色と黒色を交互に斜縞に彩色（反射処理）します。

作業場に設置する仮設物の規定を理解しよう！

4 作業場への車両の出入り

　道路上に作業場を設ける場合、原則として、交通流に対する背面から車両を出入りさせなければなりません。

5 作業場の出入口

作業の出入口には、原則として、引戸式の扉を設け、作業に必要のない限り閉鎖しておきます。

2 交通対策

1 道路標識等

道路上で土木工事を施工する場合には、工事による一般交通への危険および渋滞の防止、歩行者の安全等を図るため、保安灯、回転灯、道路標識、標示板等で必要なものを設置しなければなりません。施設を設置する場合は、周囲の地盤面から高さ 0.8 m 以上 2 m 以下の部分については、通行者の視界を妨げることのないよう必要な措置を講じなければなりません。

2 保安灯

保安灯は、高さ 1 m 程度のもので夜間 150 m 前方から視認できる光度を有するものを設置しなければなりません。

3 遠方よりの工事箇所の確認

施工者は、交通量の特に多い道路上で土木工事を施工する場合、遠方からでも工事箇所が確認できる保安施設を適切に設置しなければなりません。さらに、必要に応じて夜間 200 m 前方から視認できる回転式か点滅式の黄色または赤色の注意灯を設置しなければなりません。

工事を予告する道路標識、標示板等を、工事箇所の前方 50 m から 500 m の間の路側または中央帯のうち視認しやすい箇所に設置しなければなりません。

交通対策の仮設物を理解しよう！

Lesson 05

公衆災害、その他の安全管理

4 作業場付近における交通の誘導

　道路上で土木工事を施工する場合、作業場出入口等に必要に応じて交通誘導員を配置し、常に交通の流れを阻害しないよう努めなければなりません。なお、交通量の少ない道路にあっては、簡易な自動信号機によって交通の誘導を行うことができます。

5 まわり道

　土木工事のために一般の交通を迂回させる必要がある場合は、道路管理者および所轄警察署長の指示するところに従い、まわり道の入口および要所に運転者または通行者に見やすい案内用標示板等を設置しなければなりません。

6 車道幅員

　土木工事のために一般の交通の用に供する部分の通行を制限する場合、車線が1車線となる場合にあっては、その車道幅員は3m以上とし、2車線となる場合にあっては、その車道幅員は5.5m以上とします。車線が1車線で往復の交互交通となる場合は、制限区間はできるだけ短くし、必要に応じて交通誘導員等を配置します。

5-2　熱中症対策

1　休憩場所の整備等

　労働者の休憩場所の整備等について、次に掲げる措置を講ずるよう努めなければなりません。
①冷房を備えた休憩場所または日陰等の涼しい休憩場所を設けること。
②氷、冷たいおしぼり、水風呂、シャワー等の身体を適度に冷やすことのできる設備を設けること。
③水分および塩分の補給を、定期的かつ容易に行うことのできる飲料水の備付け等を行うこと。

2　作業管理

1 作業時間の短縮等
　作業の休止時間および休憩時間を確保し、高温多湿作業場所の作業を連続して行う時間を短縮します。

2 水分および塩分の摂取
　脱水状態の自覚症状の有無にかかわらず、水分および塩分の定期的な摂取を指導するとともに、労働者の水分および塩分の摂取を確認します。

3 作業中の巡視
　定期的な水分および塩分の摂取に係る確認を行うとともに、労働者の健康状態を確認し、熱中症を疑わせる兆候が表れた場合において速やかに作業を中断し、必要な措置を講じます。

3　健康管理

1 日常の健康管理等
　高温多湿作業場所で作業を行う労働者については、睡眠不足、体調不良、前日等の飲酒、朝食の未摂取等が熱中症の発症に影響を与えるおそれがあることに留意の上、日常の健康管理について指導を行います。

2 労働者の健康状態の確認
　作業開始前に労働者の健康状態を確認します。作業中は巡視を頻繁に行い、声をかけるなどして労働者の健康状態を確認します。

4　労働衛生教育

　労働者を高温多湿作業場所において作業に従事させる場合には、作業を管理する者および労働者に対して、労働衛生教育を行います。

1 ☐ 熱中症対策として、作業開始前に労働者の健康状態を確認する。

また、労働者を高温多湿作業場所において作業に従事させる場合には、作業を管理する者および労働者に対して、労働衛生教育を行う。

⚠️ こんな選択肢は誤り！

工事を予告する道路標識、表示板等の設置は、安全で円滑な走行ができるように工事箇所すぐ手前の中央帯に設置する。

工事を予告する道路標識、表示板等の設置は、工事箇所の前方 50m から 500m の間の路側または中央帯のうち視認しやすい箇所に設置する。

一般の交通を迂回させる場合は、工事箇所の市町村長の許可に基づき規制標識を設置する。

一般の交通を迂回させる場合は、工事箇所の所轄の警察署長の指示に従い案内標示板等を設置する。

事業者が行う熱中症対策として、労働者に対し、脱水症を防止するため、塩分の摂取を控えるよう指導する。

事業者が行う熱中症対策として、労働者に対し、脱水状態の自覚症状の有無にかかわらず、水分および塩分の定期的な摂取を指導するとともに、労働者の水分および塩分の摂取を確認する。

作業者の健康状態については、自己申告のみにより把握した。

作業者の健康状態については、巡視を頻繁に行い、声をかけるなどして確認する。

演 習 問 題

....

事業者の責務

....

安全管理1 特定元方事業者が，その労働者及び関係請負人の労働者の作業が同一の場所において行われることによって生ずる労働災害を防止するために講ずべき措置に関する次の記述のうち，労働安全衛生法上**誤っているもの**はどれか。

(1) 作業間の連絡及び調整を行うこと。
(2) 作業場所を巡視すること。
(3) 関係請負人が行う労働者の安全又は衛生のための教育に対する指導及び援助を行うこと。
(4) 一次下請け，二次下請けの関係請負人毎に協議組織を設置させること。

答え (4)

協議組織の設置は、特定元方事業者が講ずる措置です。

....

足場

....

安全管理2 足場（つり足場を除く）に関する次の記述のうち，労働安全衛生規則上，**誤っているもの**はどれか。

(1) 高さ 2m 以上の足場には，幅 40cm 以上の作業床を設ける。
(2) 高さ 2m 以上の足場には，床材と建地との隙間を 12cm 未満とする。
(3) 高さ 2m 以上の足場には，床材は転倒し脱落しないよう1つ以上の支持物に取り付ける。
(4) 高さ 2m 以上の足場には，床材間の隙間を 3cm 以下とする。

答え (3)

床材は、転位し、または脱落しないように2つ以上の支持物に取り付けます。

安全管理3 土止め支保工を設置して，深さ 2m，幅 1.5m を掘削する工事を行うときの対応に関する次の記述のうち，**適当なもの**はどれか。

(1) 地山の掘削作業主任者は，ガス導管が掘削途中に発見された場合には，ガス導管を防護する作業を指揮する者を新たに指名し，ガス導管周辺の掘削作業の指揮は行わないものとする。

(2) 鉄筋や型枠等の資材を切ばり上に仮置きする場合は，土止め支保工の設置期間が短期間の場合は，工事責任者に相談しないで仮置きする事ができる。

(3) 掘削した土砂は，埋め戻す時まで土止め壁から 2m 以上はなれた所に積み上げるように計画する。

(4) 掘削した溝の開口部には，防護網の準備ができるまで転落しないようにカラーコーンを 2m ごとに設置する。

答え (3)

(1) 地下埋設物の防護等は事業者の職務であり、作業主任者の職務ではありません。

(2) 土止め支保工の切ばり上には、積載物等を置いてはなりません。

(3) 掘削した土砂を法肩付近に積み上げる場合は、掘削深さと同程度以上の距離を確保します。

(4) 高さ 2m 以上の開口部では、墜落防止のための囲い、手すり、覆い等を設けなければなりません。

ゴロ合わせで覚えよう！ ▶ 車両系建設機械の作業

バケツをつるしたまま
（バケットを上げたまま）

持ち場を離れちゃだめだよ
（運転位置を離れてはならない）

車両系建設機械の運転者が運転位置から離れるときは、バケットを<u>地上に下ろし</u>、建設機械の逸走を防止しなければならない。

移動式クレーン

基礎的能力 移動式クレーンを用いた作業において，事業者が行うべき事項に関する下記の①～④の４つの記述のうち，クレーン等安全規則上，**正しいものの数**は次のうちどれか。

　① 　移動式クレーンにその定格荷重をこえる荷重をかけて使用してはならない。
　② 　軟弱地盤のような移動式クレーンが転倒するおそれのある場所では，原則として作業を行ってはならない。
　③ 　アウトリガーを有する移動式クレーンを用いて作業を行うときは，原則としてアウトリガーを最大限に張り出さなければならない。
　④ 　移動式クレーンの運転者を，荷をつったままで旋回範囲から離れさせてはならない。

　(1) 1つ
　(2) 2つ
　(3) 3つ
　(4) 4つ

答え (3)
① 　事業者は、移動式クレーンにその定格荷重をこえる荷重をかけて使用してはなりません。
② 　事業者は、地盤が軟弱であること、埋設物その他地下に存する工作物が損壊するおそれがあること等により移動式クレーンが転倒するおそれのある場所においては、原則として移動式クレーンを用いて作業を行ってはなりません。
③ 　事業者は、アウトリガーを有する移動式クレーンまたは拡幅式のクローラを有する移動式クレーンを用いて作業を行うときは、原則として当該アウトリガーまたはクローラを最大限に張り出さなければなりません。
④ 　事業者は、移動式クレーンの運転者を、荷をつったままで運転位置から離れさせてはなりません。

重要度 ★★★

品質管理の方法

学習のポイント

一次

● 品質管理の PDCA の手順の内容を理解する。
● 各種品質特性と試験方法を理解する。

1-1 品質管理の手順

1 品質管理の PDCA

　品質管理の進め方は、「計画（P）」→「実施（D）」→「検討（C）」→「処置（A）」の順になります。

①計画（Plan）：品質特性の選定と品質規格の決定をする。

②実施（Do）：工事を「規格値」や「作業標準」により作業する。

③検討（Check）：統計的手法により解析・検討する。

④処置（Action）：異常の原因を除去する処置をとる。

Plan 計画	Do 実施
Action 処置	Check 検討

2 品質特性の選定

　品質管理は、構造物に要求されている品質・規格を正しく把握することであり、何を具体的な品質管理の対象項目とするかを、初めに決定することです。品質管理における具体的な対象項目を品質特性といいます。なお、品質特性は、次のようなものであることが望ましいとされています。

①工程（作業）の状態を総合的に表すものである。

②品質に重要な影響を及ぼすものである。

③代用特性（真の品質特性と密接な関係があり、その代わりとなり得る品質特性）または、工程要因を品質特性とする場合は、真の品質特性との関係が明らかなもの。

④測定しやすいもの。

⑤工程に対して処置がとりやすいもの。

⑥早期に結果が得られるもの。

⑦できるだけ工程の初期段階において測定できるもの。

> 品質特性は、試験結果から得られるぞ！

品質管理の方法

3 品質標準と品質標準の設定

　品質標準は、品質特性に従い、設計図書・仕様書に定められた規格を
ユトリをもって満足するための施工管理の目安を設定するものです。実
施可能な値でなければならず、一般的には平均値とバラツキの幅で設定
します。

　品質標準の設定とともに、この品質を実現するための作業の方法、使
用する資機材などをできるだけ具体的に作業標準として決定し、作業員
に周知徹底します。

1-2 各種品質特性

1 土工

工種	品質特性	試験方法
材料	最大乾燥密度・最適含水比 粒度 自然含水比 液性限界 塑性限界 透水係数 圧密係数	締固め試験 ふるい分け試験 含水比試験 液性限界試験 塑性限界試験 透水試験 圧密試験
施工	施工含水比 締固め度（密度） CBR（支持力） たわみ量 支持力 貫入指数	含水比試験 現場密度の測定 現場CBR試験 たわみ量測定 平板載荷試験 各種貫入試験

2　路盤工

工種	品質特性	試験方法
材料	粒度 含水比 塑性指数（PI） 最大乾燥密度・最適含水比 CBR	ふるい分け試験 含水比試験 液性限界・塑性限界試験 締固め試験 CBR 試験
施工	締固め度 支持力	現場密度の測定 平板載荷試験、CBR 試験

ゴロ合わせで覚えよう！　路盤工における支持力の判定

始終、厳しい（シビアな）
（支持力）　　　　　（CBR試験）

そろばん講座
　　（路盤工）

路盤工において、支持力を判定するためには CBR 試験を行う。

3　コンクリート

工種	品質特性	試験方法
骨材 （材料）	密度および吸水率 粒度（細骨材、粗骨材） 単位容積質量 すりへり減量（粗骨材） 表面水量（細骨材） 安定性	密度および吸水率試験 ふるい分け試験 単位容積質量試験 すりへり試験 表面水率試験 安定性試験
施工	単位容積質量 スランプ 空気量 圧縮強度 曲げ強度	単位容積質量試験 スランプ試験 空気量試験 圧縮強度試験 曲げ強度試験

4　アスファルト舗装

工種	品質特性	試験方法
材料	骨材の比重および吸水率 粒度 単位容積質量 針入度	比重および吸水率試験 ふるい分け試験 単位容積質量試験 針入度試験
プラント	混合温度 アスファルト量・合成粒度	温度測定 アスファルト抽出試験
舗設現場 （施工）	敷均し温度 安定度 厚さ 平坦性 配合割合 密度（締固め度）	温度測定 マーシャル安定度試験 コア採取による測定 平坦性試験 コア採取による配合割合試験 密度試験

Lesson
01

品質管理の方法

☑ 頻出項目をチェック！

1 ☐ **締固め試験は、土工と路盤工において、**<u>材料の最大乾燥密度・最</u><u>適含水比</u>**を求める試験方法である。**

また、平板載荷試験は、土工と路盤工において、<u>支持力</u>を求める試験方法である。

2 ☐ **ふるい分け試験は、すべての工種において、材料の**<u>粒度</u>**を求める試験方法である。**

また、マーシャル安定度試験は、アスファルト舗装において、舗設現場の<u>安定度</u>を求める試験方法である。

⚠ こんな選択肢は誤り！

アスファルト舗装工でアスファルト合材の粒度を求めるには、~~粗骨材中の軟石量試験~~を用いる。

アスファルト舗装工でアスファルト合材の粒度を求めるには、<u>ふるい分け試験</u>を用いる。

Lesson 02 統計的手法

重要度 ★★☆

一次

学習のポイント

● ヒストグラムの概要、手順を理解する。
● ヒストグラムの見方を理解する。

2-1 ヒストグラム

1 ヒストグラムの概要

ヒストグラムとは、横軸に品質特性値（データ）の範囲をいくつかの区間に分け、それぞれの区間に入るデータの数を度数として縦軸にとった図です。工程の状態を把握することはできますが、個々のデータの時間的な変動や様子はわかりません。

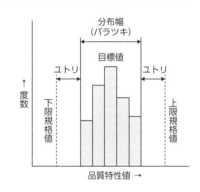

ヒストグラムからわかることは、次のとおりです。
①分布の形状
②分布の中心位置（平均値）と中心値（目標値）との関係
③分布の広がり（バラツキ）
④飛び離れたデータの有無
⑤規格値との関係（ユトリ）

2 ヒストグラムの作成手順

ヒストグラムの一般的な手順は以下のとおりです。
　手順1：最近のデータをできるだけ多く集める。
　手順2：最大値、最小値を求める。
　手順3：全体の範囲を求める。
　手順4：クラス分けをする時のクラスの幅を求める。

手順5：最大値、最小値を含むようクラスの幅を区切り、各クラス
を設ける。

手順6：各クラスの中心値（代表値）を求める。

手順7：データを各クラスに分けて、度数分布表を作る。

手順8：横軸に品質特性値、縦軸に度数を記入する。

手順9：規格値を記入する。

3 ヒストグラムの見方

ヒストグラムでは、分布の形状、分布幅、規格値とのユトリから判断
します。その判断基準は以下のとおりです。

①左右対称形の正規分布（つり鐘形）であること。

②平均値と中心値（目標値）が一致していること。

③分布が規格値内であり、ユトリがあること。

代表的なヒストグラム状態と処置

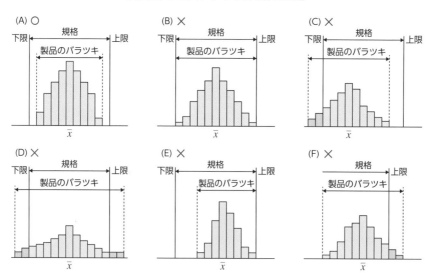

ヒストグラムの見方と悪い例を理解しよう！

(A) バラツキが規格値に余裕（ユトリ）をもって入っており、平均値も中心と一致して、左右対称の理想的な形です。

(B) バラツキが上限、下限規格値と一致しており、余裕（ユトリ）がない状態なので、わずかな工程の変化で規格値を外れることがあります。バラツキを小さくし、規格値に対してユトリが持てるようにする必要があります。

(C) バラツキの平均値が下限側の左へずれすぎているので、規格の中心に平均値をもってくると同時に、バラツキを小さくする必要があります。

(D) 製品のバラツキが規格の上限値からも下限値からも外れており、バラツキを小さくするための要因解析と対策が必要です。

(E) バラツキは規格に入っていますが、平均値が規格の上限のほうにかたより、規格外れが出るおそれがあるので、規格の中央にくるように処置する必要があります。

(F) 上限規格のみが与えられている場合で、規格の上限を超えているものがあるので、規格値内に収まるように処置する必要があります。

✅ 頻出項目をチェック！

1 ☐ **ヒストグラムからは、工程の状態を把握することはできるが、個々のデータの時間的な変動や様子はわからない。**

ヒストグラムからわかることは、分布の形状、分布の中心位置（平均値）と中心値（目標値）との関係、分布の広がり（バラツキ）、飛び離れたデータの有無、規格値との関係（ユトリ）である。

2 ☐ **ヒストグラムの判断基準は、左右対称形の正規分布（つり鐘形）か、平均値と中心値（目標値）が一致しているか、分布が規格値内でありユトリがあるかの3点である。**

ユトリがない状態では、わずかな工程の変化で規格値を外れることがあり、また、平均値が中心値（目標値）からずれている場合も、規格外れの出るおそれがある。

重要度 ★ ★ ★

工種別品質管理

学習のポイント

● 盛土の品質管理項目を理解する。

一次　二次

● コンクリートの現場受け入れ検査の規格値を理解する。

3-1　盛土の品質管理

1　盛土材料

①施工機械のトラフィカビリティーが確保できること。

②所定の締固めが行いやすいこと。

③締固められた土のせん断強さが大きく、圧縮性（沈下量）が小さいこと。

④透水性が小さいこと。

⑤有機物（草木・その他）を含まないこと。

⑥吸水による膨潤性（ぼうじゅん）の低いこと。

2　盛土の締固めの目的

①土の空隙を小さくして透水性を小さくする。

②水の浸入による軟化、膨張を小さくする。

③盛土として必要な強度特性を持たせる。

④完成後の圧密沈下を少なくする。

よい盛土材の選定と、締固めの目的を理解しよう！

3　品質規定と工法規定

　品質規定方式は、盛土に必要な品質として、乾燥密度規定の締固め度などを仕様書に明示し、締固めの方法については施工者に委ねる方式です。近年の盛土の管理では乾燥密度と含水比の計測は、RI（ラジオアイ

ソトープ）計器が利用され、砂置換法より早く結果が得られます。

　工法規定方式は、締固めの機械の機種、敷均し厚さ、締固め回数など
を仕様書に定め、これにより一定の品質を確保しようとする方式です。
近年の施工管理では、GNSS を利用した転圧機械の走行軌跡と転圧回数
による管理を行うことが多くなっています。

4 盛土の品質管理の留意点

①盛土の締固めは含水比や施工方法によって変化する。
②最適含水比は、最もよく締まる含水状態のことで、最大乾燥密度の得
　られる含水比である。
③最適含水比で、最大乾燥密度に締め固められた土は、間隙が最小とな
　る。
④盛土材の自然含水比が、規定された含水比の範囲内であれば、調整す
　る必要はない。
⑤プルーフローリング試験は、路床、路盤の締固めが適当であるかを調
　べるために、たわみを確認する試験である。

含水比の管理を理解しよう！

3-2 レディーミクストコンクリートの受入れ検査

　レディーミクストコンクリートの受入れ検査では、現場の荷卸し時に、
強度、スランプ、空気量、塩化物含有量の試験を行わなければなりません。

1 スランプ

　スランプ試験は、スランプコーンにコンクリートを 3 層に分けて詰め、
各層ごとにつき棒で 25 回一様に突き、表面を均した後、スランプコー
ンを静かに鉛直に引き上げ、コンクリートの中央部の下がりを 0.5 cm
単位で測定したものです。スランプの許容差は、次の表によります。

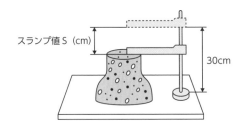

Lesson
03

工種別品質管理

荷卸し地点でのスランプの許容差（単位 cm）

スランプ	スランプの許容差
2.5	± 1
5 および 6.5	± 1.5
8 以上 18 以下	± 2.5
21	± 1.5

2 空気量

荷卸し地点での空気量およびその許容差（単位 %）

コンクリートの種類	空気量	空気量の許容差
普通コンクリート	4.5	
軽量コンクリート	5.0	± 1.5
舗装コンクリート	4.5	
高強度コンクリート	4.5	

3 強度試験

①1回の試験結果は、購入者が指定した呼び強度の強度値の 85 ％以上でなければならない。

②3回の試験結果の平均値は、購入者が指定した呼び強度の強度値以上でなければならない。

③圧縮強度試験を行う供試体の材齢は、指定がない場合は 28 日、指定がある場合は、購入者が指定した日数とする。

呼び強度 24 N/mm² の圧縮強度試験

①呼び強度の強度値 24 N/mm² の 85% であるから、24 N/mm²
　× 0.85 = 20.4 N/mm² である。

②3回の試験結果の平均値は呼び強度の強度値 24 N/mm² 以上
　である。

	試験回数			① 85%判定 20.4 N/mm² 以上				② 3回の平均判定 24 N/mm² 以上		
	1	2	3							
A 部位	21	24	21	21	24	21	○	22 N/mm²	×	不合格
B 部位	25	23	27	25	23	27	○	25 N/mm²	○	合格
C 部位	20	22	18	20	22	18	×	20 N/mm²	×	不合格

4 塩化物含有量

　練混ぜ時にコンクリートに含まれる塩化物イオン総量は、原則として、0.3 kg/m³ 以下とします。購入者の承認を受けた場合には、0.60 kg/m³ 以下とすることができます。

✓ 頻出項目をチェック！

1 ☐ 盛土材料の品質には、締め固められた土のせん断強さが大きく、圧縮性（沈下量）が小さいことが求められる。

盛土の締固めの目的は、土の空隙を小さくして透水性を小さくすること、水の浸入による軟化、膨張を小さくすること、盛土として必要な強度特性を持たせること、完成後の圧密沈下を少なくすることである。

2 ☐ 　品質規定方式は、盛土に必要な品質として、乾燥密度規定の<u>締固め度</u>などを仕様書に明示し、締固めの方法については<u>施工者</u>に委ねる方式である。

工法規定方式は、締固めの機械の<u>機種</u>、<u>敷均し厚さ</u>、<u>締固め回数</u>などを仕様書に定め、これにより<u>一定の品質</u>を確保しようとする方式である。

3 ☐ 　レディーミクストコンクリートの受入れ検査では、現場の<u>荷卸し時</u>に、強度、スランプ、空気量、塩化物含有量の試験を行わなければならない。

強度試験では、<u>1 回</u>の試験結果は、購入者が指定した呼び強度の強度値の <u>85％以上</u>でなければならず、<u>3 回</u>の試験結果の平均値は、購入者が指定した呼び強度の<u>強度値以上</u>でなければならない。

4 ☐ 　荷卸し地点での空気量の許容差は、コンクリートの種類に関係なく<u>± 1.5％</u>である。

荷卸し地点でのスランプの許容差は、<u>8cm 以上</u> <u>18cm 以下</u>で<u>± 2.5cm</u>、2.5cm で± 1cm、それ以外は± 1.5cm である。

Lesson 03

工種別品質管理

> ⚠️ **こんな選択肢は誤り！**

盛土の品質管理において、締固めの最適含水比は、最もよく締まる含水状態のことで、~~最小乾燥密度~~の得られる含水比である。

<u>盛土の品質管理において、締固めの最適含水比は、最もよく締まる含水状態のことで、<u>最大乾燥密度</u>の得られる含水比である。</u>

レディーミクストコンクリート（JIS A 5308）の品質管理において、圧縮強度は、1 回の試験結果は購入者の指定した強度の強度値の ~~75％~~以上である。

レディーミクストコンクリート（JIS A 5308）の品質管理において、圧縮強度は、1 回の試験結果は購入者の指定した強度の強度値の <u>85％</u>以上である。

品質特性

品質管理 1 品質管理における品質特性と試験方法との次の組合せのうち，**適当でないもの**はどれか。

　　　［品質特性］　　　　　　　　　　　　　　［試験方法］
(1) 路盤の支持力 ……………………………… 平板載荷試験
(2) 土の最大乾燥密度 ……………………… 単位体積重量試験
(3) コンクリート用骨材の粒度 …………… ふるい分け試験
(4) 加熱アスファルト混合物の安定度 …… マーシャル安定度試験

答え (2)
土の最大乾燥密度の試験方法は、締固め試験です。

ヒストグラム

品質管理 2 品質管理に用いるヒストグラムに関する次の記述のうち，**適当でないもの**はどれか。

(1) ヒストグラムは，長さ，重さ，時間，強度などをはかるデータ（計量値）がどんな分布をしているか見やすく表した柱状図である。
(2) ヒストグラムは，安定した工程から取られたデータの場合，左右対称の整った形となるが異常があると不規則な形になる。
(3) ヒストグラムは，時系列データと管理限界線によって，工程の異常の発見が客観的に判断できる。
(4) ヒストグラムは，規格値を入れると全体に対しどの程度の不良品，不合格品が出ているかがわかる。

答え (3)
ヒストグラムではなく、管理図に関する記述です。

··

アスファルト舗装の品質管理

··

品質管理 3 アスファルト舗装の品質管理に関する次の測定や試験のうち，**現場で行わないもの**はどれか。

(1) プルーフローリング試験
(2) 舗装路面の平たん性測定
(3) 針入度試験
(4) RI による密度の測定

答え (3)

針入度試験は、アスファルトの材料の硬さを調べるための室内試験です。

··

コンクリートの品質管理

··

品質管理 4 レディーミクストコンクリート（JIS A 5308 普通コンクリート，呼び強度 24）の荷卸し地点での圧縮強度の品質規定を**満足する工区**は次のうちどれか。

圧縮強度・試験結果

試験回数 工区	1 回目の強度 (N/mm²)	2 回目の強度 (N/mm²)	3 回目の強度 (N/mm²)	平均値 (N/mm²)
A 工区	18	22	23	21
B 工区	20	26	26	24
C 工区	20	25	24	23
D 工区	25	22	28	25

(1) A 工区
(2) B 工区
(3) C 工区
(4) D 工区

答え (4)

D 工区は、各 1 回の試験結果は呼び強度値の 85％（20.4N/mm²）以上、かつ、3 回の平均値は呼び強度値（24N/mm²）以上に該当します。

盛土の品質管理

基礎的能力 盛土の締固めにおける品質管理に関する下記の①〜④の4つの記述のうち，**適当なものの数**は次のうちどれか。

① 工法規定方式は，盛土の締固め度を規定する方法である。
② 盛土の締固めの効果や特性は，土の種類や含水比，施工方法によって大きく変化する。
③ 盛土が最もよく締まる含水比は，最大乾燥密度が得られる含水比で最適含水比である。
④ 現場での土の乾燥密度の測定方法には，砂置換法や RI 計器による方法がある。

(1) 1つ
(2) 2つ
(3) 3つ
(4) 4つ

答え (3)

① 品質規定方式は、盛土の締固め度を規定する方法です。工法規定方式は、締固め機械の機種や敷均し厚さ、締固め回数などを規定する方法です。
② 盛土の締固めの効果や性質は、土の種類や含水比、施工方法によって変化します。
③ 盛土が最もよく締まる含水比は、最大乾燥密度が得られる含水比で最適含水比です。
④ 現場での土の乾燥密度の測定方法には、砂置換法や、その場ですぐに結果が得られる RI 計器による方法があります。

重要度 ★★☆

環境保全

── 学習のポイント ──

一次

- 公害の種類と関係法令を理解する。
- 特定建設作業に該当する作業を理解する。
- 土工事の騒音・振動・粉じんの発生対策を理解する。
- 土工事の近隣環境の保全を理解する。

1-1 環境保全の関係法令

1 環境基本法の公害

「公害」とは、環境の保全上の支障のうち、事業活動その他の人の活動に伴って生ずる相当範囲にわたる大気の汚染、水質の汚濁、土壌の汚染、騒音、振動、地盤の沈下および悪臭によって、人の健康または生活環境に係る被害が生ずることをいいます。

2 環境影響評価

「環境影響評価」とは、土木工事など特定の目的のために行われる一連の土地の形状の変更ならびに工作物の新設および増改築の実施について、環境に及ぼす影響について環境の構成要素に係る項目ごとに調査、予測および評価を行うとともに、その事業に係る環境の保全のための措置を検討し、この措置が講じられた場合における環境影響を総合的に評価することをいいます。

環境影響評価は、事業者がその事業の実施にあたり、あらかじめ環境影響評価を行うことが環境の保全上極めて重要であることから、事業者が工事の前に行うものです。

1-2　騒音・振動の防止

1　騒音規制法、振動規制法に規定する特定建設作業

　騒音規制法、振動規制法に規定する作業は以下のとおりです。当該作業がその作業を開始した日に終わるものを除きます。

騒音規制法の対象

①くい打機（もんけんを除く）、くい抜機またはくい打くい抜機（圧入式くい打くい抜機を除く）を使用する作業（くい打機をアースオーガーと併用する作業を除く）

②びょう打機を使用する作業

③さく岩機を使用する作業（作業地点が連続的に移動する作業にあっては、1日における当該作業に係る2地点の最大距離が50mを超えない作業に限る）（油圧ブレーカー（ジャンボブレーカー）は削岩機に含まれる）

④空気圧縮機（電動機以外の原動機を用いるものであって、その原動機の定格出力が15kW以上のものに限る）を使用する作業（さく岩機の動力として使用する作業を除く）

⑤コンクリートプラント（混練機の混練容量が0.45m³以上のものに限る）またはアスファルトプラント（混練機の混練重量が200kg以上のものに限る）を設けて行う作業（モルタルを製造するためにコンクリートプラントを設けて行う作業を除く）

⑥バックホウ（一定の限度を超える大きさの騒音を発生しないものとして環境大臣が指定するものを除き、原動機の定格出力が80kW以上のものに限る）を使用する作業

⑦トラクターショベル（一定の限度を超える大きさの騒音を発生しないものとして環境大臣が指定するものを除き、原動機の定格出力が70kW以上のものに限る）を使用する作業

⑧ブルドーザー（一定の限度を超える大きさの騒音を発生しないものとして環境大臣が指定するものを除き、原動機の定格出力が40kW以上のものに限る）を使用する作業

振動規制法の対象

①くい打機（もんけんおよび圧入式くい打機を除く）、くい抜機（油圧式くい抜機を除く）またはくい打くい抜機（圧入式くい打くい抜機を除く）を使用する作業

②鋼球を使用して建築物その他の工作物を破壊する作業

③舗装版破砕機を使用する作業（作業地点が連続的に移動する作業にあっては、1日における当該作業に係る2地点間の最大距離が50mを超えない作業に限る）

④ブレーカー（手持式のものを除く）を使用する作業（作業地点が連続的に移動する作業にあっては、1日における当該作業に係る2点間の最大距離が50mを超えない作業に限る）（ブレーカーは油圧ブレーカー（ジャンボブレーカー）である）

騒音の規制値は85dB、振動の規制値は75dBだよ！

2　騒音・振動対策の基本

　騒音・振動の対策は、以下の３項目を基本に行います。
①発生源に対する対策（発生源対策）
②伝搬経路での対策（伝搬経路対策）
③受音点・受振点での対策（受音点・受振点対策）

3　騒音・振動の具体的な低減対策

①騒音・振動の小さい工法を採用する。
②機械の動力にはできる限り商用電源を用い、発電機の使用は避ける。
③老朽化した機械や整備不良の機械は騒音・振動の発生原因になるため、
　整備を怠らない。
④適切な動力方式や形式の建設機械を選択する。
　　・空気式より油圧式の機械のほうが、騒音が小さい。
　　・クローラ式よりタイヤ式のほうが、騒音・振動が小さい。
⑤騒音の発生源の機械は「防音建屋」の中に設置する。
⑥騒音・振動の発生源は遠ざけて設置する（距離減衰）。
⑦騒音の伝搬経路の途中に遮音壁、防音シートを設置する。
⑧振動の伝搬経路の途中に空溝（防振溝）を設置する。

1-3　土工における環境対策

1　土工における騒音・振動の防止

①低騒音型、低振動型の建設機械を採用する。
②不要な空ふかしや、高い負荷による運転を避ける。
③履帯式機械は、不要な高速走行を避ける。
④土工板、バケットなどの衝撃的な操作を避ける。
⑤履帯（クローラ）の張り調整により、足回りの騒音に留意する。
⑥振動、衝撃による締固め機械は、機種選定、作業時間に十分留意する。

2　土工における近隣環境の保全

①土砂の流出による水質汚濁の防止については、盛土の安定勾配を確保して、防護柵等を設置する。

②土運搬による土砂飛散防止については、過積載防止、荷台のシート掛けの励行、現場から公道に出る位置に洗車設備の設置を行う。

③盛土箇所の風によるじんあい防止については、盛土表面への散水、乳剤散布、種子吹付等による防塵処理を行う。

④切土による水の枯渇防止に対しては、事前調査により対策を講ずる。

☑ 頻出項目をチェック！

1 ☐ 空気式より油圧式の機械のほうが、騒音が小さい。

また、クローラ式よりタイヤ式のほうが騒音・振動が小さい。

2 ☐ 土工における騒音・振動の防止対策として、低騒音型、低振動型の建設機械を使用する。

また、不要な空ふかしや、土工板、バケットなどの衝撃的な操作を避ける。

3 ☐ 土運搬による土砂飛散防止については、過積載防止、荷台のシート掛けの励行、現場から公道に出る位置に洗車設備の設置を行う。

盛土箇所の風によるじんあい防止については、盛土表面への散水、乳剤散布、種子吹付等による防塵処理を行う。

 こんな選択肢は誤り！

土運搬による土砂の飛散を防止するには、過積載の防止、荷台へのシート掛けを行う外に~~現場から出た所の公道上~~に洗車設備を設置する。

土運搬による土砂の飛散を防止するには、過積載の防止、荷台へのシート掛けを行う外に現場から公道に出る位置に洗車設備を設置する。

演 習 問 題

....

騒音振動対策

....

環境保全 1 建設工事における騒音振動対策に関する次の記述のうち，**適当でないもの**はどれか。

(1) 建設機械は，一般に形式により騒音振動が異なり，空気式のものは油圧式のものに比べて騒音が小さい傾向がある。
(2) 建設機械は，整備不良による騒音振動が発生しないように点検，整備を十分に行う。
(3) 建設機械は，一般に老朽化するにつれ，機械各部にゆるみや磨耗が生じ，騒音振動の発生量も大きくなる。
(4) 建設機械による掘削，積込み作業は，できる限り衝撃力による施工を避け，不必要な高速運転やむだな空ぶかしを避ける。

答え (1)

建設機械は、油圧式のものは空気式のものに比べて騒音が小さい傾向があります。

....

建設機械

....

環境保全 2 土工における建設機械の騒音，振動に関する次の記述のうち，**適当でないもの**はどれか。

(1) 履帯式（クローラ式）の建設機械では，履帯の張りの調整に注意しなければならない。
(2) 高出力ディーゼルエンジンを搭載している建設機械のエンジン関連の騒音は，全体の騒音の中で大きな比重を占めている。
(3) 車輪式（ホイール式）の建設機械は，履帯式（クローラ式）の建設機械に比べて一般に騒音振動のレベルが大きい。
(4) 建設機械の土工板やバケットなどは，できるだけ土のふるい落としの衝撃的操作を避ける。

答え (3)

一般に、車輪式（ホイール式）の建設機械は、履帯式（クローラ式）の

建設機械に比べて一般に騒音振動のレベルが小さいです。

生活環境の保全対策

環境保全3 建設工事の土工作業における地域住民への生活環境の保全対策に関する次の記述のうち，**適当でないもの**はどれか。

(1) 土運搬による土砂の飛散を防止するには，過積載の防止，荷台へのシート掛けを行う外に現場から出た所の公道上に洗車設備を設置する。
(2) 土砂の流出による水質汚濁などを防止するには，盛土の法面の安定勾配を確保し土砂止などを設置する。
(3) 騒音，振動を防止するには，低騒音型，低振動型の建設機械を採用する。
(4) 盛土箇所の塵あいを防止するには，盛土表面への散水，乳剤散布，種子吹付けなどを実施する。

答え (1)
洗車設備は、公道に出る手前の現場内に設置します。

特定建設作業

環境保全4 振動規制法上，特定建設作業に**該当しない作業**は，次のうちどれか。ただし，当該作業がその作業を開始した日に終わるものは除く。

(1) くい打機（もんけん及び圧入式くい打機を除く）を使用する作業
(2) びょう打機を使用する作業
(3) 鋼球を使用して，建築物その他の工作物を破壊する作業
(4) くい抜機（油圧式くい抜機を除く）を使用する作業

答え (2)
びょう打機を使用する作業は、騒音規制法上の特定建設作業です。

重要度 ★★★

建設副産物の対策

学習のポイント

一次 二次

● 建設リサイクル法の特定建設資材を理解する。
● 産業廃棄物に該当する廃棄物を理解する。
● 建設副産物の適正処理について理解する。

1-1 資源の有効な利用の促進に関する法律（リサイクル法）

1 指定副産物

建設工事に係わる副産物で、その全部または一部を再生資源として利用促進するものを指定副産物としています。

①土砂（建設発生土）
②コンクリート塊
③アスファルト・コンクリート塊
④木材（建設発生木材）

2 再生資源の利用

1 建設発生土の利用

区分		主な用途
第1種建設発生土	砂、礫およびこれらに準ずるものをいう	工作物の埋め戻し材料 土木構造物の裏込材 道路盛土材料 宅地造成用材料
第2種建設発生土	砂質土、礫質土およびこれらに準ずるものをいう	土木構造物の裏込材 道路盛土材料 河川築堤材料 宅地造成用材料
第3種建設発生土	通常の施工性が確保される粘性土およびこれに準ずるものをいう	道路路体用盛土材料 河川築堤材料 宅地造成用材料 水面埋立用材料
第4種建設発生土	粘性土およびこれに準ずるもの（第3種建設発生土を除く。）をいう	水面埋立用材料

建設汚泥は、脱水、乾燥、焼成やセメント添加等の安定処理により再資源化し、建設利用することが可能となります。

2 コンクリート塊の利用

区分	主な用途
再生クラッシャーラン	道路舗装およびその他舗装の下層路盤材料 土木構造物の裏込材および基礎材 建築物の基礎材
再生コンクリート砂	工作物の埋戻し材料および基礎材
再生粒度調整砕石	その他舗装の上層路盤材料
再生セメント安定処理路盤材料	道路舗装およびその他舗装の路盤材料
再生石灰安定処理路盤材料	道路舗装およびその他舗装の路盤材料

※その他舗装とは駐車場や建物敷地内の舗装をいいます。

再生粒度調整砕石は、道路の路盤材には使用できないぞ！

3 アスファルト・コンクリート塊の利用

区分	主な用途
再生クラッシャーラン	道路舗装およびその他舗装の下層路盤材料 土木構造物の裏込材および基礎材 建築物の基礎材
再生粒度調整砕石	その他舗装の上層路盤材料
再生セメント安定処理路盤材料	道路舗装およびその他舗装の路盤材料
再生石灰安定処理路盤材料	道路舗装およびその他舗装の路盤材料
再生加熱アスファルト安定処理混合物	道路舗装およびその他舗装の上層路盤材料
表層・基層用再生加熱アスファルト混合物	道路舗装およびその他舗装の基層用材料および表層材料

※その他舗装とは駐車場や建物敷地内の舗装をいいます。

4 ☐ 休憩については、労働時間が <u>6 時間</u>を超える場合においては少なくとも <u>45 分</u>、8 時間を超える場合においては少なくとも <u>1 時間</u>の休憩時間を、労働時間の途中に与えなければならない。

休憩時間は、労働者を代表する者等と協定がある場合を除き、<u>一斉</u>に与えなければならない。

5 ☐ 休日については、<u>毎週</u>少なくとも <u>1 回</u>の休日を与えなければならない。

年次有給休暇は、雇い入れの日から起算して <u>6 ヶ月間継続勤務</u>し、全労働日の <u>8 割以上出勤</u>した労働者に与えなければならない。

 こんな選択肢は誤り！

賃金は、賃金、給料、手当など使用者が労働者に支払うものをいい、~~賞与はこれに含まれない~~。

賃金は、賃金、給料、手当、<u>賞与</u>その他名称の如何を問わず、労働の対償として使用者が労働者に支払う<u>すべてのもの</u>をいう。

使用者は、原則として労働者に、休憩時間を除き 1 週間について ~~48~~ 時間を越えて、労働させてはならない。

使用者は、原則として労働者に、休憩時間を除き 1 週間について <u>40</u> 時間を越えて、労働させてはならない。

📖 **用　語**

事由
原因となる事実、理由。

責^{せめ}に帰す
責任がある。

1-2　建設工事に係る資材の再資源化等に関する法律（建設リサイクル法）

1　特定建設資材

　特定建設資材とは、建設資材廃棄物となった場合におけるその再資源化が資源の有効な利用および廃棄物の減量を図る上で特に必要であり、かつ、その再資源化が経済性の面において制約が著しくないと認められるものです。

①コンクリート
②コンクリートおよび鉄からなる建設資材
③木材
④アスファルト・コンクリート

2　分別解体・再資源化

　特定建設資材廃棄物を工事現場で分別し、再資源化等を行うことが義務付けられているのは以下の工事です。

工事の種類	規模の基準
建築物の解体	床面積 80m² 以上
建築物の新築・増築	床面積 500m² 以上
建築物の修繕・模様替 (リフォーム等)	1 億円以上
その他の工作物に関する工事 (土木工事等)	500 万円以上

1-3　廃棄物の処理および清掃に関する法律（廃棄物処理法）

1　産業廃棄物

　産業廃棄物とは、事業活動に伴って生じた廃棄物のうち、燃え殻、汚泥、廃油、廃酸、廃アルカリ、廃プラスチック類その他政令で定める廃棄物をいいます。

　産業廃棄物に該当するものは、以下のとおりです。
①工作物の新築、改築または除去に伴って生ずるコンクリートの破片
②工作物の新築、改築または除去に伴って生ずるアスファルト・コンク

リートの破片

③工作物の新築、改築または除去に伴って生ずる繊維くず

④工作物の新築、改築または除去に伴って生ずるガラスくずおよび陶磁器くず

⑤防水アスファルトやアスファルト乳剤の使用残さなどの廃油

⑥工作物の新築、改築または除去に伴って生ずる段ボールなどの紙くず

⑦工作物の新築、改築または除去に伴って生ずる木くず

⑧廃ビニール、廃タイヤ

2　一般廃棄物

　一般廃棄物とは、産業廃棄物以外の廃棄物をいいます。現場事務所等から排出される生ごみ、紙くず等の生活系廃棄物は一般廃棄物です。

3　特別管理型産業廃棄物

　特別管理型産業廃棄物とは、産業廃棄物のうち、爆発性、毒性、感染性その他の人の健康または生活環境に係る被害を生ずるおそれがある性状を有するものとして政令で定めるものをいいます。

　特別管理型廃棄物に該当するものは、以下のとおりです。

①揮発油類、灯油類、軽油類の廃油

②飛散性アスベスト廃棄物

4　産業廃棄物管理票（マニフェスト）

　産業廃棄物の運搬または処分を他人に委託する場合には、産業廃棄物の引渡しと同時に当該産業廃棄物の運搬を受託した者に対し、産業廃棄物の種類および数量、運搬または処分を受託した者の氏名または名称を記載した産業廃棄物管理票（マニフェスト）を交付しなければなりません。事業者は産業廃棄物管理票の写しを5年間保管しなければなりません。

1-4　建設副産物適正処理推進要綱

1　基本方針

　発注者および施工者は、次の基本方針により、適切な役割分担の下に建設副産物に係る総合的対策を適切に実施しなければなりません。

①建設副産物の発生の抑制に努めること。

②建設副産物のうち、再使用をすることができるものについては、再使用に努めること。

③対象建設工事から発生する特定建設資材廃棄物のうち、再使用がされないものであって再生利用をすることができるものについては、再生利用を行うこと。また、対象建設工事から発生する特定建設資材廃棄物のうち、再使用および再生利用がされないものであって熱回収をすることができるものについては、熱回収を行うこと。

④その他の建設副産物についても、再使用がされないものは再生利用に努め、再使用および再生利用がされないものは熱回収に努めること。

⑤建設副産物のうち、規定による循環的な利用が行われないものについては、適正に処分すること。なお、処分に当たっては、縮減することができるものについては縮減に努めること。

再生利用はマテリアルリサイクルで、熱回収はサーマルリサイクルだぞ！

2　排出の抑制

　発注者、元請業者および下請負人は、建設工事の施工に当たっては、資材納入業者の協力を得て建設廃棄物の発生の抑制を行うとともに、現場内での再使用、再資源化および再資源化したものの利用ならびに縮減を図り、工事現場からの建設廃棄物の排出の抑制に努めなければなりません。

3 処理の委託

　元請業者は、建設廃棄物を自らの責任において適正に処理しなければなりません。処理を委託する場合には、次の事項に留意し、適正に委託しなければなりません。

①廃棄物処理法に規定する委託基準を遵守すること。

②運搬については産業廃棄物収集運搬業者等と、処分については産業廃棄物処分業者等と、それぞれ個別に直接契約すること。

③ 建設廃棄物の排出に当たっては、産業廃棄物管理票（マニフェスト）を交付し、最終処分（再生を含む）が完了したことを確認すること。

処理の責任は元請業者が負うぞ！

4 運搬

　元請業者は、次の事項に留意し、建設廃棄物を運搬しなければなりません。

①廃棄物処理法に規定する処理基準を遵守すること。

②運搬経路の適切な設定ならびに車両および積載量等の適切な管理により、騒音、振動、じんあい等の防止に努めるとともに、安全な運搬に必要な措置を講じること。

③運搬途中において積替えを行う場合は、関係者等と打合せを行い、環境保全に留意すること。

④混合廃棄物の積替保管に当たっては、手選別等により廃棄物の性状を変えないこと。

頻出項目をチェック！

1 ☐ **特定建設資材とは、**<u>コンクリート</u>**、**<u>コンクリートおよび鉄からなる建設資材</u>**、**<u>木材</u>**、**<u>アスファルト・コンクリート</u>**である。**

建設リサイクル法にいう特定建設資材とは、建設資材廃棄物となった場合におけるその<u>再資源化</u>が資源の有効な利用および廃棄物の減量を図る上で特に必要であり、かつ、その<u>再資源化</u>が経済性の面において制約が著しくないと認められるもののことである。

Lesson
01

建設副産物の対策

2 ☐ **工作物の除去に伴って生ずる**<u>コンクリートの破片</u>**、**<u>アスファルト・コンクリートの破片</u>**、**<u>繊維くず</u>**、**<u>ガラスくず</u>**および**<u>陶磁器くず</u>**は、産業廃棄物である。**

産業廃棄物にはそのほかに、防水アスファルトやアスファルト乳剤の使用残さなどの<u>廃油</u>、工作物の築造に伴って生ずる段ボールなどの<u>紙くず</u>、工作物の新築、改築または除去によって生ずる<u>木くず</u>、さらに<u>廃ビニール</u>、<u>廃タイヤ</u>がある。

3 ☐ **特別管理型産業廃棄物には、揮発油類、灯油類、軽油類の**<u>廃油</u>**、**<u>飛散性アスベスト廃棄物</u>**がある。**

特別管理型産業廃棄物とは、産業廃棄物のうち、<u>爆発性</u>、<u>毒性</u>、<u>感染性</u>その他の人の健康または生活環境に係る被害を生ずるおそれがある性状を有するものとして政令で定めるものをいう。

 こんな選択肢は誤り！

土砂は、建設工事に係る資材の再資源化等に関する法律（建設リサイクル法）における特定建設資材に~~該当する~~。

土砂は、建設工事に係る資材の再資源化等に関する法律（建設リサイクル法）における特定建設資材に<u>該当しない</u>。

工作物の除去に伴って生じた繊維くずは、~~一般廃棄物~~である。

工作物の除去に伴って生じた繊維くずは、<u>産業廃棄物</u>である。

....
産業廃棄物の処理
....

建設副産物1 建設現場で発生する産業廃棄物の処理に関する次の記述のうち，**適当でないもの**はどれか。

(1) 事業者は，産業廃棄物の処理を委託する場合，産業廃棄物の発生から最終処分が終了するまでの処理が適正に行われるために必要な措置を講じなければならない。

(2) 産業廃棄物の収集運搬にあたっては，産業廃棄物が飛散及び流出しないようにしなければならない。

(3) 産業廃棄物管理票（マニフェスト）の写しの保存期間は，関係法令上5年間である。

(4) 産業廃棄物の処理責任は，公共工事では原則として発注者が責任を負う。

答え (4)

産業廃棄物の処理責任は、排出事業者である元請業者が負うとされています。

....
産業廃棄物
....

建設副産物2 建設工事から発生する廃棄物の種類に関する次の記述のうちで，**適当でないもの**はどれか。

(1) 工作物の除去に伴って生じたコンクリートの破片は，産業廃棄物である。

(2) 工作物の新築，改築又は除去によって生じた木くずは，一般廃棄物である。

(3) 廃ビニール，廃タイヤは，産業廃棄物である。

(4) 飛散性アスベスト廃棄物は，特別管理産業廃棄物である。

答え (2)

工作物の新築、改築または除去によって生じた木くずは、産業廃棄物です。

第6章

記述試験（第二次検定）

重要度 ★★★

施工経験記述の書き方

学習のポイント

二次

● 受検種別に従い、自身が経験した工事における経験記述を練習する。

● 施工経験記述の練習は品質管理、工程管理、安全管理を練習する。

1-1 工事概要の書き方

1 工事名

　工事名は、土木工事であることが明確にわかるように記入します。契約工事名にあまりこだわらず、工事の対象（河川名、路線名、施設名等）工事場所（地区・地先名等）、工事の種類等（護岸工事、舗装工事、基礎工事等）がわかるように具体的に記述します。判定しにくい特殊な工事を取り上げるのは避けます。

~記入例~

〔公共工事〕	・○○市道□□線××地区舗装工事 ・○○川河川改修工事□□工区 ・○○市□□地区配水管敷設工事
〔民間工事〕	・○○店新築に伴う土地造成工事 ・○○ビル新築工事に伴う基礎杭工事

2 工事内容

1 発注者

　発注者名は公共工事であれば発注機関名を記入し、民間工事や下請け工事は発注会社名を記入します。

　受検者が下請けの場合は、直上の建設会社名を記入します。受検者が発注機関に所属する場合は、自身の所属する発注機関名を記入します。

・リンクの断面の直径の減少が、製造時の断面の 10 ％を超えたもの。
・き裂のあるもの。

ワイヤーロープの規定を覚えよう！

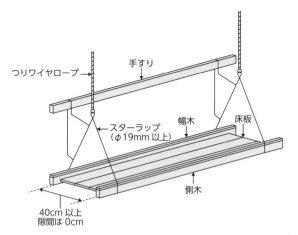

つりワイヤロープ　　手すり

スターラップ　　幅木　　床板
（φ19mm 以上）

側木

40cm 以上
隙間は 0cm

簡易つり足場の例

4　架設通路（スロープ）

架設通路は、高さおよび長さがそれぞれ 10 m 以上で、かつ、組立から解体までの期間が 60 日以上となる場合は、その設置計画を工事の開始日の 30 日前までに、所轄の労働基準監督署長に届け出なければなりません。

架設通路の基準は、次のとおりです。
①架設通路は 30° 以下の勾配とすること。

勾配が 30° を超える場合は、階段を設置するよ！

～記入例～

〔公共工事〕	・国土交通省〇〇地方整備局□□事務所 ・〇〇県□□事務所 ・〇〇市役所□□課
〔民間工事〕	・〇〇不動産株式会社 ・JR東日本〇〇課 ・株式会社〇〇建設□□支店
〔所属先別の場合〕	・Aさんの発注者：AA市役所AA課 ・Bさんの発注者：AA市役所AA課 ・Cさんの発注者：㈱BB建設 ・Dさんの発注者：CC土建㈱

所属先	対象者
発注者：AA市役所AA課	Aさん
元請：㈱BB建設	Bさん
1次下請け：CC土建㈱	Cさん
2次下請け：㈱DD組	Dさん

Lesson
01

施工経験記述の書き方

2 工事場所

工事場所は、工事場所を大まかに地図で確認できるように、都道府県名、市町村、字を詳しく記入します。土木工事なので番地が不明のものは「地内」と記入します。

～記入例～

〇〇県□□市△△町××地内

3 工期

工期は自社が請け負った工期を記入します。下請の場合は下請部分の工期を記入します。

・工期は、試験日には完了している工期を記入する。

・短すぎない1ヶ月以上のものを使用する。

・完成は、過去5年以内のものを使用することが望ましい。古くても10年以内のものを使用する。

・工期の初めと終わりには、年号か西暦で、必ず年を記入する。

・工期の長さと施工量が不整合にならないように注意する。

～記入例～

令和○○年 9 月 10 日～令和□□年 2 月 20 日

4 主な工種

　工事の内容がイメージできる程度の主要な工種を 2 ～ 3 工種記入します。

・工事数量は記入しない。

・自社が請け負った範囲の工種を記入する。

・設問 2 で取り上げる工種は必ず記入する。

～記入例～

・築堤盛土工、護岸工　排水工
・路床盛土工、排水工、アスファルト舗装工
・橋脚工、鉄筋工、コンクリート工
・土地造成工、排水工、現場打ち擁壁工

5 施工量

　主な工種に記入した工種に対応するように、施工数量を記入します。この場合、種別と規格、施工量を記入します。主要工種に記入していない工種を記入してもかまいません。

～記入例～

・盛土工○○ m^3、ブロック張り工○○ m^2、排水側溝 U-300L ＝○○ m
・基礎杭 ϕ 600L ＝ 200m ○○本、鉄筋工 ϕ 13㎜ ～ ϕ 22㎜ ○○ t、コンクリート 24N ○○ m^3
・切土量○○ m^3、盛土量○○ m^3、排水側溝 U ＝○○ m、現場打ち L 型擁壁 H ＝○○ m

3　工事現場における施工管理上のあなたの立場

　工事現場における受検者の施工管理を行った立場を記入します。会社の立場である係長や、作業上の立場の職長は、施工管理上の立場ではないので、記入しません。

～記入例～

・現場代理人
・工事主任
・監理技術者
・主任技術者

1-2 〔設問2〕の書き方

1 特に留意した技術的課題

　記述の構成は、「工事の概要」→「課題が生じた現場や施工の状況など」→「留意した技術的課題（解決すべき技術的課題）」の流れで3段書きにわかりやすくまとめます。

①工事概要は、工事場所、工事目的、工法、施工量を明確にして書く。

②施工状況は、現場条件、気象条件、工法の特徴を書き、課題が発生した理由を明確にし、それに応じて予想されたか、または施工中実際に遭遇（そうぐう）した技術的な課題が発生した理由を明確にする。

③課題を1つに絞（しぼ）り、数値目標が必要なものは数値を明確にする。

④この段階で検討事項や対応処置まで記入しない。

⑤技術的課題は、現場条件や施工条件から発生したものがよく、施工者の問題で発生した不良工事や失敗は課題としない。

⑥記述量は全行を記述することがよいが、おおむね9割の記述量とするとよい。

⑦記述量が多すぎ、指定行を超えて記入しないように、簡潔に記入する。

2 技術的課題を解決するための検討した項目と検討理由および内容

　技術的に解決方法を考案するために「検討した項目」→「検討理由」→「検討内容」の順で記入します。この項目では「検討理由」に重点を置いて記入します。

①検討事項は箇条書きで記入するとよい。

②記入量が多くなるので、1項目当たり2～3行程度の記入量とする。

③検討内容に対応処置まで記入しない。

④検討項目が多すぎると対応処置に書ききれないので注意する。

⑤あまり多くの着目点にならないように、「材料」「施工」「管理」の段階などで、まとまりのある検討を記入するとよい。

3 技術的課題に対して現場で実施した対応処置

　ここでは、検討した内容から実際に行った対応処置の方法を具体的に簡潔に記入します。

①行数が検討項目に比べて少ないので、検討項目が多すぎると、対応処置に書ききれない。

②対応処理は3〜5項目を目安に絞り込む。

③材料、工法、規模、規格、機械名、台数、人数を明確にする。

④最後に、課題を解決した結果を記入する。

4 記入のアドバイス

①文字は、下手でも丁寧に書く。

②文字の大きさは、ノートの罫線の高さに収まる程度の大きさとする。

③余白を多くしない。

④できるだけ専門用語を使用し、誤字、脱字に注意する。

⑤課題→検討→対応処置が一貫していること。

⑥各課題の練習を行う場合は、同じ工事で課題別に練習するとよい。

⑦検討事項を先に書くと、対応処置と同じ内容になることが多いので、対応処置を決めてから、検討内容を考えるとよい。考える順番を、「課題」→「対応処理」→「検討」とする。

1-3　課題別の考え方

1　品質管理

　品質管理では、品質管理基準による管理項目にあるものにします。工事目的物の形状寸法を確保することを目的としたものは出来形管理なので、できれば使用しません。

〔例〕

1 環境条件

・山間部のコンクリート工事で、凍結の恐れのある時期にコンクリートを打設する。

2 検討内容

・事前調査によって打設時間帯を決定した。
・打設後の養生方法として保温の仮設備を検討した。
・養生中の養生温度の測定の方法を検討した。

3 対応処置

・打設回数を増やして、1回の打設時間を短くした。
・養生シートを2重にしてダクト型のジェットヒーターで給熱養生を行った。
・養生温度をロガー付き温度計で下部と上部の計測を行い、養生温度を調整した。

2　工程管理

　工程管理では、工程遅れの原因は、現場条件や他工事との調整など、施工者の問題にならないように注意します。その上で、日数短縮を行うことを書くことが多いのですが、最終的に「工期短縮」で全体工程を短くするのか、施工の条件に合わせて特定の工種の「工程を短縮」して施工の条件日に間に合わせるのかを明確にします。

〔例〕

1 環境条件

・先行する他工事の追加工事で、工事の着手が遅れたことで、全体の工程を○○日短縮する必要が発生した。

2 検討内容

・同時施工できる工種を検討した。

・機械の大型化や台数増加を検討した。

・人員増加による施工量の増加を検討した。

3 対応処置

・排水工を上下線で同時に施工して○日の短縮を行った。

・路床掘削の機械を2台とし、掘削量を○○ m³ 増加したことで○○日の短縮を行った。

・ブロック積の施工を2班で施工することで、○○日の短縮を行った。

3　安全管理

　安全管理では、事故が発生する予測段階で、災害を未然に防ぐ内容とし、事故発生後の対応は記入しません。また、当事者が誰なのかを明確にします。

〔例〕

1 環境条件

・夜間の市街地で歩行者の通行量が多く、幅員が狭い道路で、歩行者通路を設置して、通行者の安全を確保しながら工事を行う。

2 検討内容

・夜間の施工箇所に接近する歩行者の存在を把握する方法を検討した。

・歩行者通路と作業ヤードを安全に区分する保安設備を検討した。

・作業中の歩行者を安全に誘導する方法を検討した。

3 対応処置

・作業箇所の前後 10 m には夜間照明を設置して、歩行者を早く発見した。

・H＝1.2 m のフェンスの外側にカラーコーンの誘導路を設置した。
・歩行者の通行時は重機作業を中断して、誘導員が現場を通過するまで誘導した。

1-4 施工経験記述問題の例

　課題は「品質管理」「工程管理」「安全管理」「環境対策」のうち2項目の組み合わせによる出題です。

第二次検定【施工経験記述】必須問題

【問題1】あなたが経験した土木工事の現場において、工夫した品質管理または工夫した安全管理のうちから1つ選び、次の〔設問1〕、〔設問2〕に答えなさい。〔注意〕あなたが経験した工事でないことが判明した場合は失格となります。

〔設問1〕あなたが**経験した土木工事**について、次の事項を解答欄に明確に記入しなさい。

（1）工事名

工　事　名	

（2）工事の内容

①	発注者名	
②	工事場所	
③	工期	
④	主な工種	
⑤	施工量	

（3）工事現場における施工管理上のあなたの立場

立　　場	

〔設問2〕あなたが**経験した土木工事**について、次の事項を解答欄に明確に記入しなさい。

（1）特に留意した**技術的課題**

（2）技術的課題を解決するために**検討した項目と検討理由および検討内容**

（3）技術的課題に対して**現場で実施した対応処置とその評価**

（記入欄）

```
演 習 問 題
```

盛土

二次・土工1 盛土の施工に関する次の文章の ▢ に当てはまる**適切な語句を下記の語句から選び**，解答欄に記入しなさい。

（1）盛土に用いる材料は，敷均しや締固めが容易で締固め後のせん断強度が **(イ)** ， **(ロ)** が小さく，雨水などの浸食に強いとともに，吸水による **(ハ)** が低いことが望ましい。

（2）盛土材料が **(ニ)** で法面勾配が 1：2.0 程度までの場合には，ブルドーザを法面に丹念に走らせて締め固める方法もあり，この場合，法尻にブルドーザのための平地があるとよい。

（3）盛土法面における法面保護工は，法面の長期的な安定性確保とともに自然環境の保全や修景を主目的とする点から，初めに法面 **(ホ)** 工の適用について検討することが望ましい。

［語句］ 擁壁，　高く，　せん断力，　有機質，　伸縮性，　良質，　粘性，　低く，　膨潤性，　岩塊，　湿潤性，　緑化，　圧縮性，　水平，モルタル吹付

法面保護工

二次・土工2 次の法面保護工の中から **2つ選び，その工法の目的又は特徴**を解答欄に記述しなさい。

- 種子散布工
- 張芝工
- ブロック張工
- 現場打ちコンクリート枠工

答え

【種子散布工】浸食防止、凍上崩壊抑制、全面緑化

【張芝工】浸食防止、凍上崩壊抑制、全面緑化

【ブロック張工】風化防止、浸食防止、表面水の浸透防止

【現場打ちコンクリート枠工】法面表層部の崩落防止、岩盤はく落防止

コンクリートの締固め

二次・コンクリート1 コンクリートの打込み及び締固めに関する，次の文章の ▢ に当てはまる**適切な語句又は数値を，下記の［語句］から選び**解答欄に記入しなさい。

(1) コンクリートは，打上がり面がほぼ水平になるように打ち込むことを原則とする。コンクリートを2層以上に分けて打ち込む場合，上層と下層が一体となるように施工しなければならない。下層のコンクリートに上層のコンクリートを打ち重ねる時間間隔は外気温が25℃を超える場合には許容打重ね時間間隔は **(イ)** 時間を標準と定められている。下層のコンクリートが固まり始めている場合に打ち込むと上層と下層が完全に一体化していない不連続面の **(ロ)** が発生する。締固めにあたっては，棒状バイブレータ（内部振動機）を下層のコンクリート中に **(ハ)** cm程度挿入しなければならない。

(2) コンクリートを十分に締め固められるように，棒状バイブレー

タ（内部振動機）はなるべく鉛直に一様な間隔で差し込み，一般に　（ニ）　cm 以下にするとよい。1箇所あたりの締固め時間の目安は，コンクリート表面に光沢が現れてコンクリート全体が均一に溶けあったようにみえることなどからわかり，一般に　（ホ）　秒程度である。

[語句]　150，　10，　4，　5〜15，　コンシステンシー，　フレッシュペースト，　80，　3，　20〜30，　100，　50，　30〜60，　コールドジョイント，　30，　2

演習問題

答え　（イ）2　（ロ）コールドジョイント　（ハ）10　（ニ）50　（ホ）5〜15

コンクリート用語

二次・コンクリート2　コンクリートに関する**次の用語から2つ選び**，**その用語の説明をそれぞれ**解答欄に記述しなさい。

① スペーサ
② AE剤
③ ワーカビリティー
④ ブリーディング
⑤ タンピング

答え
①スペーサ：鉄筋のかぶりを確保する
②AE剤：コンクリート中に微細な気泡を分布させて凍結、融解に対する抵抗性の向上
③ワーカビリティー：フレッシュコンクリートの作業性を表す用語
④ブリーディング：コンクリートの打設後に、練り混ぜ水の一部が分離して表面に上昇する現象
⑤タンピング：コンクリートの硬化の初期段階のひび割れが発生したときに、コンクリート表面を叩いて締め固める方法

コンクリートの品質管理

二次・品質1 コンクリートの品質管理に関する，次の文章の ▇▇ に当てはまる**適切な語句又は数値を，下記の〔語句〕から選び**解答欄に記入しなさい。

(1) スランプの設定にあたっては，施工できる範囲内でできるだけスランプが (イ) なるように，事前に打込み位置や箇所，1回当たりの打込み高さなどの施工方法について十分に検討する。打込みのスランプは，打込み時に円滑かつ密実に型枠内に打ち込むために必要なスランプで，作業などを容易にできる程度を表す (ロ) の性質も求められる。

(2) AEコンクリートは， (ハ) に対する耐久性がきわめて優れているので，厳しい気象作用を受ける場合には，AEコンクリートを用いるのを原則とする。標準的な空気量は，練上り時においてコンクリートの容積の (ニ) ％程度とすることが一般的である。適切な空気量は (ロ) の改善もはかることができる。

(3) 締固めが終わり打上り面の表面の仕上げにあたっては，表面に集まった水を，取り除いてから仕上げなければならない。この表面水は練混ぜ水の一部が表面に上昇する現象で (ホ) という。

〔語句〕 1〜3, 凍害, 強く, ブリーディング, プレストレスト, レイタンス, ワーカビリティー, 水害, 8〜10, 小さく, クリープ, 4〜7, 大きく, コールドジョイント, 塩害

答え (イ)小さく (ロ)ワーカビリティー (ハ)凍害 (ニ)4〜7 (ホ)ブリーディング

盛土の品質管理

二次・品質2 盛土の安定性を確保し良好な品質を保持するために求められる盛土材料として，**望ましい条件を2つ**解答欄に記述しなさい。

答え

①施工機械のトラフィカビリティーが確保できること。

②所定の締固めが行いやすいこと。

③締固められた土のせん断強さが大きく、圧縮性（沈下量）が小さいこと。

④透水性が小さいこと。

⑤有機物（草木・その他）を含まないこと。

⑥吸水による膨潤性の低いこと。

以上のうちより、2つ記入する。

バーチャート工程表

二次・工程 下図のような置換土の上にコンクリート重力式擁壁を築造する場合，施工手順に基づき**横線式工程表（バーチャート）を作成し，その所要日数を求め**解答欄に記入しなさい。

ただし，各工種の作業日数は下記の条件とする。

養生工7日，コンクリート打込み工1日，基礎砕石工3日，床掘工7日，置換工6日，型枠組立工3日，型枠取外し工1日，埋戻し工3日とする。

なお，床掘工と置換工は2日，置換工と基礎砕石工は1日の重複作業で行うものとする。

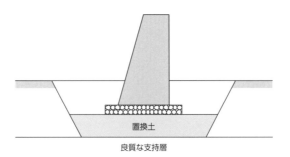

置換土

良質な支持層

工　種	各工種の作業日数	日　数																										
		1	2	3	4	5	6	7	8	9	10	11	12	13	14	15	16	17	18	19	20	21	22	23	24	25	26	27	28
床掘工	7																												
置換工	6																												
基礎砕石工	3																												
型枠組立工	3																												
コンクリート打込み工	1																												
養生工	7																												
型枠取外し工	1																												
埋戻し工	3																												

答え

工　種	各工種の作業日数	日　数																										
		1	2	3	4	5	6	7	8	9	10	11	12	13	14	15	16	17	18	19	20	21	22	23	24	25	26	27	28
床掘工	7	■	■	■	■	■	■	■																					
置換工	6					■	■	■	■	■	■																		
基礎砕石工	3											■	■	■															
型枠組立工	3													■	■	■													
コンクリート打込み工	1																■												
養生工	7																	■	■	■	■	■	■	■					
型枠取外し工	1																								■				
埋戻し工	3																									■	■	■	

バーチャート工程表の作成では、重複作業に気をつけよう！

安全管理

二次・安全1 建設工事における移動式クレーンを用いる作業及び玉掛作業の安全管理に関して，クレーン等安全規則上，次の文章の ▢▢▢ の（イ）～（ホ）に当てはまる**適切な語句を，下記の語句から選び**解答欄に記入しなさい。

(1) 移動式クレーンで作業を行うときは，一定の **(イ)** を定め，**(イ)** を行う者を指名する。

(2) 移動式クレーンの上部旋回体と **(ロ)** することにより労働者に危険が生ずるおそれの箇所に労働者を立ち入らせてはならない。

(3) 移動式クレーンに，その **(ハ)** 荷重をこえる荷重をかけて使用してはならない。

(4) 玉掛作業は，つり上げ荷重が1t以上の移動式クレーンの場合は，**(ニ)** 講習を修了した者が行うこと。

(5) 玉掛けの作業を行うときは，その日の作業を開始する前にワイヤロープ等玉掛用具の **(ホ)** を行う。

[語句] 誘導，定格，特別，旋回，措置，接触，維持，合図，防止，技能，異常，自主，転倒，点検，監視

答え （イ）合図 （ロ）接触 （ハ）定格 （ニ）技能 （ホ）点検

移動式クレーンの作業に関する安全管理は、要注意だよ。

演習問題

二次・安全2 建設工事における足場を用いた場合の安全管理に関して，労働安全衛生法上，次の文章の ▨▨▨ の（イ）〜（ホ）に当てはまる**適切な語句又は数値を，下記の語句又は数値から選び**解答欄に記入しなさい。

(1) 高さ （イ） m 以上の作業場所には，作業床を設けその端部，開口部には囲い手すり，覆い等を設置しなければならない。また，要求性能墜落制止用器具のフックを掛ける位置は，墜落時の落下衝撃をなるべく小さくするため，腰 （ロ） 位置のほうが好ましい。

(2) 足場の作業床に設ける手すりの設置高さは，（ハ） cm 以上と規定されている。

(3) つり足場，張出し足場又は高さが5m以上の構造の足場の組み立て，解体又は変更の作業を行うときは，足場の組立等 （ニ） を選任しなければならない。

(4) つり足場の作業床は，幅を （ホ） cm 以上とし，かつ，すき間がないようにすること。

［語句又は数値］ 30， 作業主任者， 40， より高い， 3， と同じ， 1， より低い， 100， 主任技術者， 2， 50， 75， 安全管理者， 85

答え （イ）2 （ロ）より高い （ハ）85 （ニ）作業主任者 （ホ）40

作業床に関する規定は、よく覚えておこう。

さくいん

さくいん

429

さくいん